工业和信息化人才培养规划教材

Industry And Information Technology Training Planning Materials

U0722394

Technical And Vocational Education

高职高专计算机系列

Java程序设计
教程（项目式）

Programming in Java

李桂玲 ◎ 编著

秦敬祥 ◎ 主审

人民邮电出版社

北京

图书在版编目（ＣＩＰ）数据

Java程序设计教程：项目式 / 李桂玲编著. -- 北
京：人民邮电出版社，2011.9（2023.10重印）
工业和信息化人才培养规划教材. 高职高专计算机系
列
ISBN 978-7-115-25726-0

Ⅰ．①J… Ⅱ．①李… Ⅲ．①
JAVA语言－程序设计－高等职业教育－教材 Ⅳ．①TP312

中国版本图书馆CIP数据核字(2011)第144287号

内 容 提 要

本书按照"以能力培养为核心，以职业岗位为目标，以工作过程为导向"的课程设计指导思想，采取"项目引导，任务驱动，案例教学"的教学方法，适合理实一体化的教学模式。本书知识结构清晰，案例实用有趣，强调技能培养，注重实际应用。

本书由 4 个完整项目组成，每个项目分解为若干个任务，同时通过大量有现实意义的案例，循序渐近地从结构化程序设计、面向对象程序设计、图形界面设计应用、网络编程应用等 4 个部分，介绍 Java 语言的相关知识与应用。每个任务后面都配有上机实训和课后习题，并为读者提供书中案例和项目源码下载。

本书可作为高职高专院校相关专业和计算机培训班的教材，也可作为程序设计人员的参考用书。

◆ 编　　著　李桂玲

　　主　　审　秦敬祥

　　责任编辑　王　威

◆ 人民邮电出版社出版发行　　北京市丰台区成寿寺路 11 号
　　邮编　100164　电子邮件　315@ptpress.com.cn
　　网址　http://www.ptpress.com.cn
　　北京七彩京通数码快印有限公司印刷

◆ 开本：787×1092　1/16
　　印张：19.25　　　　　　　2011 年 9 月第 1 版
　　字数：496 千字　　　　　　2023 年 10 月北京第 18 次印刷

ISBN 978-7-115-25726-0

定价：37.00 元

读者服务热线：**(010)81055256** 印装质量热线：**(010)81055316**
反盗版热线：**(010)81055315**

本书是吉林省教育教学改革重点课题的研究成果，是吉林省示范性高等职业院校重点建设专业（应用技术专业）的特色教材，是四平职业大学精品课程的配套教材。

本书是作者在总结了多年软件开发实践与教学经验的基础上编写的。全书用 4 个项目作为课程内容载体，将每个项目分解为若干个任务，通过任务的实现引入相关的知识和技术，同时精选了大量的案例来让读者巩固知识，消化理解，达到强化技能培养的目标。作为"项目导向、任务驱动、案例教学、教学做一体化"教学方法的载体，本书具有以下特色。

（1）基于工作过程的教学模式。通过 4 个项目的实现，学习软件开发的工作流程。这 4 个项目分别是学生成绩管理系统（结构化实现）、学生成绩管理系统（面向对象实现）、学生信息管理系统、局域网聊天系统。

（2）层次递进的知识结构。4 个教学项目由浅入深、从易到难，依次将 Java 编程基础知识、Java 面向对象设计方法、图形界面设计及数据库编程应用、网络编程基础及线程的应用相关知识引入。我们把它总结为 112 式的知识模块结构，即一个基础（Java 编程基础）、一个核心（面向对象技术为核心）、两个应用方向（图形界面编程应用和网络编程应用）。

（3）教学做一体化的教学理念。打破传统的先理论后实践的教学模式，将理论教学和实践教学有机地结合起来，融"教学做"为一体，每个任务都先给出技能目标和知识目标，通过任务分析—知识介绍—案例讲解—课堂实践—总结提高—课外拓展等，体现"教学做一体化"的教学理念。

本书共有 4 个项目，分为 11 个工作任务，具体划分如下。

项目一：学生成绩管理系统（结构化设计方法实现）。分为 4 个工作任务，介绍了 Java 语言的发展历史和特点、Java 运行环境的搭建、数据类型和运算符、流程控制语句、数组。

项目二：学生成绩管理系统（面向对象设计方法实现）。分为 3 个工作任务，介绍了面向对象的基本概念、类和对象的定义、类的继承和多态、异常处理、输入/输出流。

项目三：学生信息管理系统（图形界面设计应用）。分为 2 个工作任务，8 个子任务，介绍了图形界面设计的基本概念、常用组件的使用及事件处理方法、JDBC 数据库应用。

项目四：局域网聊天系统（网络编程应用）。分为 2 个工作任务，介绍了网络编程的基础知识、套接字编程、线程的应用。

本书每个任务都附有相应的实训任务和课后习题，可以帮助学生巩固基础知识和实践操作；同时还提供了 PPT 课件、习题答案、案例和项目源码，读者可到人民邮电出版社教学服务与资源网（www.ptpedu.com.cn）免费下载。本书的参考学时为 98 学时，全部在理实一体化教室完成，边讲边练，其中实践环节应不少于 50%，各部分的参考学时见下面的学时分配表。

项　　目	任　　务	学时分配
项目一　学生成绩管理系统 （结构化设计方法实现）	程序的运行环境	4
	成绩的表示和基本运算	6
	成绩的判断和统计	6
	学生成绩管理系统功能的实现	10

续表

项　　目	任　　务	学时分配
项目二　学生成绩管理系统 （面向对象设计方法实现）	用类来表示学生成绩信息	10
	用动态数组存储学生成绩信息	8
	学生成绩信息的保存与读取	10
项目三　学生信息管理系统 （图形界面设计应用）	界面设计	10
	数据处理	12
项目四　局域网聊天系统 （网络编程应用）	聊天系统的连接	10
	聊天信息的发送和接收	12
课时总计		98

　　本书由李桂玲编著，秦敬祥主审。马远志参与了本书部分代码的调试工作，在此表示感谢。

　　本书适合作为高职院校计算机类相关专业"Java 程序设计"课程的教材，也可作为培训教材及程序设计人员的参考书使用。限于编者水平，书中错误难免，恳请广大读者给予批评指正。（编者邮箱：liguiling_1986@163.com）为了方便教师间的沟通交流，编者建立一个"Java 技术交流群"，QQ 群号为：154511778，欢迎 Java 任课教师加入。

编　者
2011 年 6 月

目　录

项目一　学生成绩管理系统（结构化设计方法实现）…………1

　任务一　程序的运行环境……………3
　任务二　成绩的表示和基本运算………14
　任务三　成绩的判断和统计…………33
　任务四　学生成绩管理系统
　　　　　功能的实现…………51

项目二　学生成绩管理系统（面向对象设计方法实现）…………66

　任务一　用类来表示学生成绩信息…67
　任务二　用动态数组存储学生
　　　　　成绩信息…………112
　任务三　学生成绩信息的保存
　　　　　与读取…………126

项目三　学生信息管理系统（图形界面设计应用）…………140

　任务一　界面设计……………141
　　子任务一　主界面设计……………141

　　子任务二　登录界面…………148
　　子任务三　信息录入界面…………167
　　子任务四　信息查询界面…………186
　　子任务五　信息浏览界面…………209
　任务二　数据处理……………218
　　子任务一　数据的持久化存储……218
　　子任务二　数据的查询…………225
　　子任务三　数据的添加、修改和删除……233

项目四　局域网聊天系统（网络编程应用）…………250

　任务一　聊天系统的连接…………251
　任务二　聊天信息的发送和接收………278

参考文献……………302

项目一

学生成绩管理系统（结构化设计方法实现）

【技能目标】

1. 能熟练搭建 Java 程序的运行环境。
2. 能熟练使用常用的 Java 开发工具。
3. 具备结构化程序设计的能力。

【知识目标】

1. 了解 Java 语言的特点。
2. 熟悉 Java 程序的基本结构。
3. 搭建 Java 程序的运行环境。
4. 掌握数据类型、运算符和表达式。
5. 掌握几种流程控制语句的格式、执行过程。
6. 掌握一维数组的使用。

【项目功能】

这是一个最简单的基于控制台的学生成绩管理系统，目的是通过本项目的设计与实现过程，使读者掌握结构化程序设计的基本思想，掌握 Java 语言的基本语法、数据类型和运算符、流程控制语句、数组等。

在本系统中，为了简单起见，学生的信息只包括学号、姓名、成绩，也可以根据需要增加其他信息。

系统的主要功能有：建立成绩表、显示成绩表、按学号查找学生信息、对学生按成绩从高到低排名次、添加学生信息、修改给定的学生信息、删除给定的学生信息等。下面给出基于控制台的学生成绩管理系统的执行过程。

1. 进入学生成绩管理系统

进入学生成绩管理系统，首先显示系统功能菜单，用户可以根据需要进行选择如图1.0.1 所示。

2. 建立成绩表（图 1.0.2）

```
========================
      学生成绩管理系统
========================

1.建立成绩表
2.显示成绩表
3.查找
4.排序
5.添加
6.修改
7.删除
0.退出
========================
请输入你的选择：
```

图 1.0.1　学生管理系统的功能菜单

```
请输入你的选择：1
请输入学号(输入0退出)：1
请输入姓名：张三
请输入分数：88
请输入学号(输入0退出)：2
请输入姓名：李四
请输入分数：76
请输入学号(输入0退出)：3
请输入姓名：王五
请输入分数：80
请输入学号(输入0退出)：2
学号重复！请重新输入：
请输入学号(输入 0 退出)：0
```

图 1.0.2　学生管理系统功能一：建立成绩表

3. 显示成绩表（图 1.0.3）

4. 查找（图 1.0.4）

```
请输入你的选择：2
             学生成绩表
学号        姓名        分数
1          张三         88.0
2          李四         76.0
3          王五         80.0
```

图 1.0.3　学生管理系统功能二：显示成绩表

```
请输入你的选择：3
请输入要查找的学生学号：2
找到学生：
学号        姓名        分数
2          李四         76.0
```

图 1.0.4　学生管理系统功能三：查找

5. 排序（图 1.0.5 和图 1.0.6）

```
请输入你的选择：4
排序完成！
```

图 1.0.5　学生管理系统功能四：排序

```
请输入你的选择：2
             学生成绩表
学号        姓名        分数
1          张三         88.0
3          王五         80.0
2          李四         76.0
```

图 1.0.6　学生管理系统功能四：排序后显示成绩表

6. 添加（图 1.0.7）

7. 修改（图 1.0.8 和图 1.0.9）

```
请输入你的选择：5
请输入学号(输入0退出)：4
请输入姓名：周小明
请输入分数：50
请输入学号(输入0退出)：6
请输入姓名：张二小
请输入分数：87
请输入学号(输入 0 退出)：0
```

图 1.0.7　学生管理系统功能五：添加

```
请输入你的选择：6
请输入要修改学生的学号：4
找到学生信息：
学号        姓名        分数
4          周小明        50.0
1.修改学号  2.修改姓名  3.修改分数  0.退出：1
请输入新的学号：44
修改成功！
```

图 1.0.8　学生管理系统功能六：修改成功

8．删除（图 1.0.10 和图 1.0.11）

```
请输入你的选择：6
请输入要修改学生的学号：22
你要修改的学生不存在！
```

```
请输入你的选择：7
请输入要删除学生的学号：44
删除成功
```

图 1.0.9　学生管理系统功能六：修改不成功　　　图 1.0.10　学生管理系统功能七：删除成功

```
请输入你的选择：7
请输入要删除学生的学号：11
你要删除的学生不存在！
```

图 1.0.11　学生管理系统功能七：删除不成功

任务一　程序的运行环境

【技能目标】

1．能熟练搭建 Java 程序的运行环境。

2．能熟练使用常用的 Java 开发工具。

3．能正确运行 Java 应用程序。

【知识目标】

1．了解 Java 语言的发展历史。

2．了解 Java 语言的特点。

3．熟悉 JDK 的 3 个版本。

4．掌握 JDK 的下载与安装及环境变量的配置方法。

5．了解 Java 程序的基本结构及程序的编辑、编译和执行过程。

一、任务分析

要完成学生成绩管理系统，首先要了解程序的基本结构，程序的编辑和运行需要哪些软件的支持，如何运行程序。本任务就是通过运行最简单的 Java 应用程序来了解 Java 语言的基本结构，学会搭建 Java 程序的运行环境，掌握 Java 应用程序的运行过程，熟悉 Java 常用开发工具的使用。

二、相关知识

（一）Java 语言的发展历史

Java 是 1995 年 6 月由 Sun 公司推出的革命性编程语言，之所以说 Java 是革命性的编程语言，是因为传统的软件往往与具体的实现环境有关，一旦环境有所变化，就需要对软件做一番改动，耗时费力，而 Java 编写的软件能在执行码上兼容。这样，只要计算机提供了 Java 解释器，Java 编写的软件就能在其上执行。

1990 年，Sun 公司的 James Gosling 领导的小组设计了一种独立于平台的语言 Oak，主要是为各种家用电器编写而成。Oak 语言以 C++为基础，保留了许多 C++的优秀特征，摒弃了 C++中一些复杂的、冗余的、不安全的、二义性的语法元素（如指针、运算符重载、多重继承等）；同时增加了对网络的支持，代码具有可内嵌到网页中、可随时从网络上下载运行等特征；更为重要的是，Oak 语言开创性地采用了两级编译技术，即先将源程序翻译为不依赖于任何硬件的中间代码，这种中间代码被称为字节码（byte-code），再将字节码生成与具体硬件相关的机器代码，这一技术的采用，使 Oak 成为一种结构中立、易移植的语言，从而使得自身更加小巧、安全与灵活。

1995 年 1 月，Oak 被正式改名为 Java。

1996 年 1 月，Java 开发工具包 JDK1.0 推出。

1996 年 10 月，JavaBeans 规范发布。

1997 年，SUN 公司推出 Java1.1（JDK1.1），国际标准化组织批准 Java 规范。

1998 年，SUN 公司推出 Java2（JDK1.2），将 JDK 改名为 Java2 Software Development Kit，简称 J2SDK。J2SDK 分为 3 个版本：J2SE（Java2 标准版）、J2EE（Java2 企业版）、J2ME（Java2 微型版）。

2000 年 8 月，SUN 公司推出 J2SE1.3、J2EE1.2.1 和 J2ME1.3，并相继推出 Linux 版和 Solaris 版。

2002 年，JDK1.4 发布。

2004 年，JDK1.5 发布。

2006 年，JDK1.6 发布，即 Java6。

（二）Java 语言的特点

Java 是目前使用最为广泛的网络编程语言之一。它具有简单、面向对象、稳定、与平台无关、解释型、多线程、动态等特点。

（1）简单。是指这一语言既易学又好用，不要简单误解为这一语言很干瘪。学习过 C++语言，你会感觉 Java 很眼熟，因为 Java 中许多基本语句的语法和 C++一样，但 Java 要比 C++简单，C++中许多容易混淆的概念，或者被 Java 弃之不用了，或者以一种更清楚更容易理解的方式实现，如 Java 中不再有指针的概念。

（2）面向对象。基于对象的编程更符合人的思维模式，使人们更容易编写程序。

（3）与平台无关。与平台无关是 Java 语言最大的优势。其他语言编写的程序面临的一个主要问题是操作系统的变化、处理器升级以及核心系统资源的变化，都可能导致程序出现错误或无法运行。Java 虚拟机成功地解决了这个问题，Java 编写的程序可以在任何安装了 Java 虚拟机（JVM）的计算机上正确运行，Sun 公司实现了自己的目标——一次写成，处处运行。

（4）解释型。我们知道 C、C++等语言，都是只能对特定的 CPU 芯片进行编译，生成机器代码，该代码的运行就和特定的 CPU 有关（如 C 语言中的函数参数的右结合性）。Java 不像 C++，它不针对特定的 CPU 芯片进行编译，而是把程序编译为称作字节码的一种"中间代码"。字节码是很接近机器码的文件，可以在提供了 Java 虚拟机（JVM）的任何系统上被解释执行。

（5）多线程。Java 的特点之一就是内置对多线程的支持。多线程允许同时完成多个任务。多线程易使人产生多个任务在同时执行的错觉，其实，并非如此。目前计算机的处理器在同一时刻只能执行一个线程，但处理器可以在不同的线程之间快速地切换，由于处理器速度非常快，远远超过了人接收信息的速度，所以给人的感觉好像多个任务在同时执行。C++没有内置的多线程机制，因此必须调用操作系统的多线程功能，来进行多线程程序的设计。

（6）安全。当人们准备从网络上下载一个程序时，最大的担心是程序中含有恶意的代码，比如试图读取或删除本地机上的一些重要文件，甚至该程序是一个病毒程序等。当使用支持 Java 的浏览器时，可以放心地运行 Java 的小应用程序（Java Applet），不必担心病毒的感染和恶意的企图。Java 小应用程序将被限制在 Java 运行环境中，不允许它访问计算机的其他部分。

（7）动态。Java 的基本组成单元就是类。有些类是自己编写的，有一些是从类库中引入的，而类又是运行时动态装载的，这就使得 Java 可以在分布环境中动态地维护程序及类库，而不像 C++那样，每当其类库升级之后，相应的程序都必须重新修改、编译。

（三）Java 的运行环境

1．Java 的 3 个版本

自从 Sun 公司推出 Java 以来，按应用范围可以分为 3 个版本，这 3 个版本分别是 Java SE、Java EE、Java ME。

Java SE（Java Standard Edition）：Java 标准版，主要用于桌面开发和低端商务应用开发。同时也是 Java 的基础，它包含 Java 语言基础、I/O 输入/输出、JDBC 数据库操作、网络通信、多线程等技术。

Java EE（Java Enterprise Edition）：Java 企业版，主要用于开发企业级分布式的网络应用程序，如电子商务网站和 ERP 系统，其核心为 EJB。

Java ME（Java Micro Edition）：Java 微型版，主要用于消费产品和嵌入式设备开发，如掌上电脑、手机等移动通信电子设备，现在大部分手机厂商生产的手机都支持 Java 技术。

另外，在提到 Java 时还要注意以下几个名词。

● JDK（Java Development Kits）：Java 开发工具包。

● SDK（Software Development Kits）：软件开发工具包，JDK 与 SSDK 两者基本相同。

● JRE（Java Runtime Environment）：Java 运行环境。

> 在 Java 5.0 和 Java 6.0 出现之后，因为版本已经远远超越了以往的 Java2，所以 SUN Microsystems 公司将 J2SE、J2EE 和 J2ME 正式更名，将名称中的 2 去掉，新名称分别为 Java SE、Java EE 和 Java ME，这样即使以后发布 Java 7.0 版本，也不会出现名称不匹配的情况了。

2．JDK 的下载

Java 的标准版本是 Java SE，人们常说的 JDK（Java SE Development Kits）就是 Java SE 的开发工具包，可以到 Sun 公司的官方网站（http://java.sun.com）上免费下载。下面以 JDK1.6 为例，介绍下载 JDK 的方法，具体步骤如下。

（1）打开 IE 浏览器，输入网址"http://java.sun.com"，进入 Sun 主页，在右侧的"Software Download"栏目中，包含了热门下载的超链接，单击"Java SE"选项进入 JDK 下载页面。

（2）在 Java SE 的下载页面中提供了下载最新版本 JDK 的超链接，编写本书时，最新的 JDK 版本为 JDK 6 Update 23，单击超链接右侧的"DownLoad JDK"按钮。

> 下载 JDK 时，注意区分选择的下载链接，在"JDK 6 Update 23"右侧的"DownLoad JRE"按钮下载的是 JRE（Java SE Runtime Environment），即 Java 运行环境而不是开发环境，它没有编译调试等命令，只能运行 Java 应用程序。

（3）在下载页面中选择对应的操作系统平台，以搭建 Windows 平台的 Java 开发环境为例，在 Platform 下拉列表框中选择 Windows 选项，然后勾选复选框接受下载许可协议，单击"Continue"按钮继续。

（4）在下载页面中单击 JDK6 安装文件（jdk-6u23-windows-i586.exe）的超链接，文件大小约76.32MB。

3. JDK 的安装

（1）直接运行下载的"jdk-6u23-windows-i586-p.exe"程序，按提示进行安装，默认安装路径为"C:\Program Files\Java\jdk1.6.0_23"，若要改变安装路径，可以单击"更改"按钮更改 JDK 的安装路径，这里采用默认设置。

（2）在安装过程中，如果计算机没有安装 JRE 环境，安装向导会弹出 JRE 的安装对话框，默认安装路径"C:\Program Files\Java\jre6"，若要改变安装路径，可以单击"更改"按钮更改 JRE 的安装路径。这里采用默认设置。

（3）安装完成后，向导弹出"成功安装"界面，单击"完成"按钮即可。

JDK 安装完成后，将包含以下一些内容。

（1）开发工具：位于"C:\Program Files\Java\jdk1.6.0_23\bin"文件夹中，主要包括以下各项。

- Javac：Java 编译器，将 Java 源程序转换成字节码。
- Java：Java 解释器，将 Java 字节码文件（类文件）解释为二进制代码执行。
- Appletvierer：小程序浏览器，一种执行 HTML 文件上的 Java 小程序的 Java 浏览器。
- Javadoc：API 文档生成器，根据 Java 源程序及说明语句生成 HTML 的标准的帮助文档。
- Jar：Jar 文件管理和打包工具。
- Jdb：Java 调试器，可以逐行执行程序，设置断点和检查变量。
- Javah：产生可以调用 Java 过程的 C 过程，或建立能被 Java 程序调用的 C 过程的头文件。
- Javap：Java 反汇编器，显示编译类文件中的可访问功能和数据，同时显示字节码含义。

（2）运行时环境：位于"C:\Program Files\Java\jre6"文件夹中。JRE 包含 Java 虚拟机 JVM、类库以及其他支持执行以 Java 编程语言编写的程序文件。

（3）附加库：位于"C:\Program Files\Java\jdk1.6.0_23\lib"文件夹中，包含开发工具所需的其他类库和支持文件。

（4）演示 Applet 和应用程序：位于"C:\Program Files\Java\jdk1.6.0_23\demo"文件夹中。包含一些 Java 平台的编程示例（带源代码）。

（5）样例代码：位于"C:\Program Files\Java\jdk1.6.0_23\sample"文件夹中，包含某些 Java API 的编程样例（带源代码）。

（6）C 头文件：位于"C:\Program Files\Java\jdk1.6.0_23\include"文件夹中，包含支持使用 Java 本机界面、JVM 工具界面以及 Java 平台的其他功能进行本机代码编程的头文件。

（7）源代码：位于"C:\Program Files\Java\jdk1.6.0_23\src.zip"文件中。

4. 环境变量的配置

JDK 安装完毕之后，需要设置系统的环境变量，但这不是必需的步骤。

（1）在不使用 IDE 集成开发工具的情况下，如果设置系统环境变量，会打通命令通道，在任何位置输入 Java 的编译指令或调试指令都可以执行，否则必须到 JDK 安装位置才能执行相关命令。

如果自定义配置某些软件或服务器环境，会需要 Java 的系统环境变量。

（2）如果使用 NetBeans、Eclipse 等 IDE 集成开发工具进行 Java 程序开发，IDE 开发工具会自行检测 JDK 或 JRE 的位置，或者在 IDE 开发工具中指定 JDK 位置，所以不需要配置环境变量，但开发工具集成的其他软件除外。

在 Windows 系统中，配置环境变量的步骤如下。

（1）在桌面上用鼠标右键单击"我的电脑"图标，在弹出的快捷菜单中选择"属性"选项，进入"属性"对话框，选择"高级"选项卡，单击其中的"环境变量"按钮，弹出"环境变量"对话框，其中包括"用户变量"和"系统变量"两部分，如图 1.1.1 所示。其中"用户变量"的设置是针对当前操作用户的，而"系统变量"是针对当前系统设置的，也就是所有用户共享系统环境变量。

（2）单击"系统变量"下面的"新建"按钮，创建新的系统变量，这样可以避免更换用户后重新设置环境变量。如图 1.1.2 所示，设置系统"变量名"为"JAVA_HOME"，"变量值"为"C:\Program Files\Java\jdk1.6.0_23"，即 JDK 安装文件夹，为避免输入错误，可以打开 JDK 安装文件夹，将地址栏中的路径直接复制过来。

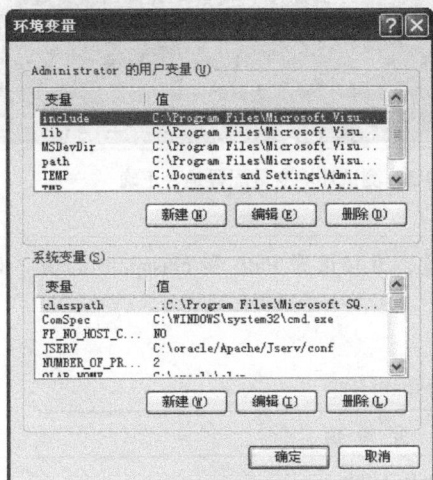

图 1.1.1 "环境变量"对话框　　　　图 1.1.2 新建系统变量 JAVA_HOME

（3）选择"系统变量"列表框中的"Path"变量，双击该变量，弹出"编辑系统变量"对话框，此时不要修改对话框中的"变量名"和"变量值"，选择"变量值"文本框后按下键盘上的"Home"键，在原来变量值的前面加上"%JAVA_HOME%\bin;"字符串，注意最后的分号";"不能省略，并且是在英文状态下输入的，它的作用是分割不同的变量值，单击"确定"完成 Path 环境变量的设置，如图 1.1.3 所示。

（4）单击"系统变量"下面的"新建"按钮，创建一个名字为"classpath"的环境变量，用于提供给 JVM 寻找类库之用。其值为一个小数点即"."，代表当前路径，如图 1.1.4 所示。（在 JDK1.5 之前的版本需要在 JDK 安装路径下的库文

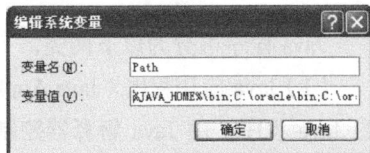

图 1.1.3 编辑系统变量 path

件所在目录，1.5 之后可以省略这个设置，只设置一个 "."即可，来代表当前路径下的类可以直接访问。）

（5）测试环境变量配置是否正确。选择"开始→运行"命令，在"运行"对话框中输入"cmd"，单击"确定"按钮后进入控制台状态，在控制台中输入"javac"命令，然后按回车键，若出现如图 1.1.5 所示界面，说明环境搭建成功。

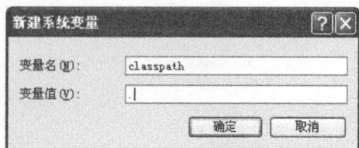

图 1.1.4　新建系统变量 classpath　　　　　　　图 1.1.5　测试环境变量配置是否正确

> 也可以不去建立 JAVA_HOME 环境变量，直接设置 Path 和 classpath 的值。如表 1.1.1 所示。

表 1.1.1　　　　　　　　环境变量 Path 和 classpath 的值

环境变量名	变 量 值
path	C:\Program Files\Java\jdk1.6.0_23\bin
classpath	.

（四）简单的 Java 程序

1. Java 程序的分类

Java 程序可分为以下两类。

（1）Java 应用程序（Java Application）。Java 应用程序是由用户系统就地装入的可以独立运行的 Java 程序，由 Java 解释器控制执行，可以在任何操作系统下执行，可以是基于窗口（图形界面）或是基于控制台（字符界面）的。

（2）Java 小应用程序（Java Applet）。Java 小应用程序需嵌入网页在浏览器中运行，它是动态、安全、跨平台的网络应用程序。

2. 第一个 Java 应用程序

【案例 1_1_1】 编写一个简单的 Java 应用程序，在屏幕上显示"Hello World!"。

```
package pack1;
public class Hello
{
    public static void main(String args[])
    {
        System.out.println("Hello World!");
    }
}
```

【程序分析】

（1）一个 Java 程序是由若干个类构成的。

（2）public class Hello：定义一个公共类。

Java 程序是由类构成的，一个程序可以有多个类，但其中只能有一个 public 类，而且文件名必须和该 public 类名字相同。

（3）public static main(String args[])：定义一个主方法。它是程序的入口点。一个 Java 应用程序必须有一个类含有 main 方法，这个类称为应用程序的主类。

（4）System.out.println（"Hello World!"）：输出一个字符串。

Java 应用程序的建立及运行步骤如下所述。

（1）建立源程序。利用文本编辑器建立 Java 源程序文件，程序名为 Hello.java（注意不能写成 hello.java，因为 Java 语言是区分大小写的）。

源文件的命名规则：如果源文件中有多个类，那么只能有一个类是 public 类；如果有一个类是 public 类，那么源文件的名字必须与这个类的名字完全相同，扩展名是.java；如果源文件没有 public 类，那么源文件的名字只要和某个类的名字相同，并且扩展名是.java 就可以了。

> **注意**
> ① 输入代码时，注意中英文符号的区别，如大括号"｛｝"和分号"；"，Java 编译器只识别英文符号。
> ② 程序代码中的字母要区分大小写，因为 Java 对大小写字母是敏感的，也就是说"String"和"string"是不同的。
> ③ 在保存文件时，要选择文件保存的位置，这里选择"e:\javalx"，文件名为"Hello.java"，注意文件的保存类型选择"所有文件"，即"*.*"，这样保存的文件就不会添加后缀".txt"了。

（2）编译源程序。进入控制台，首先在控制台中输入"E:"，将当前位置切换到 E 盘根目录，接着输入"cd javalx"将当前位置切换到"E:\javalx"，然后输入"javac Hello.java"编译源程序，如果程序没有错误，会生成一个"Hello.class"文件，该文件称为字节码文件。这个字节码文件"Hello.class"将被存放在与源文件相同的位置上。

> **注意**
> 输入"javac Hello.java"时，"javac"和"Hello.java"之间至少有一个空格字符。

（3）运行程序。

在控制台中输入"java Hello"命令，将执行编译后的字节码文件"Hello.class"。

> **注意** 输入"java Hello"命令运行的是经过编译生成的"Hello.class"文件，但是不需要输入".class"后缀。

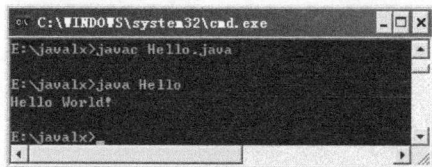

程序编译和运行步骤及结果如图 1.1.6 所示。

图 1.1.6　应用程序的编译和运行

3．第一个 Java 小应用程序

【案例 1_1_2】编写一个简单的 Java 小应用程序，在浏览器上显示"Hello World!"。

（文件名 HelloApplet.java）

```java
package pack1;
import java.applet.*;
import java.awt.*;
public class HelloApplet extends Applet  {
    public void paint(Graphics g) {
                g.setColor(Color.red);
                g.drawString("Hello World!",20,30);
                g.setColor(Color.blue);
                g.drawRect(100,100,20,10);
    }
}
```

（文件名 HelloApplet.html）

```html
<HTML>
    <applet code="HelloApplet.class" width=400 height=400>
    </applet>
</HTML>
```

【程序分析】

（1）一个 Java Applet 也是由若干个类构成的。

（2）Java Applet 不再需要 main 方法，但必须有且只有一个类扩展了 Applet 类，即它是 Applet 类的子类，把这个类叫 Java Applet 的主类，主类必须是 public 的。

（3）Java Applet 保存时必须和主类名字相同。

（4）超文本文件中的标记<applet...>和</applet>通知浏览器运行一个 Java Applet。

（5）code 通知浏览器运行哪个 Java Applet。"="后面是主类的字节码文件。

（6）width 和 height 分别规定了这个 Java Applet 的宽度和高度。

Java 小应用程序的建立及运行步骤如下。

（1）建立源程序。

① 建立 HelloApplet.java（注意大小写）。

② 建立 HelloApplet.html（文件名任意）。

（2）编译源程序。

```
javac HelloApplet.java
```

（3）运行小应用程序。控制台状态下输入"appletviewer HelloApplet.html"或通过浏览器打开

"HelloApplet.html"，可以查看小应用程序的效果。

程序的运行步骤和结果分别如图 1.1.7 和图 1.1.8 所示。

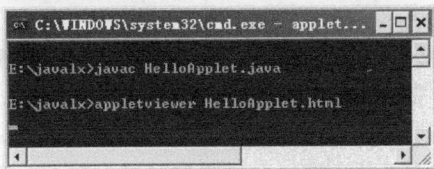

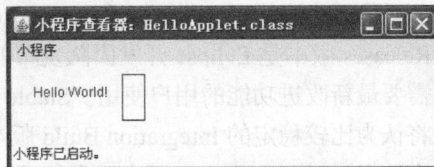

图 1.1.7　小应用程序的编译和运行　　　　图 1.1.8　小应用程序的运行结果

（五）常用的 Java 开发工具

1. 记事本

使用 Windows 自带的记事本编辑 Java 程序，在控制台编译、运行 Java 程序。缺点就是记事本不能设置字体颜色，没有语法着色功能，也不能设置代码的缩进式输入。

2. UltraEdit

UltraEdit 是共享软件，它的官方网址是 "www.ultraedit.com"。它是一个功能强大的文本、HTML、程序源代码编辑器。作为源代码编辑器，它的默认配置可以对 C/C++、VB、HTML、Java 和 Perl 进行语法着色。用它设计 Java 程序时，可以对 Java 的关键词进行识别并着色，方便了 Java 程序设计。它具有完备的复制、粘贴、剪切、查找、替换、格式控制等编辑功能。可以在 Advanced 菜单的 Tool Configuration 菜单项配置好 Java 的编译器 Javac 和解释器 Java，直接编译运行 Java 程序。

3. EditPlus

EditPlus 是共享软件，它的官方网址是 "www.editplus.com"。EditPlus 也是功能很全面的文本、HTML、程序源代码编辑器。默认的支持 HTML、CSS、PHP、ASP、Perl、C/C++、Java、JavaScript 和 VBScript 的语法着色。通过定制语法文件，还可以扩展到其他程序语言。可以在 Tools 菜单的 Configure User Tools 菜单项配置用户工具，配置好 Java 的编译器 Javac 和解释器 Java 后，通过 EditPlus 的菜单可以直接编译执行 Java 程序。

4. JCreator

JCreator 是一个用于 Java 程序设计的集成开发环境，具有编辑、调试、运行 Java 程序的功能。它的官方网址是 "www.jcreator.com"。它又分为 LE 版本和 Pro 版本。LE 版本功能上受到一些限制，是免费版本。Pro 版本功能最全，但这个版本是一个共享软件。这个软件比较小巧，对硬件要求不是很高，完全用 C++ 写的，速度快，效率高。具有语法着色、代码自动完成、代码参数提示、工程向导、类向导等功能。第一次启动时提示设置 Java JDK 主目录及 JDK JavaDoc 目录，软件自动设置好类路径、编译器及解释器路径，还可以在帮助菜单中使用 JDK Help。

5. Eclipse

Eclipse 是一个开放可扩展的集成开发环境（IDE）。它不仅可以用于 Java 的开发，通过开发插件，它可以构建其他的开发工具。Eclipse 是开放源代码的项目，并可以免费下载。它的官方网址是"www.eclipse.org"。它的官方网站提供 Releases，Stable Builds，Integration Builds 和 Nightly Builds 下载。建议使用 Releases 或 Stable Builds 版本。

Releases 版本是 Eclipse 开发团队发布的主要版本，是经过测试的稳定的版本，适合要求稳定而不需要最新改进功能的用户使用。Stable Builds 版本是对大多数用户足够稳定的版本，由开发团队将认为比较稳定的 Integration Build 版本提升到 Stable Build 而来，适合想使用 Eclipse 新功能的用户选择。对于 Releases 版本，在 Eclipse 的官方网站上有一个语言包可以下载，这样 Eclipse 及其帮助都是简体中文的。用于 Java 开发，Eclipse 与 UltraEdit、Editplus 两种编辑器和 Jcreator IDE 比较，Eclipse 更专业，功能更强大。

> 对于初学者来说，使用普通文本编辑器或带简单集成开发调试环境的编辑器（如 UltraEdit，EditPlus 等），更有利于专注于 Java 语言本身，而不会陷入复杂的集成工具中，所以建议初学者尽量选用普通文本编辑器，有一定基础之后再使用集成开发工具。

三、任务实现

1. 安装配置运行环境

具体步骤请参考相关知识介绍。

2. 设计并显示系统功能菜单

```java
package pack1.task1;
public class xscjgl1_1 {
    public static void main(String[] args) {
        System.out.println("================");
        System.out.println("1.建立成绩表");
        System.out.println("2.显示成绩表");
        System.out.println("3.查找");
        System.out.println("4.排序");
        System.out.println("5.添加");
        System.out.println("6.修改");
        System.out.println("7.删除");
        System.out.println("0.退出");
        System.out.println("================");
        System.out.print("请输入你的选择: ");
    }
}
```

四、任务小结

通过本任务的实现，主要带领读者学习了以下内容。
- Java 语言的发展历史。
- Java 语言的特点。
- JDK 的 3 个版本：Java SE、Java EE、Java ME。

- JDK 的下载和安装，环境变量的配置。
- Java 应用程序的运行步骤。
- 常用 Java 开发工具的使用。

五、上机实训

【实训目的】

1. 掌握 JDK 的安装和配置。
2. 掌握 Java 程序的运行步骤。
3. 熟悉常用的 Java 开发工具的使用。

【实训内容】

1. 下载安装 JDK，设置环境变量。
2. 编写一个输出"我们喜欢 Java"的 Java 应用程序。
3. 编写一个输出"我们喜欢 Java"的 Java 小应用程序。

习　题

（一）填空题

1. 自从 Sun 推出 Java 以来，按应用范围可以分为 3 个版本，这 3 个版本分别是（　　　）、（　　　）、（　　　）。
2. 环境变量的设置。若 JDK 安装在"C:\JDK"，则应设置 path 为（　　　），classpath 为（　　　）。
3. Java 源文件的扩展名为（　　　），用 javac 编译 java 源程序，得到的字节码文件的扩展名为（　　　）。
4. 如果 Java 源文件中有多个类，那么只能有一个类是（　　　）类。
5. Java 程序可以分成两类，即（　　　）和（　　　）。

（二）选择题

1. 作为 Java 应用程序入口的 main 方法，其声明格式是（　　　）。
   （A）public static int main (String args[ ])　　　　（B）public static void main (String args[ ])
   （C）public void main(String args[ ])　　　　（D）public int main(String args[ ])
2. 下面命令正确的是（　　　）。
   （A）Java appfirst.java　　　　（B）Java appfirst
   （C）Java appfirst.class　　　　（D）Javac appfirst
3. 设有一个 Java 小程序，源程序名为 FirstApplet.java，其 HTML 文件为 FirstApplet.html，则运行该小程序的命令为（　　　）。
   （A）java FirstApplet　　　　（B）javac FirstApplet.java
   （C）appletviewer FirstApplet.java　　　　（D）appletviewer FirstApplet.html
4. JDK 安装完成后，主要的命令，如 Javac、Java 等，都存放在根目录的（　　　）文件夹下。
   （A）bin　　　　（B）jre　　　　（C）doc　　　　（D）include

（三）简答题

1．Java 语言有哪些特点？

2．JDK 安装完成后，如何设置环境变量？

3．简述 Java 应用程序和小应用程序的区别。

4．简述 Java 应用程序的开发过程。

任务二　成绩的表示和基本运算

【技能目标】

1．能正确定义变量，给出合法的变量名和类型。

2．能正确使用运算符完成相关运算。

【知识目标】

1．了解 Java 语言数据类型的分类。

2．掌握各种基本数据类型数据及表示形式。

3．熟练定义变量。

4．熟练掌握各种运算符的优先级和结合性。

一、任务分析

在学生成绩管理系统中，需要将学生的基本信息及成绩存储到计算机中，并对它们进行一些基本运算和处理，最后将运算和处理的结果输出。本任务就是通过存储学生成绩管理系统中的基本信息，来了解 Java 语言中数据在计算机中的表示形式，即 Java 语言中的各种基本数据类型常量的表示形式及变量的定义方法，掌握各种运算符的功能和表达式的计算方法。

二、相关知识

（一）Java 程序的编程规范

对于一个程序员而言，好的编程习惯将会受用一生，因此在开始学习编程时，就应遵循相应的编程规范来进行程序代码的编写，以培养良好的编程风格。

1．Java 程序的基本结构

一个 Java 应用程序是由若干个源程序文件（文件主名与文件中的 public 类名相同，扩展名为.java）组成，每个程序文件包括以下要素。

（1）包的声明语句，以 package 关键字开始。

（2）若干个引入包的语句，以 import 关键字开始。

（3）定义若干个类（其中最多只能有一个标明为 public 访问修饰的类），定义类的关键字为 class。

（4）定义若干个接口，定义接口的关键字为 interface。

（5）在主类中定义入口方法 main。

（6）将应用程序的主要流程或运行逻辑写入 main 方法的方法体中。

2. Java 注释

注释是用来对源程序的各类要素进行说明或注解的特殊文本，它的内容在编译时会被忽略掉，并对程序的运行结果不产生任何影响。

注释可出现在程序的任何地方，其内容可包含任何语言。

注释是用来帮助人们理解程序的一种辅助手段，在程序的交流与维护中起着重要的作用。

Java 提供了 3 种类型的注释，具体如下所述。

（1）单行注释，使用符号"//"。程序中从"//"开始到当前行结束的所有字符都是注释的内容。通常在注释内容较少的时候使用。

```
float r,s;          //声明变量
r=5;                //赋值语句
s=3.14*r*r;         //求圆的面积
```

（2）多行注释，使用符号对"/*"和"*/"。程序中包含在"/*"和"*/"之间的文本都是注释的内容，可以是一行，也可以是多行。通常用在注释内容较多、跨越多行的情形，如果注释内容需要跨越多行，在中间每一行的前面尽量加上一个*，这样结构比较清晰。

- 注释一行。

```
/* 以下程序段用来求圆的面积 */
float r,s;
r=5;
s=3.14*r*r;
```

- 注释多行。

```
/*
* 以下程序段用来求圆的面积
* r 表示圆的半径
* s 表示圆的面积
*/
float r,s;
r=5;
s=3.14*r*r;
```

（3）文档注释，使用符号对"/**"和"*/"。文档注释具有两方面的功能：一方面起到注释程序的作用，另一方面可被 Java 系统的注释文档生成器命令 javadoc.exe 生成应用程序的注释文档，该文档类似于 API 文档，为 HTML 格式。例如在源程序文件开头列出类名、版本信息、作者、日期、版权声明等。

```
/**
* @(#)Hello.java
*
* @author Administrator
* @version 1.00 2011-2-9
*/
```

3. Java 代码格式编写规范

为了提高程序的可读性，在书写 Java 源程序时，要注意以下原则。

（1）Java 对大小写敏感，严格区分字母大小写。

（2）每一条语句都以半角的分号(;)结束。

（3）尽管 Java 格式自由，但一行最好只写一条语句。

（4）为程序可读性与可维护性起见，尽可能在必要处加上注释。

（5）源程序尽量使用代码缩进的编排方式。尽量不要用 tab 制表符，使用不同的源代码管理工具时，tab 字符将因为用户设置的不同而扩展为不同的宽度。

（6）尽量避免一行的长度超过 80 个字符，因为很多终端和工具不能很好地处理，但这一设置可以灵活进行调整。当一个语句或表达式无法容纳在一行内时，可以在一个逗号后面或一个操作符前面断开，但折行后，应该比原来的语句再缩进两个以上字符。

（二）标识符和关键字

1. 标识符及其命名

用来标识类名、变量名、方法名、类型名、数组名、文件名的有效字符序列称为标识符。简单地说，标识符就是一个名字，必须"先定义后使用"。

标识符的命名规则如下所述。

（1）Java 语言规定标识符由字母、下划线、美元符号和数字组成，并且第一个字符不能是数字字符。（可以包含汉字等。）

如：number、studentName、ID、student_name、_score、$mon、a$1 等，都是合法的标识符。

（2）标识符区分大小写，如 Num 和 num 是两个不同的标识符。

（3）标识符的长度没有限制，但也不宜过短或过长。

（4）标识符的命名要尽可能有意义，即见名知意。通常采用相关的英文单词或拼音缩写作为标识符，如 score、studentName、total 等。

（5）自定义标识符不能与关键字相同。

（6）标识符的命名最好遵循 Java 推荐的命名规范，如符号常量全部采用大写字母，类名首字母大写，属性与方法名首字母小写等。

（7）Java 语言使用 Unicode 标准字符集，最多识别 65 535 个字符。Unicode 字符集的前 128 个字符刚好是 ASCII 码表，Unicode 字符集还不能覆盖全部历史上的文字，但大部分国家的"字母表"的字母都是 Unicode 字符集中的一个字符，每个字符对应一个编码，比如汉字中的"你"对应的 Unicode 编码是 20320。因此 Java 中所使用的字母不仅是拉丁字母 a、b、c 等，也包括汉语中的汉字、日文中的平假名和片假名、朝鲜文、俄文、希腊字母等。

2. 关键字

关键字就是 Java 语言中已经被赋予特定意义的一些单词，也称为保留字。不可以把这类单词作为名字来用。

Java 中的关键字（按用途分类）包括以下。

（1）数据类型：boolean、byte、char、double、float、int、long、short、void、enum。

（2）逻辑常量值：false、true。

（3）语句：break、case、continue、do、else、for、return、switch、while。

（4）修饰符：abstract、private、protected、public。

（5）异常：try、catch、finally、throw、throws。

（6）类和接口：class、interface、extends、implements、import、package、static、super、this、synchronized。

（7）运算符：instanceof、new。

（8）空引用：null。

（9）其他：native、find、goto、const。

（三）数据类型

Java 数据类型分为两种：基本数据类型（简单类型）和引用数据类型。

基本数据类型有 8 种，习惯上分为 4 大类型。

- 整数类型，又包含字节型（byte）、短整型（short）、整型（int）、长整型（long）。
- 浮点类型：又包含单精度浮点型（float）、双精度浮点型（double），浮点类型又称为实数类型。
- 逻辑类型：记为 boolean。
- 字符类型：记为 char。

引用数据类型有：数组、字符串、类、接口。

1. 常量

常量（Constant）是指在程序的整个运行过程中其值始终保持不变的量。如计算圆的周长或面积时所用到的圆周率就是一种常量。

常量有两种主要的分类标准，如下所述。

（1）根据数据的类型，Java 中的常量可分为整型常量、浮点型常量、逻辑型常量、字符型常量及字符串常量 5 类。

① 整型常量。整型常量可以表示一个不带小数位的整数，数值可正可负。有如下 3 种表示形式。

- 十进制：用非零数字开头，如 56，−24，0。
- 八进制：用零开头，如 017，0，0123。
- 十六进制：用 0x 或 0X 开头，如 0x12,0xab,0x0。

② 浮点型常量。浮点型常量又称为实型常量，用来表示带有小数部分的十进制实数。有以下两种表示形式。

- 小数形式，即日常记数法。如 4.3，−0.23。
- 指数形式，即科学记数法，通常用来表示比较大或比较小的数，如 2.3e3，3.3e-4。

> 对于指数形式的浮点数，e（E）的前面必须有数字，e（E）的后面必须是整数。

③ 逻辑型常量。逻辑型常量又称为布尔型常量，用来表示逻辑判断的结果，有两个取值：true

代表真值，false 代表假值。

④ 字符型常量。字符型常量是用一对单引号括起来的一个字符，可以有以下几种形式。

- 单个字符。可以是 Unicode 字符集中的任何字符。如 'a'，'张' 等。
- 转义字符。如 '\n' 表示换行、'\r' 表示回车、'\t' 表示 tab、'\b' 表示退格、'\\' 表示反斜杠字符、'\'' 表示单引号字符、'\"' 表示双引号字符。
- 八进制转义字符，用三位八进制数表示一个字符，如 '\101'、'\307'、'\141'。
- Unicode 转义字符。用四位十六进制数表示一个字符，如 '\u4ba5'、'\u0041'。

⑤ 字符串常量。字符串常量是用一对双引号括起来的一个字符序列。如：

"hello"、"Happy new year!"、"我喜欢学习 Java"。

（2）根据数据的表达方式，Java 的常量可分为值常量与符号常量两种。

① 值常量就是直接以特定值表达的常量，如 12.34、25、-31、'a'、"abc" 等。

② 符号常量是一种标识符形式的常量，这类常量引用时以符号名称代替，但参与运算的是它的内容，即常量的值，这类常量必须先定义才能使用。

符号常量定义的格式为：

```
final <类型> <符号常量标识符>=<常量值>;
```

例如定义圆周率的语句为：

```
final float PI=3.1415926;
```

- 符号常量标识符遵循一般标识符的命名规则，习惯上用大写字母表示，以区别于变量。
- 定义符号常量时必须对它进行初始化。
- 符号常量不能重新赋值，如 "PI=3.14" 是错误的。

2. 变量

变量是在程序运行过程中其值可以改变的量。

变量有 3 个基本要素，它们是变量名、变量值、变量类型。

（1）变量名：是用户为该变量定义的一个标识符，它实际代表着该变量在计算机中的一系列存储单元。

（2）变量值：是变量在某一时刻的取值，取变量在计算机中相对应的存储单元的实际存储内容。

（3）变量类型：规定了该变量在计算机所对应的存储单元的数目与所能执行的操作类型，如字节整型变量在计算机中占有一个字节的存储单元，可以进行加减乘除算术运算、比较运算等。

在 Java 语言中，变量必须先定义后使用，定义变量的格式为：

```
类型名 变量名 1[, 变量名 2][, ...] ;
```

或

```
类型名 变量名 1[=初值 1][, 变量名 2[=初值 2], ...];
```

其中中括号[]括起来的部分为可选项。

例如：

```
int a,b;
```

```
float x=1.2;
```

变量经声明以后，便可以对其赋值和使用，若在使用前没有赋值，则在编译时会指出语法错误。

3. 基本数据类型

（1）整数类型。整数类型用来表示整数。按其取值范围不同，分为 4 种，如表 1.2.1 所示。

表 1.2.1　　　　　　　　　　　　整数类型

类　　型	字 节 数	范　　围	举　　例
byte	1	−128 ~ 127	100
short	2	−32768 ~ 32767	1372
int	4	−2147483648 ~ 2147483647	67340
long	8	$-2^{64} \sim 2^{64}-1$	234L

通常情况下，在给整型变量赋值时，不能将超出表达范围的数值赋给它。如果整型常量后面加上 l 或 L，代表该常量为 long 常量，如 12L。

例如：

```
byte x,y;
short s;
int sum;
long time;
x=12;
y=1234;       //数值超出范围，错误
s=12L;        //虽然数值大小没有超出范围，但是 12L 的类型比变量 s 的类型要高，错误
sum=12345;
time=892389;
```

（2）浮点类型。浮点类型用来表示小数。按其取值范围不同，分为两种，如表 1.2.2 所示。

表 1.2.2　　　　　　　　　　　　浮点类型

类　　型	字 节 数	范　　围	举　　例
float	4	-3.4e+38 ~ 3.4e+38 （7 位有效数字）	3.14f 2.3e+5f
double	8	-1.79e+308 ~ 1.79e+308 （15 位有效数字）	2.34d 或 2.34 5e-8d 或 5e-8

对于浮点型常量来说，也有类型之分，如下所述。

① 若在浮点型常量后面加 f 或 F，则为单精度浮点型。如 2.3f，-3.14f。

② 若在浮点型常量后面加 d 或 D，则为双精度浮点型，d(D)也可以省略。如 2.3d 或 2.3。

例如：

```
float score,height;
double money;
score=98.5f;
height=1.78;    //错误，1.78 的类型为双精度型
money=6000;
```

（3）字符类型，如表 1.2.3 所示。

表 1.2.3 字符类型

类 型	字 节 数	范 围	举 例
char	2	Unicode 字符集	'a' '\n' '我' '\u1a2b'

例如：

```
char ch1,ch2;
ch1='a';
ch2='国';
```

（4）布尔类型，如表 1.2.4 所示。

表 1.2.4 布尔类型

类 型	字 节 数	范 围
boolean	1	true 或 false

例如：

```
boolean flag;
flag=false;
```

【案例 1_2_1】基本数据类型变量的定义和使用。

```
package pack1;
class Exam1_2_1
{
    public static void main(String[] args)
    {
        byte b1=100,b2=0x12;
        int a1=12,a2=340000;
        long l=239;
        float f=1.23f;
        double d=3.14;
        char ch1='x',ch2='好';
        boolean flag=true;
        System.out.println("b1="+b1+",b2="+b2);
        System.out.println("a1="+a1+",a2="+a2);
        System.out.println("l="+l);
        System.out.println("f="+f);
        System.out.println("d="+d);
        System.out.println("ch1="+ch1+",ch2="+ch2);
        System.out.println("flag="+flag);
    }
}
```

4. 基本数据类型的转换

Java 语言中，在对基本数据类型数据进行算术运算或赋值时，允许不同的数据类型（不包括 boolean）之间进行混合运算，此时不同的数据类型要先转换成相同的数据类型，才能完成相应的运算。

Java 语言中的类型转换有两种情形：自动类型转换和强制类型转换。

（1）自动类型转换又称为隐式类型转换，是指参与运算的数据类型不同时，Java 自动将精度较低的数据类型转换为精度较高的数据类型。

这些基本数据类型按精度从"低"到"高"的排列顺序是：

byte short （char） int long float double

例如：

```
char ch='A';
int a=2,b;
float x=45.67F;
double y=23.456D,z;
b=ch+6;          //先将 ch 自动转换为 int 类型，和 6 相加后赋值给 b
z=a*(x+y);       //先将 a,x,y 自动转换为 double 类型，运算后赋值给 z
```

（2）强制类型转换又称为显式类型转换，是指将精度较高的数据类型转换为精度较低的数据类型时，Java 不能自动进行转换，此时需要由用户明确指定转换的目标类型。

强制类型转换的格式：

(类型名)要转换的值;

例如：

```
int x=(int)23.89;          //x 的值为 23
long y=(long)34.98F;
float z=76.47;
int a=(int)z+4.5;          //错误，强制类型转换的对象是 z 的值，而不是 z+4.5
int b=(int)(z+4.5);
```

① 字符型、整型、浮点型可以混合运算，运算过程中，不同类型数据按照数据精度由低到高的顺序进行转换，最后统一转换成表达式中精度最高的类型后计算出结果。

② 精度低的数据可自动转换到精度高的数据上去。

③ 精度高的数据到精度低的数据时，必须使用强制类型转换。

④ 同精度的数据 short 与 char 相互赋值时，需要使用强制类型转换，虽然二者长度相同，都是 2 个字节，但 short 的取值范围是 $-2^{15} \sim 2^{15}-1$，而 char 的取值范围为 $0 \sim 2^{16}-1$，它们的取值范围并不相同，无法进行自动类型转换。

【案例1_2_2】数据类型的转换。

```
package pack1;
public class Exam1_2_2
{ public static void main (String args[ ])
    { byte  a=120;   short b=255;
      int c=2200;    long d=8000;
      float f;
      double g=123456789.123456789;
      b=a;
      c=(int)d;
      f=(float)g;    //导致精度的损失
      System.out.print("a="+a); System.out.println("b="+b);
      System.out.print("c="+c); System.out.println("d="+d);
      System.out.println("f="+f);System.out.println("g="+g);
    }
}
```

（四）运算符和表达式

运算符又称操作符（Operator），是指对数据实施运算控制的符号。

表达式（Expression）是指由运算符与操作数连接而成的、符合计算机语言语法规则，并具有特定结果值的符号序列。

按照所需要的运算数的个数，运算符可分为 3 种。

- 单目运算符：只有 1 个运算数。
- 双目运算符：有两个运算数。
- 三元运算符：有 3 个运算数。

按运算符的功能来分，运算符可分为 6 种。

- 算术运算符。
- 关系运算符。
- 逻辑运算符。
- 赋值运算符。
- 位运算符。
- 条件运算符。

每个运算符都有两个特征，如下所述。

- 优先级：在表达式中，某个运算数的两端有两个不同级别的运算符时，先运算的运算符的优先级高，后运算的运算符的优先级低。如 3+4*5，由于"*"的优先级比"+"高，所以先算乘法，再算加法。
- 结合性：在表达式中，某个运算数的两端有两个相同级别的运算符时，若先运算左边的运算符，称该运算符为左结合性，若先运算右边的运算符，称该运算符为右结合性。如 3+4-5，由于"+"和"−"的优先级相同，又为左结合性，所以先算加法，后算减法。

下面就按运算符的功能分类来介绍 Java 中的运算符。

1. 算术运算符

算术运算符是指对数值型操作数进行算术运算的一类运算符。

算术运算符主要有：

+（加） −（减） *（乘） /（除） %（求余）
++（自增运算符） −（自减运算符）
+（正号运算符） −（负号运算符）

由算术运算符构成的表达式称为算术表达式。

（1）加减运算符：+、−。例如，2+30、123.54-25 等。加减运算符是双目运算符，优先级相同，结合方向自左至右，例如 2+3-7，先计算 2+3，再将得到的结果减 8。加减运算符的操作数可以是整型、浮点型或字符型数据。

（2）乘、除和求余运算符：*、/、%。例如，2*38、459.29/34 等。这 3 个运算符是双目运算符，优先级相同，结合方向自左至右。乘除和求余运算符的操作数可以是整型、浮点型或字符型数据。

（3）自增、自减运算符++、−。自增、自减运算符是单目运算符，优先级相同，结合方向自右至左。有前缀和后缀两种用法，即可以放在操作数的前面，也可以放在操作数的后面。操作数必须是变量，作用是使变量的值增 1 或减 1。

① 两个数相乘时，乘号（*）不能省略。

② 两个整数相除的结果仍为整数，如 3.4/2 的结果为 1.7，而 3/2 的结果为 1（整数类型）。

③ 对求余运算来说，求余的结果小于除数。如 3%2 的结果为 1，3.5%2 的结果为 1.5。

如：3++、++（a+b）是错误的。

如：++x：先使 x 的值加 1，再使用 x 的值。

　　–x：先使 x 的值减 1，再使用 x 的值。

　　x++：先使用 x 的值，再使 x 的值加 1。

　　x–：先使用 x 的值，再使 x 的值减 1。

如果 x 的值是 5，则：

对于 "y=++x"，先将 x 的值加 1 变为 6，然后赋值给 y，y 得到的值是 6。

对于 "y=x++"，则是先将 x 的值赋给 y，y 得到的值是 5，然后 x 的值加 1 变为 6。

（4）算术运算符的优先级。

+（正号）、–（负号）、++、–（高于）　*、/、%（高于）+、–

（5）算术混合运算的精度。前面讲过，基本数据类型精度从 "低" 到 "高" 的排列顺序如下：

byte，short，char，int，long，float，double。

Java 按运算符两边的操作的最高精度保留结果的精度。如：

5/2 的结果是 2，要想得到 2.5，必须写成 5.0/2 或 5.0f/2。

char 型数据和整型数据运算结果的精度是 int 型数据的精度，如 "byte x=7"，那么 'B'+x 的结果是 int 型。

若有　　　char ch= 'B' +x;　是错误的，

应该写成　char ch=(char)('B' +x);

【案例1_2_3】给出圆的半径，求圆的面积。

```java
package pack1;
public class Exam1_2_3 {
    public static void main(String[] args) {
        double r,area;
        r=3.5;
        area=3.14*r*r;
        System.out.println("area="+area);
    }
}
```

【案例1_2_4】给出三角形的三边，求三角形的面积。

```java
package pack1;
import java.util.Scanner;
public class Exam1_2_4 {
    public static void main(String[] args) {
        double a,b,c,p,area;
        Scanner scan=new Scanner(System.in);
        System.out.println("请输入三角形的三边长:");
        a=scan.nextDouble();
        b=scan.nextDouble();
        c=scan.nextDouble();
        p=(a+b+c)/2;
```

```
        area=Math.sqrt(p*(p-a)*(p-b)*(p-c));
        System.out.println("area="+area);
        }
}
```

【拓展知识】

（1）Java 获得键盘输入的方法。可以使用 Scanner 类的方法。通常需要经过 3 个步骤。

① 在程序开头导入类：import java.util.Scanner;

② 输入之前创建 Scanner 类对象：Scanner scanner = new Scanner(System.in);

System.in 是标准输入流对象，对应标准输入设备即键盘。

③ 输入数据赋给相应的变量。

输入不同类型的数据要用不同的方法，这些方法都是以 next 开头的，如 nextInt()用来输入 int 类型数据，nextByte()用来输入 byte 类型数据，nextDouble()用来输入 double 类型数据，等等。读者可以通过 API 帮助文档查看所要使用的方法。

例如：

```
import java.util.Scanner;                             //第一步
public class Exam_input1 {
    public static void main(String[] args) {
        Scanner scanner = new Scanner(System.in);     //第二步
        System.out.print("Please input a number:");
        int num = scanner.nextInt();                  //第三步，获取整数值
        System.out.println("The number you input is:" + num);
        System.out.println("--------------------------");
        System.out.print("Please input some character:");
        String str = scanner.next();                  // 获取字符串值
        System.out.println("The string you input is:" + str);
    }
}
```

要获得键盘输入，还可以使用 BufferedReader，但是比用 Scanner 要麻烦，在这里就不介绍了，有兴趣的读者可以上网查阅相关资料。

（2）常用数学函数的使用。在上面求三角形面积的案例中，需要计算平方根，java.lang 包中的 Math 类包含了许多用来进行科学计算的类方法，这些方法可以直接通过类名调用。Math 类中还有两个静态常量：E 和 PI，它们的值分别是 2.7182818284590452354 和 3.14159265358979323846。以下是 Math 类的常用方法，其他方法可以通过 API 帮助文档获得。

- 求平方根：Math.sqrt(x)，注意参数 x 不能为负数。
- 求绝对值：Math.abs(x)。
- 求乘方：Math.pow(x,y)代表 x 的 y 次幂。
- 求对数：Math.log(x)。
- 求正弦值：Math.sin(x)，注意 x 是弧度表示。

2. 关系运算符

关系运算符用来比较两个值的关系。

关系运算符有 6 个：

＞（大于）　　＜（小于）　　＞=（大于等于）　　＜=（小于等于）　＝=（等于）　!=（不等于）

用关系运算符将两个表达式连接起来的式子称为关系表达式。

如：a>b，b*b-4*a*c>=0 等，都是关系表达式。

关系运算符的运算结果是 boolean 型，当运算符对应的关系成立时，运算结果是 true，否则是 false。

如：4>3 的值为 true，4<3 的值为 false。

关系运算符都是双目运算符，结合方向都是自左至右。

在这 6 个关系运算符中，前 4 个运算符的优先级高于后两个，算术运算符的优先级高于关系运算符。

若有 int x=6,y=8，则 x+y>6 的值为 true，x+y<30 的值为 false。

> **注意** 要表示数学上 a>b>c 这样的式子，在 Java 语言中是错误的。

3. 逻辑运算符

逻辑运算符包括&&、||、!，其中&&、||为双目运算符，实现逻辑与、逻辑或；!为单目运算符，实现逻辑非。

逻辑运算符的操作数必须是 boolean 类型的数据。

用逻辑运算符将两个关系表达式连接起来的式子称为逻辑表达式。

表 1.2.5 所示为逻辑运算符的运算规则。

表 1.2.5　逻辑运算符的运算规则

操作数 1（op1）	操作数 2（op2）	op1&&op2	op1||op2	!op1
true	true	true	true	false
true	false	false	true	false
false	true	false	true	true
false	false	false	false	true

从优先级上看，算术运算符的优先级高于关系运算符，关系运算符的优先级高于逻辑运算符。这 3 个关系运算符的优先级从高到低是!、&&、||。

如：3>5&&7>4 的结果是 false，3>5||7>4 的结果是 true。

> **注意**
> （1）逻辑非运算符是单目运算符，其他两种为双目运算符。
> （2）逻辑与、逻辑或运算符也称为短路逻辑运算符，即如果通过第 1 个操作数的值，就能确定整个逻辑表达式的值，则不再计算第 2 个操作数的值。具体运算规则如下所述。
> ● op1&&op2，如果 op1 的值为 false，则表达式的值肯定为 false，与第 2 个操作数 op2 的值无关，所以 op2 的值不需要再做计算。
> ● op1||op2，如果 op1 的值为 true，则表达式的值肯定为 true，与第 2 个表达式 op2 的值无关，所以 op2 的值不需要再做计算。
> 若已知 x=-1，y=-1，z=-1；表达式++x==0 || ++y==0 && ++z==0 的值是什么？表达式运算之后，x,y,z 3 个变量的值各是什么？
> 经过分析，表达式的值为 true，x 的值为 0，y 和 z 的值不变，仍然是-1。

例：写出相应的关系或逻辑表达式。

（1）给出三角形的 3 边 a、b、c，写出表达式判断 a、b、c 能否构成三角形。

a>0 && b>0 && c>0 && a+b>c && b+c>a && a+c>b

（2）给出一元二次方程的系数 a,b,c，判断该方程有没有实数根。

a!=0 && b*b-4*a*c>=0

（3）给出一个年份值 year，判断该年是否是闰年。

闰年的条件：能被 4 整除不能被 100 整除，或者能被 400 整除。

首先给出判断 x 能被 y 整除（x 是 y 的倍数）的条件：

x % y == 0

例如，判断 x 是否为偶数，用条件 x % 2 == 0 表示，也可以用 x%2!=1 或!(x%2= =1)来表示。

由此可以写出判断给定的年份值 year 是否是闰年的条件：

(year%4 ==0 && year%100!=0) || (year%400= =0)

4. 位运算符

任何信息在内存中都是以二进制的形式保存的，比如一个 int 型的变量在内存中占 4 个字节共 32 位，若有定义"int x=7"，则 x 在内存的表示形式是：

00000000 00000000 00000000 00000111

左面最高位是符号位，0 表示正数，1 表示负数。负数在内存中用补码表示，比如-8 的补码是：

11111111 11111111 11111111 11111000

位运算符就是对二进制位进行操作的一类运算符。主要有两类：一类种是按位操作运算符，一类是移位运算符。

按位操作运算符有：

&（按位与） |（按位或）   ~（按位非）   ^（按位异或）

移位运算符有：

<<（左移位）   >>（右移位）   >>>（无符号右移）

（1）按位操作运算符。&、|、^是双目运算符，~是单目运算符，它们的运算数可以为整数类型、逻辑类型、字符类型。

相应的运算规则为：

- 按位与：0&0=0   0&1=0   1&0=0   1&1=1，即只要有一个为 0，&的结果就为 0。
- 按位或：0|0=0   0|1=1   1|0=1   1|1=1，即只要有一个为 1，|的结果为 1。
- 按位异或：0^0=0   0^1=1   1^0=1   1^1=0，即相同为 0，不同为 1。
- 按位非：~0=1   ~1=0

例：

求~5。

5	0 000 0000	……	0000 0101	
~5	1 111 1111	……	1111 1010	结果为-6

求 5 & 14。

5	0 000 0000	……	0000 0101	
14	0 000 0000	……	0000 1110	
==				
5&14	0 000 0000	……	0000 0100	结果为 4

求 5 | 14。

5	0 000 0000	……	0000 0101	
14	0 000 0000	……	0000 1110	
==				
5|14	0 000 0000	……	0000 1111	结果为 15

求 5^14。

5	0 000 0000	……	0000 0101	
14	0 000 0000	……	0000 1110	
==				
5^14	0 000 0000	……	0000 1011	结果为 11

① 位运算符也可以操作逻辑型数据，运算规则如下所述。

- 当 a、b 都是 true 时，a&b 是 true，否则是 false。
- 当 a、b 都是 false 时，a|b 是 false，否则是 true。
- 当 a、b 同为 true 或 false 时，a^b 的值为 false，否则为 true，即相同为假，不能为真。
- 当 a 是 true 时，~a 是 false，否则是 true。

从上可知，位运算符&和|在操作逻辑型数据时，得到的运算结果与逻辑运算符&&、||是相同的，但运算过程不同，位运算符要计算完 a 和 b 之后，再给出运算的结果。

比如，x 的初值是 1，那么经过 ((y=1)==0)&((x=6)==6) 位运算之后，x 的值将是 6；而经过 ((y=1)==0)&&((x=6)==6) 逻辑运算后，x 的值仍然为 1。

② 位运算符也可以操作字符数据，但运算结果是 int 类型数据。如 char x='a',y='b'，那么 x|y、x&y、x^y、~x 的结果是 int 类型。

（2）移位运算符。3 个按位操作运算符都是双目运算符。它们的运算数可以是整数类型和字符类型。

① <：左移运算符，作用是将操作数在内存中的二进制数据向左移动右边操作数指定的位数，左边移出的部分自然丢失，右边移空的部分补 0。

如：5<<1。

| 5 | 移出←0 000 | 0000 | …… | 0000 0101 | |
| 5<<1 | 000 | 0000 | …… | 0000 01010←补 0 | 结果为 10 |

从上例可以看出，对整数来说，左移一位相当于乘 2。

② >>：右移运算符，作用是将操作数在内存中的二进制数据向右移动右边操作数指定的位数，如果原来的最高位为 0，左边移空的部分就补 0，如果原来的最高位为 1，左边移空的部分就补 1。即保证移位之后操作数的符号保持不变，因此该运算符又称为带符号右移运算符。

如：5>>1。

| 5 | | 0000 0000 | …… | 0000 0101 | |
| 5>>1 | 补符号位→00000 | 0000 | …… | 0000 0101→移出，自然丢失 | 结果为 2 |

从上例可以看出，对整数来说，右移一位相当于整除 2。

③ >>>：无符号右移，不管移位的操作数的最高位是 0 还是 1，左边移空的部分都补 0。

【案例1_2_5】位运算符的应用（一个加密解密的程序）。

```
package pack1;
public class Exam1_2_5 {
    public static void main(String[] args) {
        char c1,c2,c3,c4;
        c1='中'; c2='国'; c3='人'; c4='民';
        //加密
        c1=(char)(c1^8);
        c2=(char)(c2^8);
        c3=(char)(c3^8);
        c4=(char)(c4^8);
        System.out.println("加密后: "+c1+c2+c3+c4);
        //解密
        c1=(char)(c1^8);
        c2=(char)(c2^8);
        c3=(char)(c3^8);
        c4=(char)(c4^8);
        System.out.println("解密后: "+c1+c2+c3+c4);
    }
}
```

5. 赋值运算符

赋值运算符是双目运算符，左边的操作数必须是变量，不能是常量或表达式。

赋值表达式：

<变量> <赋值运算符> <表达式>

赋值表达式的值就是赋值运算符左边变量的值。

赋值运算符分为基本的赋值运算符和复合的赋值运算符两种。

（1）基本的赋值运算符 =。

使用格式：<变量>=<表达式>

功能：将右边表达式的值计算求值后赋给左边的变量。

如：若有 int x;

　　　　double y;

　　　　boolean z;

则 x=12、y=16.78、z=true 都是正确的赋值表达式。

赋值运算符的优先级比较低，比前面讲过的运算符都低，在所有运算符中优先级是最低的，结合方向是自右至左。

如：x=y=z=5，3 个变量 x、y、z 都得到相同的值 5。

（2）复合的赋值运算符。也叫压缩的或组合的赋值运算符，是在=前面加上一个其他运算符所构成的组合运算符。

复合的赋值运算符有：

+=、—=、*=、/=、%=、&=、|=、^=、<<=、>>=、>>>=

如：x+=3 等价于 x=x+3，所有复合的赋值运算符都可依此类推。

又如：x++;

    ++x;

    x=x+1;

    x+=1;

这 4 条语句是等价，作用都是使 x 加 1。

6. 条件运算符

条件运算符（?:）是 Java 中唯一的一个三目运算符。由它构成的表达式称为条件表达式。

格式：〈逻辑类型表达式>?<表达式 1>:<表达式 2>

其中：

（1）表达式 1 和表达式 2 的类型必须相同。

（2）条件表达式的执行逻辑为：计算逻辑表达式的值，如果为 true，则计算表达式 1 的值，并将计算结果作为整个条件表达式的值；否则计算表达式 2 的值，并将计算结果作为整个条件表达式的值。

（3）条件运算符的优先级是倒数第二，仅高于赋值运算符，结合方向是自右至左。

（4）常将条件表达式作为赋值的对象，来替代简单的 if...else 语句。

如："max=a>b?a:b"，是求出 a 和 b 中的大数赋值给 max。

思考：如何求 a,b,c3 个数中的大数？

7. 运算符的优先级

Java 中的表达式就是用运算符连接起来的符合 Java 规则的式子。运算符的优先级决定了表达式中运算执行的先后顺序。

Java 表达式计算的原则如下。

（1）先计算优先级高的运算符，再计算优先级低的运算符。

（2）相同优先级的运算符的计算次序由其结合性决定。

（3）括号可以改变运算符的计算次序。

Java 语言中运算符的优先级和结合性如表 1.2.6 所示。

表 1.2.6　　　　　　　　　　运算符的优先级和结合性

优 先 级	描　　述	运　算　符	结 合 性
1	分隔符	[]、()、.、,、;	
2	对象归类、自增自减运算符、逻辑非（单目运算符）、正号、负号	instanceof、++、--、!、+、-	右到左
3	算术乘除运算符	*、/、%	左到右
4	算术加减运算符	+、-	左到右
5	移位运算	>>、<<、>>>	左到右
6	大小关系运算	<、<=、>、>=	左到右
7	相等关系运算	==、!=	左到右
8	按位与运算	&	左到右

续表

优 先 级	描　　述	运　算　符	结 合 性
9	按位异或运算	^	左到右
10	按位或运算	|	左到右
11	逻辑与运算	&&	左到右
12	逻辑或运算	||	左到右
13	条件运算符	?:	右到左
14	赋值运算符	=、+=、–=、*=、/=、%=、&=、|=、^=、<<=、>>=、>>>=	右到左

三、任务实现

输入 3 个学生的学号、姓名和成绩，求出总分和平均分。

```java
package pack1.task2;
import java.util.Scanner;
public class ScoreSum {
    public static void main(String[] args) {
        int no1, no2, no3;
        String name1, name2, name3;
        float score1, score2, score3;
        float total, average;
        Scanner scan = new Scanner(System.in);
        System.out.print("请输入第 1 个学生的学号、姓名、成绩：");
        no1 = scan.nextInt();
        name1 = scan.next();
        score1 = scan.nextFloat();
        System.out.print("请输入第 2 个学生的学号、姓名、成绩：");
        no2 = scan.nextInt();
        name2 = scan.next();
        score2 = scan.nextFloat();
        System.out.print("请输入第 3 个学生的学号、姓名、成绩：");
        no3 = scan.nextInt();
        name3 = scan.next();
        score3 = scan.nextFloat();
        total = score1 + score2 + score3;
        average = total / 3;
        System.out.println("    学生成绩表");
        System.out.println("====================");
        System.out.println("学号     姓名    成绩");
        System.out.println(no1 + "       " + name1 + "       " + score1);
        System.out.println(no2 + "       " + name2 + "       " + score2);
        System.out.println(no3 + "       " + name3 + "       " + score3);
        System.out.println("====================");
        System.out.println("学生成绩总分：" + total + "，平均分：" + average);
    }
}
```

任务执行结果如图 1.2.1 所示。

四、任务小结

通过本任务的实现，主要带领读者学习了以下内容。

● Java 语言中标识符：标识符的命名规则，有哪些关键字。

● Java 语言数据类型的分类：基本数据类型和引用数据类型。

● 基本数据类型：整型、浮点型、字符型、布尔型。

● 各种运算符的功能、优先级与结合性。

● 表达式的计算。

```
请输入第 1 个学生的学号、姓名、成绩：1 a 45
请输入第 2 个学生的学号、姓名、成绩：2 b 67
请输入第 3 个学生的学号、姓名、成绩：3 c 79
          学生成绩表
学号      姓名     成绩
1         a        45.0
2         b        67.0
3         c        79.0
学生成绩总分：191.0，平均分：63.666668
```

图 1.2.1　任务执行结果

五、上机实训

【实训目的】

1．熟悉 Java 程序的编写规范。

2．掌握 Java 语言的基本数据类型。

3．掌握 Java 语言算术运算符的使用。

4．熟悉常用的数学函数的用法。

【实训内容】

1．实现数值的加减乘除操作，并且通过控制台进行输入，将结果显示在控制台上。

2．判断两个数的大小、3 个数的大小。

3．输入 3 种商品的单价和购买数量，计算并输出所要支付的总费用。

4．已知平面坐标系中的两点坐标（x1,y1），（x2,y2），求两点之间的距离。

5．已知一元二次方程的系数，求方程的根（假定方程有实数根）。

习 题

（一）填空题

1．Java 逻辑类型常量有两个：（　　　）和（　　　）。

2．写出下面表达式的运算结果，设 a=2,b=−4,c=true。

（1）−a % b++

（2）(a >= 1 && a <= 10 ? a : b)

（3）c ^ (a > b)

（4）(−a) << a

（5）(double)(a + b) / 5 + a / b

（二）选择题

1．下面这些标识符哪个是错误的（　　　）。

（A）Javaworld　　　　（B）_sum　　　　　（C）2Java Program　　（D）$abc

2. 下列哪一组运算符的优先级顺序是由高到低排序的（   ）。

　　（A）|、&、!　　　　　　　（B）&、^、||　　　　　　（C）!、%、++　　　　　　（D）<、<<、++

3. 下面哪个赋值语句不会产生编译错误（   ）。

　　（A）char a= 'abc';　　（B）byte b=152;　　　　（C）float c=2.0;　　　　（D）double d=2.0;

4. 下面哪个单词是 Java 语言的关键字（   ）。

　　（A）False　　　　　　　（B）FOR　　　　　　　　（C）For　　　　　　　　（D）for

5. 执行下面程序后，哪个结论是正确的（   ）。

```
int a, b, c;
a=1 ;
b=3 ;
c=(a+b>3 ?++a: b++)
```

　　（A）a 的值为 2，b 的值为 3，c 的值为 1　　　（B）a 的值为 2，b 的值为 4，c 的值为 2
　　（C）a 的值为 2，b 的值为 4，c 的值为 1　　　（D）a 的值为 2，b 的值为 3，c 的值为 2

6. 设各个变量的定义如下，哪些选项的值为 true（   ）。

```
int a=3, b=3;
boolean flag=true;
```

　　（A）++ a = =b　　　　（B）++a==b++　　　　（C）(++a= =b) || flag　　（D）(++a= =b) & flag

7. 表达式（int）6.5/7.5*3 的值的类型为（   ）。

　　（A）short　　　　　　　（B）int　　　　　　　　（C）double　　　　　　（D）float

8. 设 a，b，x，y，z 均为 int 型变量，并已赋值，下列表达式的结果属于非逻辑值的是（   ）。

　　（A）x>y && b<a　　（B）-z>x-y　　　　（C）y==++x　　　（D）y+x*x++

9. 下面语句输出的结果为（   ）。

```
system.out.println(5^2)
```

　　（A）6　　　　　　　　（B）7　　　　　　　　（C）10　　　　　　　　（D）25

10. 对下面的语句执行完后正确的说法是（   ）。

```
int c= 'c'/3;
System.out.println(c) ;
```

　　（A）输出结果为 21　　（B）输出结果为 22　　（C）输出结果为 32　（D）输出结果为 33

11. 以下选项中变量 a 已定义类型，合法的赋值语句为（   ）。

　　（A）a=int(y);　　　　（B）a==1;　　　　　　（C）a=a+1=3;　　　　（D）++a;

12. 执行下列程序段后，ch，x，y 的值正确的是（   ）。

```
int x=3,y=4;
boolean ch;
ch=x<y||++x==--y;
```

　　（A）true，3，4　　　　（B）true，4，3　　　　（C）false，3，4　　　（D）false，4，3

（三）编程题

1. 定义两个整型变量 a，b；然后分别赋予 23,89，在屏幕上打印出 "a+b=112" 字样。

2. 定义两个浮点型变量 m，n；然后分别赋予 98.67,2.34，在屏幕上打印出 "m-n=96.33" 字样。

3. 编写程序求出 Area=a×b×c，并对 a，b，c 分别赋予数值，进行调试查看。

4. 使用 Math.pow( )方法，求出 2 的 32 次方的值。

任务三 成绩的判断和统计

【技能目标】

能使用流程控制语句编写实用程序。

【知识目标】

1. 了解 Java 语句的分类。

2. 掌握各种流程控制语句的格式及执行过程。

3. 熟练使用流程控制语句编写程序。

一、任务分析

在学生成绩管理系统中，经常需要对学生成绩进行判断和统计，比如要输出不及格学生名单，求出某个学生的总分和平均分，求出某一科的平均分，等等。本任务就是通过求学生的总分和系统功能的选择，来介绍 Java 语言中的流程控制语句，掌握各种流程控制语句的执行过程，并且应用流程控制语句解决实际问题。

二、相关知识

（一）语句概述

Java 语言中的语句可分为以下 5 类。

1. 方法调用语句

```
System.out.println("Hello");
```

2. 表达式语句

由一个表达式加上一个分号构成一个语句。典型的是赋值语句。

如：

```
x=123;
x++;
```

3. 复合语句

可以用一对大括号把一些语句括起来，构成复合语句。

如：

```
{  x=12;
   y=34;
   System.out.println("x+y="+(x+y));
}
```

4. 流程控制语句

包括条件语句、循环语句、跳转语句和异常处理语句。

5. package 语句和 import 语句

声明包和引用包的语句。

从结构化程序设计角度出发，程序有 3 种结构，如下所述。

（1）顺序结构：顺序结构程序是按语句在程序中的先后顺序逐条执行，没有分支，没有转移，在前面的例子中介绍的都是顺序结构程序。

（2）选择结构：选择结构程序是根据程序中设定的不同的条件，去执行不同分支中的语句。

（3）循环结构：循环结构程序是根据程序中设定的条件，使同一组语句重复执行多次或一次也不执行。

（二）条件语句

Java 中的条件语句有两种类型，即 if 语句和 switch 语句。

1. if 语句

if 语句有 3 种形式。

（1）最简单的 if 语句。

① 语句格式如下。

```
if (条件表达式) {
    语句或语句块
}
```

② 执行过程如下。

如果条件表达式的值为真（true）时，则执行紧跟在后面的语句或语句块，如果条件表达式的值为假（false），则执行 if 语句后面的语句。

图 1.3.1 所示为最简单的 if 语句的执行过程。

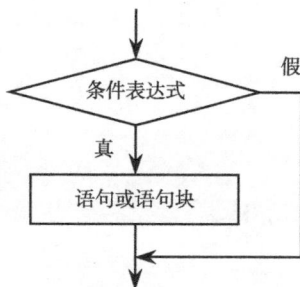

图 1.3.1 最简单的 if 语句

【案例 1_3_1】求两个数 x,y 中的大数。

```
package pack1;
public class Exam1_3_1 {
    public static void main(String args[]) {
        int x, y;
        int max;
        x = 12;
        y = 34;
        max = x;
        if (max < y)
            max = y;
        System.out.println("max=" + max);
    }
}
```

【案例 1_3_2】将两个数按先大后小输出。

```
package pack1;
public class Exam1_3_2 {
    public static void main(String args[]) {
```

```
        int x, y, t;
        x = 12;
        y = 34;
        if (x < y) {
            t = x; x = y;    y = t;
        }
        System.out.println(x + "," + y);
    }
}
```

【**案例 1_3_3**】输入 3 个数，将这 3 个数按从小到大的顺序输出。

```
package pack1;
import java.util.Scanner;
public class Exam1_3_3 {
    public static void main(String args[]) {
        Scanner scan = new Scanner(System.in);
        int a, b, c, t;
        System.out.println("请输入三个数: ");
        a = scan.nextInt();
        b = scan.nextInt();
        c = scan.nextInt();
        if (a > b) {
            t = a; a = b;    b = t;
        }
        if (a > c) {
            t = a; a = c;    c = t;
        }
        if (b > c) {
            t = b; b = c;    c = t;
        }
        System.out.println("a=" + a + ",b=" + b + ",c=" + c);
    }
}
```

说明

- if 后面的条件表达式必须是 boolean 型。
- 语句或语句块若是单个语句，可以省略 { }，但为了增强程序的可读性，最好不要省略。

（2）带有 else 子句的 if 语句。

① 语句格式如下。

```
 if (条件表达式) {
        语句或语句块1
 } else {
        语句或语句块2
 }
```

② 执行过程：如果条件表达式的值为真（true）时，则执行语句或语句块 1，然后跳出 if-else 结构，继续执行 if 语句的下一条语句；如果条件表达式的值为假（false），则执行语句或语句块 2，然后继续执行 if 语句的下一条语句。

图 1.3.2 所示为带有 else 子句的 if 语句的执行过程。

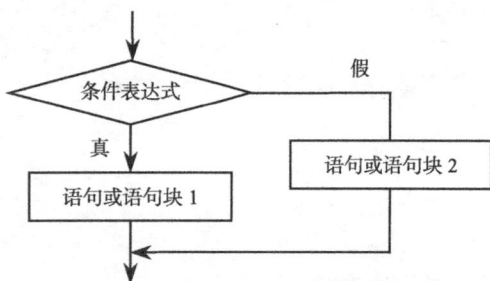

图 1.3.2　带有 else 子句的 if 语句

【案例 1_3_4】用带有 else 的 if 语句，将两个整数按先大后小的顺序输出。

```java
package pack1;
import java.util.Scanner;
public class Exam1_3_4 {
    public static void main(String args[])
{
        Scanner scan = new Scanner(System.
in);
        int a, b;
        System.out.println("请输入两个整数：
");
        a = scan.nextInt();
        b = scan.nextInt();
        if (a > b) {
            System.out.println(a + "," + b);
        } else {
            System.out.println(b + "," + a);
        }
    }
}
```

【案例 1_3_5】输入三角形的三边长 a,b,c，若能构成三角形，求三角形的面积，若不能构成三角形，输出"a,b,c 不能构成三角形"。

```java
package pack1;
import java.util.Scanner;
public class Exam1_3_5 {
    public static void main(String ar[]) {
        double a, b, c, p, s;
        Scanner input = new Scanner(System.in);
        System.out.println("请输入三角形的三边长：");
        a = input.nextDouble();
        b = input.nextDouble();
        c = input.nextDouble();
        if (a > 0 && b > 0 && c > 0 && a + b > c && a + c > b && b + c > a) {
            // 能构成三角形，求面积，并且输出
            p = (a + b + c) / 2;
            s = Math.sqrt(p * (p - a) * (p - b) * (p - c));
            System.out.println("三角形的面积：" + s);
        } else {    //不能构成三角形
            System.out.println("不能构成三角形");
        }
    }
}
```

（3）嵌套的 if-else 语句。用来解决多种条件构成的复杂操作。即语句或语句块 1、语句或语句块 2 中包含 if 语句，我们把这种结构称为嵌套结构。

① 语句一般格式如下。

```java
if (条件表达式 1) {
    语句或语句块 1
} else if (条件表达式 2) {
    语句或语句块 2
```

```
    } else if (条件表达式 3) {
        … …
    } else if (条件表达式 n) {
        语句或语句块 n
    } else {
        语句或语句块 n+1
    }
```

② 执行过程如下。首先判断条件表达式 1 是否成立，若成立则执行语句或语句块 1，然后退出整个 if-else 嵌套结构，执行后面的其他代码；否则判断条件表达式 2 是否成立……如此逐个判断条件表达式，直至最后的条件表达式 n；如果条件表达式 n 成立，则执行语句或语句块 n，否则，说明所有的条件表达式皆不成立，则执行语句或语句块 n+1，并结束 if-else 嵌套结构，继续执行后面的其他代码。

> 说明
> ● 若 else 前面有多个 if，else 应该与哪个 if 相配对。Java 规定：else 总是与离它最近的那个 if 相配对，这一原则称为"就近原则"。如果要改变就近配对关系，可以用大括号来实现。
> ● 嵌套层数太多，会使程序结构过于复杂，可读性差。

【案例 1_3_6】对学生成绩进行评定，分为 A、B、C、D、E 5 个等级，对应的分数分别为 90 分以上、80 分到 89 分、70 分到 79 分、60 分到 69 分以及 60 分以下。

```java
package pack1;
import java.util.Scanner;
public class Exam1_3_6 {
    public static void main(String[] args) {
        double score;
        char grade;
        // （1）输入百分制成绩 score -----给出已知数据
        Scanner input = new Scanner(System.in);
        System.out.print("请输入一个百分制成绩:");
        score = input.nextDouble();
        // （2）求出对应的等级 grade -----进行处理
        if (score >= 90) {
            grade = 'A';
        } else if (score >= 80) {
            grade = 'B';
        } else if (score >= 70) {
            grade = 'C';
        } else if (score >= 60) {
            grade = 'D';
        } else {
            grade = 'E';
        }
        // （3）输出等级 -----输出处理结果
        System.out.println("百分制成绩: " + score + " 对应的等级: " + grade);
    }
}
```

2. switch 语句

（1）语句格式如下。

```
switch(表达式)  {
   case 常量值1:
       语句或语句块1
       break;
   case 常量值2:
       语句或语句块2
       break;
   … …
   case 常量值n:
       语句或语句块n
       break;
   [default:
       语句或语句块n+1]
}
```

（2）执行过程如下。首先计算出 switch 后面的表达式值，然后用该值与常量值 1、常量值 2、……常量值 n 依次进行比较，一旦遇到与之相等的常量值，则执行相应的语句或语句块，直到遇到 break 语句，则结束多路分支语句的执行；如果没有遇到 break 语句，程序将会一直执行下去，一直到 switch 结构的最后一条语句。

若表达式的值与所有 case 常量值都不匹配时，则执行 default 后面的语句或语句块 n+1。

说明

- switch 后面的表达式的类型可以是 byte、char、short 或 int，不允许是浮点型或 long 型。
- case 后面的值 1、值 2、……值 n 是与表达式类型相同的常量，它们的值应互不相同，否则会相互矛盾。
- default 可以省略。
- 当表达式的值与某个 case 后面的常量相等时，就执行此 case 后面的语句块。
- 若去掉 break 语句，则执行完第一个匹配 case 后面的语句块后，会继续执行其余 case 后面的语句块，而不管这些语句块前的 case 值是否匹配。

【案例 1_3_7】用 switch 语句完成案例 1_3_6。

```
package pack1;
import java.util.Scanner;
public class Exam1_3_7 {
    public static void main(String[] args) {
        double score;
        char grade;
        // (1)输入百分制成绩score -----给出已知数据
        System.out.println("请输入一个百分制成绩: ");
        Scanner input = new Scanner(System.in);
        score = input.nextDouble();

        // (2)求出对应的等级grade -----进行处理
        if (score < 0 || score > 100) {
            System.out.println("成绩不合法! ");
            return; // System.exit(0);
        }
        int n = (int) (score / 10);
        switch (n) {
```

```
        case 10:
        case 9:
            grade = 'A';    break;
        case 8:
            grade = 'B';    break;
        case 7:
            grade = 'C';    break;
        case 6:
            grade = 'D';    break;
        default:
            grade = 'E';
        }
        // (3)输出等级 -----输出处理结果
        System.out.println("百分制成绩: " + score + " 对应的等级: " + grade);
    }
}
```

（三）循环语句

循环语句的作用是在一定条件下，反复执行一段程序代码。

- 被反复执行的语句或语句块称为循环体。
- 使循环体得以执行的特定条件称为循环条件。
- 循环条件中最重要的变量称为循环控制变量，简称为循环变量，它是用来控制循环执行的次数，其值一般要在循环体中不断地被修改。

Java 语言支持以下 3 种循环语句。

- while 循环语句
- do-while 循环语句
- for 循环语句

1. while 循环语句

也称为当型循环，是一种在执行循环体之前先测试循环条件的循环结构。

（1）语句格式如下。

```
while (条件表达式) {
    语句或语句块        //循环体
}
```

（2）执行过程：当条件表达式为真（true）时，重复执行循环体；每执行完循环体一次，就测试循环条件，直到条件表达式的值为假（false）时，才终止循环语句。

图 1.3.3 所示为 while 循环语句的执行过程。

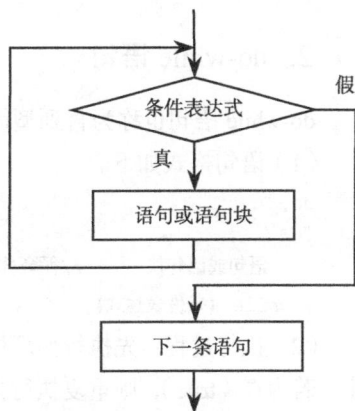

图 1.3.3 while 循环语句的执行过程

说明

- 循环控制变量的值在循环体开始执行之前应该初始化。循环变量在循环体中必须适时更新，以防止死循环的发生。
- 当循环体只包含一条语句时，大括号可以省略（不建议省略）。
- while（表达式）的后面一般没有分号，若有分号，说明循环体为空，即什么也不执行。

【案例 1_3_8】编程求 1+2+3+……+100 并输出。

解法一

```
package pack1;
public class Exam1_3_8 {
    public static void main(String args[]) {
        int i, sum;
        sum = 0;
        i = 0;
        while (i < 100= {
            i = i + 1;              // 求要累加的数
            sum = sum + i;          // 进行累加
        }
        System.out.println("1+2+...+100="+sum);
    }
}
```

解法二

```
package pack1;
public class Exam1_3_8 {
    public static void main(String args[]) {
        int i, sum;
        sum = 0;
        i = 1;                      // 给出第一个要累加的数
        while (i <= 100= {
            sum = sum + i;          // 进行累加
            i = i + 1;              // 求下一个要累加的数
        }
        System.out.println("1+2+...+100=" + sum);
    }
}
```

2. do-while 语句

do-while 语句也称为直到型循环，是一种在执行循环体后才去测试循环条件的循环结构。

（1）语句格式如下。

```
do
{
    语句或语句块        //循环体
} while (条件表达式);
```

（2）执行过程：先执行循环体，然后计算条件表达式的值，若为真（true），则重复执行循环体，直至条件表达式的值为假时，才终止循环结构。

图 1.3.4 所示为 do-while 循环语句的执行过程。

（3）while 循环和 do-while 循环的区别如下所述。

- 从执行过程上看，while 循环是先判断条件，后执行循环体，而 do-while 循环是先执行循环体，后判断条件。

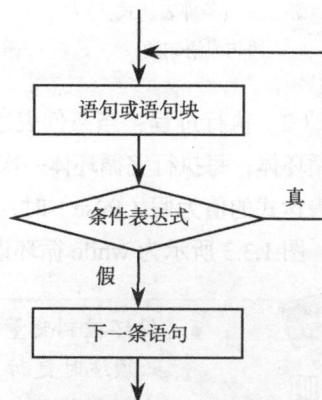

图 1.3.4　do-while 循环语句的执行过程

- 从循环次数上看，while 的循环次数>=0，即循环体可能一次也不执行，do-while 循环的次数>=1，即循环体至少会被执行一次。

【案例 1_3_9】用 do-while 循环语句求 1+2+3+……+100。

```
package pack1;
public class Exam1_3_9 {
    public static void main(String[] args) {
        int i, sum;
        sum = 0;
        i = 1;
        do {
            sum = sum + i;
            i++;
        } while (i <= 100);
        System.out.println("1+2+...+100=" + sum);
    }
}
```

3. for 语句

for 语句是最常用、最灵活的一种循环结构，一般用于循环次数事先确定的情况。

（1）语句格式如下。

```
for(表达式 1; 表达式 2; 表达式 3)  {
    语句或语句块          //循环体
}
```

通常情况下为：

● 表达式 1 是为循环变量赋初值的表达式；

● 表达式 2 是条件表达式，判断循环是否继续执行；

● 表达式 3 是修改循环变量值的表达式，改变循环条件，以便将循环条件一步步向终止方向推进。

（2）执行过程如下。

① 计算表达式 1，即给循环变量赋初值。

② 计算表达式 2，若表达式 2 的值为真，则执行循环体，否则终止当前循环，执行 for 语句的下一条语句。

③ 计算表达式 3，即修改循环变量的值，然后转向步骤②。

图 1.3.5 所示为 for 循环语句的执行过程。

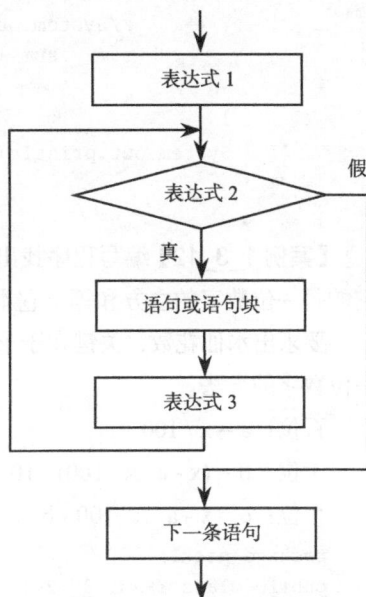

图 1.3.5 for 循环语句的执行过程

① 当循环体只包含一条语句时，花括号可以省略（不建议）。

② 在表达式 1 或表达式 3 中若要对多个变量进行操作，可以用逗号分隔，称为逗号表达式。

③ 3 个表达式可以全部或部分省略，但其中的两个分号不能省略。

● 若省略表达式 1，则通常将赋初值的语句写在 for 语句之前。

● 若省略表达式 2，则认为该表达式值始终为真，此时循环条件永远成立，如果不在循环体中包含结束循环的语句，则该循环将会成为死循环，永不结束。

● 若省略表达式 3，则通常在循环体中要给出修改循环变量的操作。

【案例 1_3_10】用 for 循环语句求 1+2+3+……+100。

```
package pack1;
public class Exam1_3_10 {
    public static void main(String[] args) {
        int i, sum;
        sum = 0;
        for(i=1;i<=100;i++){
            sum+=i;
        }
        System.out.println("1+2+...+100=" + sum);
    }
}
```

【案例 1_3_11】编写程序求 100 以内能被 3 整除但不能被 7 整除的数之和。

```
package pack1;
public class Exam1_3_11 {
    public static void main(String[] args) {
        int i, sum;
        sum = 0;
        for (i = 1; i <= 100; i++) {
            // 判断 i 是不是 能被 3 整除不能被 7 整除
            if (i % 3 == 0 && i % 7 != 0) {
                //System.out.println(i);
                sum = sum + i;
            }
        }
        System.out.println("100 以内能被 3 整除但不能被 7 整除的数之和:" + sum);
    }
}
```

【案例 1_3_12】编写程序找出 100～999 的"水仙花数"，所谓"水仙花"是指这样的三位数：它的每一位数字的立方和等于它本身。

要求出水仙花数，关键在于求出这个三位数的每一位数字，下面给出求出任一三位数 x 的每一位数字的方法。

百位：$a = x / 100$

十位：$b = (x - a \times 100) / 10$ 或 $b = x / 10 \% 10$ 或 $b = x \% 100 / 10$

个位：$c = x - a \times 100 - b \times 10$ 或 $c = x \% 10$

```
package pack1;
public class Exam1_3_12 {
    public static void main(String args[]) {
        int x, a, b, c;
        for (x = 100; x <= 999; x++= {
            a = x / 100;                     //百位数
            b = (x - a * 100) / 10;          //十位数
            c = x - a * 100 - b * 10;        //个位数
            if (x == a * a * a + b * b * b + c * c * c) {
                System.out.println(x);
            }
        }
    }
}
```

4．3 种循环语句的比较

一般情况下，对于确切地知道所需用执行次数的循环，使用 for 的循环最简洁清晰。

而对于那些只知道某些语句要反复执行多次（至少执行一次），但不知道确切的执行次数，用 do-while 循环更清晰。

对于那些某些语句可能要反复执行多次，也可能一次都不执行的问题，当然使用 while 循环最好。

5．循环嵌套

循环嵌套是指在循环体内包含有循环语句的情形。Java 提供的 3 种循环语句可以自身嵌套，也可以相互嵌套。

注意
① 内外循环不能交叉。
② 内外循环的循环控制变量不要相同。

如：

```
for(i=1;i<=5;i++= {                    //5次
    for(j=1;j<=3;j++= {                //3次
        System.out.println(i+j);      //15次
    }
}
```

如果写成下面这样，执行过程和结果就完全不同。

```
for(i=1;i<=2;i++= {
    for(i=1;i<=3;i++) {
        System.out.println(i);
    }
    System.out.println(i);
}
```

【案例 1_3_13】用 "*" 打印等腰三角形（行数是可变的）。

```
package pack1;
public class Exam1_3_13 {
    public static void main(String args[]) {
        int i, j, n;
        n = 4;                         // 行数，可以通过键盘输入
        for (i = 1; i <= n; i++= {      // 第 i 行
            for (j = 1; j <= n - i; j++) {
                System.out.print(" ");
            }
            for (j = 1; j <= 2 * i - 1; j++) {
                System.out.print("*");
            }
            System.out.println();       // 换行
        }
    }
}
```

程序的运行结果如图 1.3.6 所示。

（四）跳转语句

```
      *
     ***
    *****
   *******
```
图 1.3.6 程序运行结果

Java 语言提供了 4 种跳转语句来改变程序的执行路径，它们是：break 语句、continue 语句、return 语句、throw 语句，在这里只介绍前两种。

1. break 语句

语句格式：break;

break 语句的应用有下列 3 种情况。

（1）用在 switch 语句中，作用是跳出 switch 语句，执行 switch 语句的下一个语句。

（2）用在 3 种循环语句中，作用是跳出循环语句（结束整个循环）。这时候，通常 break 放在 if 语句中，当某种条件满足时执行。

（3）带标号的 break 语句一般用在多重循环语句中，作用是跳出标号所指明的外循环。

【案例 1_3_14】输入一个正整数，判断该数是否为素数（质数），若是，输出"是素数"，若不是，输出"非素数"。（素数：除了 1 和它本身之外，不能被其他任何整数整除。）

```java
package pack1;
import java.util.Scanner;
public class Exam1_3_14 {
    public static void main(String args[]) {
        int x, y, k;
        Scanner scanner = new Scanner(System.in);
        System.out.print("请输入一个正整数: ");
        x = scanner.nextInt();
        // 判断 x 是否为素数
        k = (int) Math.sqrt(x);
        for (y = 2; y <= k; y++) { // y=2,3,...,k k+1 结束
            if (x % y == 0) {
                break;
            }
        }
        // 输出结果: 如果 x 是素数，循环结束时 y=k+1,如果 x 不是素数,y<=k
        if (y >= k + 1) {
            System.out.println(x + "是素数");
        } else {
            System.out.println(x + "非素数");
        }
    }
}
```

也可以引入一个标记变量 flag，flag=true 说明 x 是素数，flag=false 说明 x 不是素数。修改后的程序段如下。

```java
boolean flag = true;
for (y = 2; y <= k; y++) { // y=2,3,...,k k+1 结束
    if (x % y == 0) {
        flag = false;
        break;
    }
```

```
        }
        if (flag) {
            System.out.println(x + "是素数");
        } else {
            System.out.println(x + "非素数");
        }
```

2. continue 语句

语句格式：continue;

continue 语句只能用在循环语句中，它的作用是结束本次循环。

【案例1_3_15】求 100 以内的偶数和。

```
package pack1;
public class Exam1_3_15 {
    public static void main(String[] args) {
        int i, sum;
        sum = 0;
        for (i = 1; i <= 100; i++) {
            if (i % 2 == 1) {
                continue;
            }
            sum = sum + i;
        }
        System.out.println("100 以内偶数和为：" + sum);
    }
}
```

三、任务实现

1. 求学生的总分和平均分

输入学生的学号、姓名和成绩，最多输入 10 个，当学号为 0 时结束输入，求出学生成绩的总分。

```
package pack1.task3;
import java.util.Scanner;
public class ScoreSum {
    public static void main(String[] args) {
        Scanner sc = new Scanner(System.in);
        int number;
        String name;
        float score;
        int maxcount = 10;       // 最多 10 个学生
        int n = 0;               // 实际输入学生数目
        float sum = 0;           // 总分
        while (n < maxcount) {
            System.out.print("请输入学号(输入 0 退出)：");
            number = sc.nextInt();
            if (number == 0) {
                break;
            }
```

```
        System.out.print("请输入姓名: ");
        name = sc.next();
        System.out.print("请输入分数: ");
        score = sc.nextFloat();
        sum += score;
        n++;
    }
    System.out.println("学生人数: " + n + "  成绩总分: " + sum);
}
}
```

执行结果如图 1.3.7 所示。

2. 系统功能的选择

在任务一中系统功能菜单显示的基础上，用户可以根据自己的需要进行选择，本任务只能显示出用户所选择的功能，具体功能的实现留待后面完成。

```
请输入学号(输入 0 退出): 1
请输入姓名: a
请输入分数: 56
请输入学号(输入 0 退出): 2
请输入姓名: b
请输入分数: 89
请输入学号(输入 0 退出): 0
学生人数: 2   成绩总分: 145.0
```

图 1.3.7　任务执行结果

```java
package pack1.task3;
import java.util.Scanner;
public class xscjgl1_3 {
    public static void main(String[] args) {
        Scanner sc = new Scanner(System.in);
        while (true) {
            System.out.println("================");
            System.out.println(" 学生成绩管理系统 ");
            System.out.println("================");
            System.out.println("1.建立成绩表");
            System.out.println("2.显示成绩表");
            System.out.println("3.查找");
            System.out.println("4.排序");
            System.out.println("5.添加");
            System.out.println("6.修改");
            System.out.println("7.删除");
            System.out.println("0.退出");
            System.out.println("================");
            System.out.print("请输入你的选择: ");
            int xz = sc.nextInt();
            if (xz == 1) {
                System.out.println("你选择的功能是: 建立成绩表");
            } else if (xz == 2) {
                System.out.println("你选择的功能是: 显示成绩表");
            } else if (xz == 3) {
                System.out.println("你选择的功能是: 查找");
            } else if (xz == 4) {
                System.out.println("你选择的功能是: 排序");
            } else if (xz == 5) {
                System.out.println("你选择的功能是: 添加");
            } else if (xz == 6) {
                System.out.println("你选择的功能是: 修改");
```

```
        } else if (xz == 7) {
            System.out.println("你选择的功能是：删除");
        } else if (xz == 0) {
            System.exit(0);
        }
    }
}
```

执行结果如图 1.3.8 所示。

四、任务拓展

编写一个猜商品价格的游戏程序。程序运行时，首先由计算机自动生成一个指定范围（比如 1～100）内的整数作为商品的价格，用户来猜测计算机生成的数据是多少，计算机给出相应的信息，比如"猜大了"、"猜小了"、"猜对了"等。

要编写出程序，首先要解决的问题是计算机如何自动生成一个指定范围内的整数，这时候可以使用 Math 类的静态方法 random()，该方法可以返回一个 0～1 的小数，如果想要生成一个指定范围内的随机整数（比如[m,n]区间,m<=n），可以使用如下公式：

`(int)(Math.random()*(n-m+1)+m);`

参考代码如下。

```
package pack1.expandtask;
import java.util.Scanner;
public class ExpandTask1_3 {
    public static void main(String[] args) {
        int number, guess;
        Scanner sc = new Scanner(System.in);
        number=(int)(Math.random()*100+1);
        System.out.print("请输入你的猜测：");
        guess=sc.nextInt();
        while (guess!=number){
            if (guess>number){
                System.out.print("猜大了，请重新猜测：");
            }else{
                System.out.print("猜小了，请重新猜测：");
            }
            guess=sc.nextInt();
        }
        System.out.println("恭喜你，猜对了！");
    }
}
```

执行结果如图 1.3.9 所示。

```
学生成绩管理系统
1.建立成绩表
2.显示成绩表
3.查找
4.排序
5.添加
6.修改
7.删除
0.退出
请输入你的选择：1
你选择的功能是：建立成绩表
学生成绩管理系统
1.建立成绩表
2.显示成绩表
3.查找
4.排序
5.添加
6.修改
7.删除
0.退出
请输入你的选择：0
退出系统
```

图 1.3.8　任务执行结果

```
请输入你的猜测：23
猜小了，请重新猜测：56
猜小了，请重新猜测：89
猜大了，请重新猜测：60
猜小了，请重新猜测：70
猜大了，请重新猜测：65
猜大了，请重新猜测：63
猜大了，请重新猜测：62
恭喜你，猜对了！
```

图 1.3.9　猜价格游戏的执行结果

五、任务小结

通过本任务的实现，主要带领读者学习以下内容。

- Java 语言中语句的分类。包括方法调用语句、表达式语句、复合语句、流程控制语句、package 语句和 import 语句，我们主要介绍了流程控制语句。
- 分支语句。包括 if 语句和 switch 语句。
- 循环语句。包括 while 语句、do-while 语句、for 语句。
- 跳转语句。包括 break 语句和 continue 语句。

六、上机实训

【实训目的】

1. 巩固 Java 数据类型和运算符的应用。
2. 掌握 if 和 switch 两种分支语句的格式和执行过程。
3. 掌握 while、do-while 和 for 3 种循环语句的格式和执行过程。

【实训内容】

1. 求 3 个数中的大数。
2. 编写程序求 1+3+5+…+99 的值（用 for、while 编写程序）。
3. 求 $1 \times 2 \times 3 \times 4 \times 5 \times 6$ 的值。
4. 求 $S = 1 \times 2 \times 3 \times \cdots \times n$ 之积，$S \geq 1000$ 的最小 n 的值。
5. 用"*"打印等腰三角形（行数是可变的）。
6. 编写程序求 100 以内能被 3 整除但不能被 7 整除的数之和。
7. 求 $S = 1 + (1+2) + (1+2+3) + \cdots + (1+2+3+\cdots+n)$ 的值。
8. 有 5 个人坐在一起，问第五个人多少岁？他说比第四个人大 2 岁。问第四个人多少岁，他说比第三个人大 2 岁。问第三个人，又说比第二人大两岁。问第二个人，说比第一个人大两岁。最后问第一个人，他说是 10 岁。请问第五个人多大？

习 题

（一）填空题

1. 在 switch 语句中的表达式的类型必须是（   ）。
2. break 在循环语句中的作用是（   ）。
3. 分支语句包括（   ）和（   ）。
4. while 语句的循环次数（   ），do-while 语句的循环次数（   ），for 语句的循环次数（   ）。

（二）选择题

1. 下面程序片段输出的是什么（   ）。

```
int a=3;
int b=1;
```

```
if(a=b)  System.out .println("a="+a);
```

（A）a=1 　　　　　　　　　　　　（B）a=3
（C）编译错误，没有输出 　　　　　（D）正常运行，但没有输出

2. 下列语句执行后，x 的值为（　　　　）。

```
int a=4, b=5, x=3;
if(++a==b)  x=x*a;
```

（A）3　　　　　　（B）12　　　　　　（C）15　　　　　　（D）20

3. 请看下面的程序代码：

```
if(x<0) { System.out.println("first");}
else if(x<20) { System.out.println("second");}
else { System.out.println("third") }
```

当程序输出"second"时，x 的范围为（　　　　）。

（A）x<=0　　　　（B）x<20 && x>=0　（C）x>0　　　　　（D）x>=20

4. 请看下面的程序代码：

```
switch(n) {
  case 0: System .out .println("first");
  case 1:
  case 2: System .out .println("second"); break;
  default: System .out .println("end");
}
```

当 n 为何值时，程序段将输出字符串 second（　　　　）。

（A）0　　　　　　（B）1　　　　　　（C）2　　　　　　（D）以上都可以

5. 下列语句执行后，x 的值是（　　　　）。

```
int x=2;
do { x+=x; } while(x<17);
```

（A）4　　　　　　（B）16　　　　　　（C）32　　　　　　（D）256

6. 下列语句执行后，j 的值是（　　　　）。

```
int j=3,i=3;
while(--i!=i/j) j=j+2;
```

（A）4　　　　　　（B）5　　　　　　（C）6　　　　　　（D）7

7. 下列语句执行后，i，j 的值是（　　　　）。

```
int i=1,j=8;
do
{ if(i++>--j)
  continue;
}while(i<4);
```

（A）i=4, j=5　　（B）i=5, j=4　　（C）i=4, j=5　　（D）i=5, j=6

8. 下列语句执行后，k 的值是（　　　　）。

```
int j=4,i,k=10;
for(i=2;i!=j;i++) k=k-i;
```

（A）4　　　　　　（B）5　　　　　　（C）6　　　　　　（D）7

9. 下列语句执行后，c 的值是（　　　　）。

```
char c='\0';
for(c='a';c<'z';c+=3)
{
    if(c>='e') break;
}
```

（A）'e'　　　　　　（B）'f'　　　　　　（C）'g'　　　　　　（D）'h'

10. 若变量都已正确说明，则以下程序段输出为（　　　　）。

```
a=10;b=50;c=30;
if (a>b) a=b;b=c;
c=a;
System.out.println("a="+a+" b="+b+" c="+c);
```

（A）a=10 b=50 c=10　（B）a=10 b=30 c=10　（C）a=50 b=30 c=10　（D）a=50 b=30 c=50

11. 以下程序段输出是（　　　　）。

```
int i,j,k,a=3,b=2;
i=(--a==b++)?--a:++b;
j=a++;k=b;
System.out.println("i="+i+" ,j="+j+" k="+k);
```

（A）i=2,h=1,k=3　（B）i=1,j=1,k=2　（C）i=4,j=2,k=4　（D）i=1,j=1,k=3

12. 以下程序的输出是（　　　　）。

```
int x=1,y=0,a=0,b=0;
switch(x) {
    case 1:
        switch(y) {
            case 0:a++;break;
            case 1:b++;break;
        }
    case 2:
        a++;b++;break;
    case 3:
        a++;b++;
}
System.out.println("a="+a+",b="+b);
```

（A）a=1,b=0　　　（B）a=2,b=1　　　（C）a=1,b=1　　　（D）a=2,b=2

13. 以下程序的输出结果为（　　　　）。

```
int i=0,j=0,a=6;
if ((++i>0)||(++j>0)) a++;
System.out.println("i="+i+",j="+j+",a="+a);
}
```

（A）i=0,j=0,a=6　（B）i=1,j=1,a=7　（C）i=1,j=0,a=7　（D）i=0,j=1,a=7

（三）编程题

1. 输入 4 个数，将这 4 个数按从小到大输出。

2. 输入一个年份值，判断是否是闰年，输出相应的信息。

3. 输入一元二次方程系数，若有实数根，求根并输出，否则输出"不是二次方程或没有实数根"

的信息。

4. 编写程序，计算邮局汇款的汇费：如果汇款金额小于 100 元，汇费为 1 元，如果金额在 100 元与 500 元之间，按 1%收取汇费，如果金额大于 500 元，汇费为 50 元。

5. 求某年某月的天数。

6. 求从 1 到 100 之间所有奇数的平方和（用 for、while 和 do-while 编写程序）。

7. 求 $S=1+2+3+\cdots+n$ 之和，$S<1000$ 的最大 n 的值。

8. 有一分数序列：2/1，3/2，5/3，8/5，13/8，21/13...求出这个数列的前 20 项之和。

9. 猴子吃桃问题：猴子第一天摘下若干个桃子，当即吃了一半，还不瘾，又多吃了一个，第二天早上又将剩下的桃子吃掉一半，又多吃了一个。以后每天早上都吃了前一天剩下的一半零一个，到第十天早上想再吃时，见只剩下一个桃子了。求第一天共摘了多少？

10. 输出九九乘法表。

11. 输出 1000 之内的所有完数。所谓完数指的是：如果一个数恰好等于它的所有因子之和，这个数就称为完数。

12. 输出 100 以内的全部素数。

13. 求 1!+2!+3!+...+10!

14. 求 2+22+222+2222+22222。

任务四　学生成绩管理系统功能的实现

【技能目标】
能正确定义和使用一维数组解决实际问题。

【知识目标】
1. 了解数组的基本概念。
2. 掌握一维数组的定义和数组元素的访问。
3. 掌握运用一维数组解决实际问题的方法。
4. 掌握基本的排序和查找算法。

一、任务分析

对于学生成绩管理系统中的学生基本信息和成绩信息，如果仅用简单变量无法存储大量的数据，同时我们还要对学生成绩进行一些查找和排序运算，如查找给定学号的学生信息，对学生成绩排名次等。本任务就是通过数组来存储学生信息，并能对学生信息进行输入输出、排序和查找等运算处理。

二、相关知识

在实际应用中，经常需要处理具有相同性质的一批数据，例如要处理学生成绩信息，从前面讲的例子来看，仅仅使用简单变量是很难完成的，因此，我们在 Java 中引入了数组。

数组就是一组具有相同类型的数据的集合。

数组元素的类型（数组的类型）：可以是基本数据类型（整型、实型、字符型、逻辑型），也可以是引用数据类型（数组、字符串、类、接口）。

数组中的每个成员称为数组元素，数组元素由数组名和下标唯一确定。

（一）一维数组

只有一个下标的数组称为一维数组。

1. 一维数组的定义（声明）格式

数组类型　数组名[ ]；

或

数组类型[ ]　数组名；

例如：

```
int a[ ];            //定义了一个数组，名字为a，数据中的元素的类型是int
float score[ ];      //定义了一个数组，名字为score，元素类型为float
```

注意

① 数组名必须符合标识符的命名规则。

② 数组的类型可以是基本数据类型，也可以是引用数据类型。

2. 一维数组的初始化

声明了一个数组，只是得到了一个存放数组的地址变量，并没有为数组元素分配内存空间，因而不能直接使用，必须经过初始化，为数组分配内存空间，这样，数组的每一个元素都有一个空间来存放元素的值，因此也就可以访问数组元素的值了。

数组的初始化有两种方法：一种是静态初始化，另一种是动态初始化。

（1）静态初始化：也就是直接给数组的每个元素赋上一个初始值，一般在数组元素比较少时使用。静态初始化必须在数组声明时就进行初始化。

静态初始化的格式：

类型　数组名[ ] = { 值1, 值2, …, 值n }；

例如：

```
int a[ ] = {1,2,3,4,5};
int b[ ];
b = {1,2,3};        //错误，静态初始化只能在声明时完成
```

对于数组 a，可以看出，数组中有 5 个元素，它们是 a[0]、a[1]、a[2]、a[3]、a[4]，即下标从 0 开始，这 5 个元素的值依次为 a[0]=1、a[1]=2、a[2]=3、a[3]=4、a[4]=5。

（2）动态初始化：有时，数组并不需要在声明时就赋初值，而是在使用时才进行赋值，另外，有些数组比较大，即元素非常多，用静态初始化不方便，这样就需要使用动态初始化，使用 new 操作符。

动态初始化的格式有两种。

● 先声明数组，再用 new 分配内存。

例如：

```
int a[ ];
a=new int[4];
```

为数组 a 分配了 4 个元素，这 4 个元素分别是 a[0]、a[1]、a[2]、a[3]，它们的值都为 0。

- 在定义数组的同时用 new 分配内存。

```
int a[ ]=new int[4];
int size=100;
float score[]=new float[size];    //也可以用变量给出数组的大小
```

通常情况下，事先知道数组中各元素的值，用静态初始化，如果事先不能确定数组中各元素的值，用动态初始化。

3. 数组元素的访问

数组元素是通过数组名和下标来访问。未被初始化的数组，不能进行访问。

格式：

```
数组名[下标]
```

说明

① 在 Java 语言中，数组的下标从 0 开始，直到 <数组长度-1>结束。下标必须是整数类型的，可以是常量、变量或表达式。如：a[1]、a[i-1]、a[i]等。

② 获得数组的长度，通过 length 属性来获得。

③ 数组创建后，系统自动为数组元素赋初值，数组元素的默认初值如下：

整型：0；实型：0.0f 或 0.0d；字符型：'\0'（Unicode 码为 0）；引用类型：null。

④ 引用数组元素时如果下标超出范围，系统会提示下标越界错误，产生数组下标越界异常（ArrayIndexOutOfBoundsException）。

⑤ 如果数组没有初始化时就引用数组元素，则系统会产生 NullPointException 异常。

【案例 1_4_1】定义数组，为数组元素赋值，并输出数组元素的值。

```
package pack1;
public class Exam1_4_1 {
    public static void main(String args[]) {
        // 静态初始化
        int a[] = { 10, 20, 30, 40, 50, 60, 70 }; // 声明数组时初始化
        for (int i = 0; i < a.length; i++) {
            System.out.println(a[i]);
        }
        // 动态初始化
        int b[] = new int[5];
        // 把前 5 个奇数赋给 b 数组
        for (int i = 0; i < b.length; i++) {
            b[i] = 2 * i + 1;
        }
        for (int i = 0; i < b.length; i++) {
            System.out.println(b[i]);
        }
    }
}
```

4. 一维数组的地址空间模型

若定义数组 int a[ ]，此时没有创建数组，即没有为数组分配内存空间，则 a 中存储的是空引用（null）。如图 1.4.1 所示。

若为数组 a 进行了初始化，如 a=new int[5]，则图 1.4.2 所示为分配了内存的数组 a 的地址空间模型。

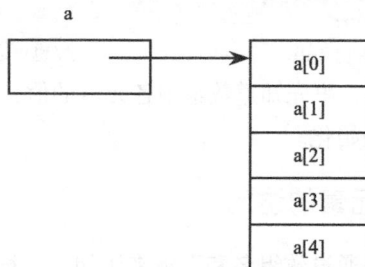

图 1.4.1　数组 a 未被初始化　　　　图 1.4.2　数组 a 初始化后的地址空间模型

【案例 1_4_2】 输入 10 个学生成绩，求平均分，求高于平均分的学生成绩并输出。

```java
package pack1;
import java.util.Scanner;
public class Exam1_4_2 {
    public static void main(String[] args) {
        double score[];                     // 声明
        double sum, average;
        int i;
        Scanner input = new Scanner(System.in);
        score = new double[10];             // 创建数组：分配内存
        sum = 0; // score[0]+score[1]+....+score[9]
        for (i = 0; i < 10; i++= {
            score[i] = input.nextDouble();   // 使用数组（元素）
            sum = sum + score[i];
        }
        average = sum / 10;
        System.out.println("average=" + average);
        // 将高于平均分的成绩输出
        for (i = 0; i < 10; i++= {
            if (score[i] > average) {
                System.out.println(score[i]);
            }
        }
    }
}
```

【案例 1_4_3】 求 10 个整数中的最大数。

```java
package pack1;
public class Exam1_4_3 {
    public static void main(String args[]) {
        int a[] = { 14, 5, 36, 57, 33, 58, 76, 88, 25, 69 };
        int max, i;
        max = a[0];
        for (i = 1; i <= 9; i++= {
            if (max < a[i]) {
                max = a[i];
            }
        }
        System.out.println("max:" + max);
    }
```

```
}
```

【**案例 1_4_4**】以数据 37，28，51，13，64 为例，用"冒泡法"进行升序排列。

分析：冒泡法是一种形象的说法，较小的数就像气泡一样逐渐"上浮"到数组的顶部，而较大的数则"下沉"到数组底部，最后，就完成了排序过程。

其思路是：从第一个数开始循环，如果前一个数比后一个数大，则将它们交换，这样循环结束后，最后一个数就是所有数中最大的数，最后，在前面的 n−1（n 为数组长度）个数中在进行冒泡循环，直到最后排序完成。

例如 原始数据：　37　　28　　51　　13　　64

第一轮：　28　　37　　13　　51　　64

第二轮：　28　　13　　37　　51　　64

第三轮：　13　　28　　37　　51　　64

第四轮：　13　　28　　37　　51　　64

一般来说，需要经过 n−1 轮循环才能完成全部的排序。

```
package pack1;
public class Exam1_4_4 {
    public static void main(String[] args) {
        int a[] = { 37, 28, 51, 13, 64 };
        int i, j, n, temp;
        n = a.length;
        for (j = 1; j < n; j++= { // 共执行 n−1 轮
            for (i = 0; i < n - j; i++= { // 第 j 轮
                if (a[i] > a[i + 1]) {
                    // 交换 a[i]与 a[i+1]的值
                    temp = a[i];
                    a[i] = a[i + 1];
                    a[i + 1] = temp;
                }
            }
        }
        // 打印排序后的结果
        for (i = 0; i < n; i++) {
            System.out.print(a[i] + " ");
        }
    }
}
```

【**案例 1_4_5**】从数据（32，25，78，69，13，97，86，38，62，9）中找出数据 97 所在的位置。

要想从一组数据中查找给定的一个数，可以使用两种查找方法：顺序查找法和折半查找法。

解法一：顺序查找法。按照数据在数组中的存放位置，从前往后逐个比较。

```
package pack1;
import java.util.Scanner;
public class Exam1_4_5 {
    public static void main(String[] args) {
        int a[] = { 32, 25, 78, 69, 13, 97, 86, 38, 62, 9 };
        int x, n, i;
        int index = -1;    //记录查找位置
        n = a.length;
        Scanner input = new Scanner(System.in);
```

```
            System.out.println("请输入要查找的数：");
            x = input.nextInt();
            for (i = 0; i < n; i++) {
                if (x == a[i]) {
                    index = i;
                    break;
                }
            }
            if (index != -1) {
                System.out.println("找到了，位置：" + index);
            } else {
                System.out.println("没找到！");
            }
        }
    }
```

解法二：折半查找法，又叫二分查找法，用于折半查找的数据必须是按某种顺序排好的，因此要先将案例中的数据从小到大（或从大到小）排序后再进行查找。

假定原来的数据是已经按从小到大的顺序排列好，存放在数组中，先将要查找的值与数组的中点元素（下标为数组长度一半的元素）相比：如相等，则找到；如比中点元素小，则要查找的数据值可能在数组的左侧，于是可以舍弃右侧的元素，在数组的左侧继续查找；如比中点元素大，则舍弃左侧元素，在右侧查找。

查找过程如下所述。

数组排序后：9 13 25 32 38 62 69 78 86 97

第一步：与中点元素比较，数组长度为 10，中点元素为 a[5]。

数组：9 13 25 32 38 62 69 78 86 97
　　　↑　　　　　　　　　↑　　　　　　　　↑
　　left=0　　　　　　a[5]<97　　　　　right=9

显然 a[5] = 62，97 在数组 a 的右侧，于是继续在右侧 a[6] ~ a[9] 中查找。

第二步：在右侧的子数组中查找 97，右侧数组的起始元素下标为 6，中点元素下标为（6+9）/ 2 = 7，所以中点元素为 a[7]。

数组 a：…… 69　　　78　　　86　　　　97
　　　　　　　↑　　　　↑　　　　　　　　↑
　　　　　left=6　　a[7]<97　　　　　right=9

由第二步结果得知，97 仍然在子数组的右侧，继续在右侧 a[8] ~ a[9] 子数组中查找。

第三步：在右侧的子数组中查找 97，右侧数组的起始元素下标为 8，中点元素下标为（8+9）/ 2 = 8，所以中点元素为 a[8]。

数组 a：……　　　86　　　　　　　　97
　　　　　　　　↑↑　　　　　　　↑
　　　　　left=8 a[8]<97　　　right=9

由第三步结果得知，97 仍然在子数组的右侧，继续在右侧 a[9] ~ a[9] 子数组中查找。

第四步：只剩下一个元素 a[9]，中点元素为 a[9]=97，也就是要查找的元素，终于找到了。

```
package pack1;
import java.util.Scanner;
public class Exam1_4_5_1 {
```

```
    public static void main(String[] args) {
        int a[] = { 9, 13, 25, 34, 38, 62, 69, 78, 86, 97 };
        int index = -1, left, right, mid;
        left = 0;                    // 目标数组的起始位置下标
        right = a.length;            // 目标数组的终点位置下标
        Scanner input = new Scanner(System.in);
        System.out.println("请输入要查找的数: ");
        int x = input.nextInt();
        while (left <= right= {
            mid = (left + right) / 2;    // 中点元素的下标
            if (a[mid] == x) {           // 找到
                index = mid;
                break;
            } else if (a[mid] < x= {     // 目标数据在右侧
                left = mid + 1;
            } else { // 目标数据在左侧
                right = mid - 1;
            }
        }
        if (index != -1) {
            System.out.println("找到了，位置: " + index);
        } else {
            System.out.println("没找到! ");
        }
    }
}
```

【案例1_4_6】输入 5 个学生的学号、姓名和成绩，并输出。

```
package pack1;
import java.util.Scanner;
public class Exam1_4_6 {
    public static void main(String args[]) {
        Scanner sc = new Scanner(System.in);
        int number[];
        String name[];
        float score[];
        number=new int[5];
        name = new String[5];
        score=new float[5];
        for(int i=0;i<5;i++){
            System.out.print("请输入第"+(i+1)+"个学生的学号、姓名和成绩: ");
            number[i]=sc.nextInt();
            name[i]=sc.next();
            score[i]=sc.nextFloat();
        }
        System.out.println("    学生成绩表");
        System.out.println("==================");
        System.out.println("学号    姓名    成绩");
        for(int i=0;i<name.length;i++){
            System.out.println(number[i]+"        "+name[i]+"        "+score[i]);
        }
    }
}
```

（二）二维数组

多维数组是每个元素都由两个或多个下标来描述的数组。二维数组是最典型且最简单的多维数组。

1. 二维数组的声明格式

二维数组的声明与一维数组的声明类似，格式为：

```
    类型 数组名[][];
或
    类型[][] 数组名;
```

例如：

```
int a[ ][ ];
double[ ][ ] b;
//错误的格式：
int a[2][ ];
int b[ ][2];
int c[2][2];
```

2. 二维数组的初始化

二维数组的初始化也有静态初始化和动态初始化两种方式。

例如：

```
int a[ ][ ] = { {1,2,3},{4,5,6},{7,8,9} };
```

二维数组的动态初始化又可分两种方式：一种是直接规定每一维的长度，并分配所需的内存空间，另一种是从高维起，分别为每一维规定长度并分配内存空间。

例如：

直接为每一维分配内存：

```
int a[ ][ ];
a = new int[3][5];
```

分别分配内存：

```
int  a[ ][ ];
a = new int[3][ ];
a[0] = new int[5];
a[1] = new int[6];
a[2] = new int[7];
```

> 和 C/C++不同，Java 语言并不要求多维数组的每一维长度相同。

3. 二维数组的地址空间模型

如：int a[ ][ ];a = new int[3][5];

二维数组地址空间模型如图 1.4.3 所示。

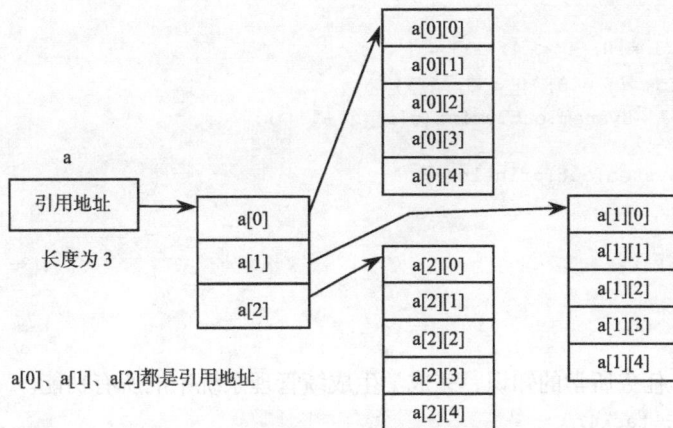

图 1.4.3　二维数组的地址空间模型

【案例1_4_7】声明并创建二维数组，给二维数组元素赋值并输出。

```
package pack1;
public class Exam1_4_7 {
    public static void main(String args[]) {
        int a[][];
        int i, j;
        a = new int[3][4];
        // 给二维数组赋值
        for (i = 0; i < a.length; i++= {
            for (j = 0; j < a[i].length; j++) {
                a[i][j] = i + j;
            }
        }
        // 输出二维数组的值
        for (i = 0; i < a.length; i++= {
            for (j = 0; j < a[i].length; j++) {
                System.out.print(a[i][j] + " ");
            }
            System.out.println();
        }
    }
}
```

【案例1_4_8】求两个矩阵的和。

```
package pack1;
public class Exam1_4_8 {
    public static void main(String args[]) {
        int a[][] = { { 12, 23, 45 }, { 23, 45, 65 }, { 54, 12, 33 },
                { 12, 43, 78 } };
        int b[][] = { { 11, 22, 33 }, { 43, 43, 24 }, { 56, 78, 12 },
                { 45, 43, 23 } };
        int c[][];
        int i, j;
        c = new int[4][3];
        for (i = 0; i < 4; i++= {
            for (j = 0; j < 3; j++) {
                c[i][j] = a[i][j] + b[i][j];
            }
```

```
            }
        for (i = 0; i < 4; i++= {
            for (j = 0; j < 3; j++) {
                System.out.print(c[i][j]+" ");
            }
            System.out.println();
        }
    }
}
```

三、任务实现

通过前面 4 个任务所学的知识，完成学生成绩管理系统中的所有功能。

```java
package pack1.task4;

import java.util.Scanner;

/**
 * 学生成绩管理系统，用结构化设计方法实现，通过几个一维数组来存储学生的信息
 *
 * @author lgl
 *
 */
public class xscjgl1 {
    public static void main(String[] args) throws Exception {
        Scanner sc = new Scanner(System.in);
        int maxcount = 10;
        int n = 0;
        int number[] = new int[10];
        String name[] = new String[10];
        float score[] = new float[10];
        while (true) {
            System.out
    .println("=============================================================");
            System.out
                    .println("1.建立成绩表 2.显示成绩表 3.查找 4.排序 5.添加 6.修改 7.删除
                    0.退出");
            System.out

    .println("=============================================================");
            System.out.print("请输入你的选择: ");
            int xz = sc.nextInt();
            if (xz == 1) { // ================ 建立成绩表 ================
                while (n < maxcount) {
                    System.out.print("请输入学号(输入 0 退出): ");
                    int number0 = sc.nextInt();
                    if (number0 == 0) {
                        break;
                    }
                    boolean f = true;
                    for (int i = 0; i < n; i++) {
                        if (number0 == number[i]) {
                            System.out.println("学号重复! 重新输入: ");
                            f = false;
```

```
                    break;
                }
            }
            if (f) {
                System.out.print("请输入姓名：");
                String name0 = sc.next();
                System.out.print("请输入分数：");
                float score0 = sc.nextFloat();
                number[n] = number0;
                name[n] = name0;
                score[n] = score0;
                n++;
            }
        }
    } else if (xz == 2) {// ================ 输出成绩表 ================
        System.out.println("                   学生成绩表");
        System.out.println("====================================");
        System.out.println("学号\t\t 姓名\t\t 分数");
        for (int i = 0; i < n; i++) {
            System.out.println(number[i] + "\t\t" + name[i] + "\t\t"
                    + score[i]);
        }
    } else if (xz == 3) {// ================ 查找 ================
        System.out.print("请输入要查找的学生学号：");
        int number0 = sc.nextInt();
        int index = -1;
        for (int i = 0; i < n; i++) {
            if (number[i] == number0) {
                index = i;
                break;
            }
        }
        if (index != -1) {
            System.out.println("找到学生：");
            System.out.println("学号\t\t 姓名\t\t 分数");
            System.out.println(number[index] + "\t\t" + name[index]
                    + "\t\t" + score[index]);
        } else {
            System.out.println("你要查找的学生不存在！");
        }
    } else if (xz == 4) {// ================ 排序 ================
        for (int i = 0; i < n - 1; i++) {
            for (int j = 0; j < n - i - 1; j++) {
                if (score[j] < score[j + 1]) {
                    int tempNumber = number[j];
                    number[j] = number[j + 1];
                    number[j + 1] = tempNumber;
                    String tempName = name[j];
                    name[j] = name[j + 1];
                    name[j + 1] = tempName;
                    float tempScore = score[j];
                    score[j] = score[j + 1];
                    score[j + 1] = tempScore;
                }
```

```java
            }
        }
        System.out.println("排序完成！");
    } else if (xz == 5) { // ================= 添加记录 =================
        while (n < maxcount) {
            System.out.print("请输入学号(输入 0 退出): ");
            int number0 = sc.nextInt();
            if (number0 == 0) {
                break;
            }
            for (int i = 0; i < n; i++) {
                if (number0 == number[i]) {
                    System.out.println("学号重复！请重新输入: ");
                    break;
                }
            }
            System.out.print("请输入姓名: ");
            String name0 = sc.next();
            System.out.print("请输入分数: ");
            int score0 = sc.nextInt();

            number[n] = number0;
            name[n] = name0;
            score[n] = score0;
            n++;
        }
    } else if (xz == 6) { // ================= 修改 =================
        System.out.print("请输入要修改学生的学号: ");
        int number0 = sc.nextInt();
        int index = -1;
        for (int i = 0; i < n; i++) {
            if (number[i] == number0) {
                index = i;
                break;
            }
        }
        if (index == -1) {
            System.out.println("你要修改的学生不存在！");

        } else {
            System.out.println("找到学生信息: ");
            System.out.println("学号\t\t 姓名\t\t 分数");
            System.out.println(number[index] + "\t\t" + name[index]
                    + "\t\t" + score[index]);
            System.out.print("1.修改学号  2.修改姓名  3.修改分数  0.退出: ");
            int xz1 = sc.nextInt();
            if (xz1 == 1) {
                System.out.print("请输入新的学号: ");
                int num1 = sc.nextInt();
                number[index] = num1;
                System.out.println("修改成功！");
            } else if (xz1 == 2) {
                System.out.print("请输入新的姓名: ");
```

```
                        String name1 = sc.next();
                        name[index] = name1;
                        System.out.println("修改成功! ");
                    } else if (xz1 == 3) {
                        System.out.print("请输入新的成绩: ");
                        int score1 = sc.nextInt();
                        score[index] = score1;
                        System.out.println("修改成功! ");
                    }
                }
            } else if (xz == 7) {// ================ 删除 ================
                System.out.print("请输入要删除学生的学号: ");
                int number0 = sc.nextInt();
                int index = -1;
                for (int i = 0; i < n; i++) {
                    if (number[i] == number0) {
                        index = i;
                        break;
                    }
                }
                if (index == -1) {
                    System.out.println("你要删除的学生不存在! ");
                } else {
                    for (int i = index + 1; i < n; i++) {
                        number[i - 1] = number[i];
                        name[i - 1] = name[i];
                        score[i - 1] = score[i];
                    }
                    n--;
                    System.out.println("删除成功! ");
                }
            } else if (xz == 0) {// ================ 退出 ================
                System.exit(0);
            }
        }
    }
}
```

四、任务拓展

试用二维数组实现学生成绩管理系统。

假如有 5 个学生，学号分别为 1，2，3，4，5，某科考试的成绩分别是 76，85，93，68，81，将所有学生的学号和成绩用一个二维数组表示，编一个程序找出最高分所对应的学号，并按学生成绩进行排序，且打印出来。

参考代码如下。

```
package pack1.expandtask;
public class ExpandTask1_4 {
    public static void main(String[] args) {
        int a[][] = { { 1, 76 }, { 2, 80 }, { 3, 50 }, { 4, 90 }, { 5, 74 } };
        int i, j, max, p;
        // 求出最高分所对应的学号
        max = a[0][1];
        p = 0;
```

```
        for (i = 1; i < 5; i++) {
            if (max < a[i][1]) {
                max = a[i][1];
                p = i;
            }
        }
        System.out.println("最高分: " + max + "最高分学生的学号: " + a[p][0]);
        // 按学生成绩排序后输出
        for (i = 1; i < 5; i++) {
            for (j = 0; j < 5 - i; j++) {
                if (a[j][1] < a[j + 1][1]) {
                    p = a[j][0];
                    a[j][0] = a[j + 1][0];
                    a[j + 1][0] = p;
                    p = a[j][1];
                    a[j][1] = a[j + 1][1];
                    a[j + 1][1] = p;
                }
            }
        }
        System.out.println("按名次输出:");
        System.out.println("名次 学号 成绩");
        for (i = 0; i < 5; i++) {
            System.out.print(i + 1 + "    ");
            for (j = 0; j < 2; j++) {
                System.out.print(a[i][j] + "   ");
            }
            System.out.println();
        }
    }
}
```

五、任务小结

通过本任务的实现，主要带领读者学习了以下内容。

- Java 语言中数组的概念。
- 一维数组的定义、数组元素的访问。
- 一维数组的典型应用。主要介绍了基本的排序和查找方法。
- 二维数组的定义、数组元素的访问和简单应用。

六、上机实训

【实训目的】

1. 掌握一维数组的定义和数组元素的访问。
2. 掌握二维数组的定义和数组元素的访问。
3. 掌握一维数组的典型应用。

【实训内容】

1. 编写一个程序，求一维数组中的最大值及其下标。
2. 编写 5 个整数（30，20，50，15，60）组成的数组，用冒泡排序法对数组进行降序排序，并显示排序之后的数组。

　3．练习查找方法。

　4．求一个矩阵的转置矩阵。

习　题

（一）填空题

1．定义一个整型数组 y，它有 5 个元素分别是 1，2，3，4，5。用一个语句实现对数组 y 的声明、创建和赋值：（　　　）。

2．设有整型数组的定义："int x [][]={{12,34},{-5},{3,2,6}};"，则 x.length 的值为（　　　）。

3．求取二维数组 a[][] 第 i 行元素个数的表达式（　　　）。

（二）选择题

1．设有定义语句 "int a[ ]={66,88,99};"，则以下对此语句的叙述错误的是（　　　）。

　（A）定义了一个名为 a 的一维数组　　　　　（B）a 数组有 3 个元素

　（C）a 数组的元素的下标为 1~3　　　　　　（D）数组中的每个元素是整型

2．设有定义 "int[ ] a=new　int[4];"，则 a 数组的所有元素是（　　　）。

　（A）a0, a1, a2, a3　　　　　　　　　　　（B）a[0], a[1], a[2], a[3]

　（C）a[1], a[2], a[3], a[4]　　　　　　　　（D）a[0], a[1], a[2], a[3], a[4]

3．下面哪个选项正确地声明了一个字符串数组（　　　）。

　（A）char str[]　　　（B）char str[][]　　　（C）String str[]　　　（D）String str[10]

（三）编程题

1．编写一个程序，计算一维数组中的最大值、最小值及其差值。

2．将一个数组中的数逆序重新存放。

3．已知数组（12，23，26，45，58，60）是有序的，输入一个数 x，将它插入到数组中，保证数组仍然是有序的。

4．输出杨辉三角形。如：

1

1 1

1 2 1

1 3 3 1

1 4 6 4 1

1 5 10 10 5 1

……

5．求一个二维数组的每行最大数。

6．输入一个十进制数，转换成二进制数并输出。

项目二

学生成绩管理系统（面向对象设计方法实现）

【技能目标】

1. 能熟练设计和定义类的属性和方法。
2. 能熟练使用类的特性编写实用程序。
3. 具备面向对象程序设计的思想和能力。
4. 能熟练使用动态数组存储和操作数据。
5. 会使用 I/O 流对文件进行读写操作。

【知识目标】

1. 了解面向对象的基本概念，熟悉类的特性。
2. 熟练掌握类和对象的定义。
3. 熟练掌握成员的访问权限。
4. 掌握类的组织方法。
5. 熟悉类的继承机制。
6. 掌握抽象类和接口的使用方法。
7. 熟悉一些 Java 常用类的使用。
8. 掌握 I/O 流的基本概念及读写文件的方法。

【项目功能】

在项目一中，用了 3 个一维数组表示学生基本信息和成绩信息，如果学生基本信息增加或学生科目增加的话，就需要用到更多的数组来表示，比较麻烦。在项目二中，我们将要学习用类来表示学生基本信息和学生成绩信息，掌握面向对象程序设计的基本思想，掌握类和对象的定义和使用方法，并且将学生信息永久保存到文件中。

任务一　用类来表示学生成绩信息

【技能目标】

1．能熟练设计和定义类的属性和方法。

2．能熟练使用类的特性编写实用程序。

3．具备面向对象程序设计的思想和能力。

【知识目标】

1．了解面向对象的基本概念，熟悉类的特性。

2．熟练掌握类和对象的定义。

3．熟练掌握成员的访问权限。

4．掌握类的组织方法。

5．熟悉类的继承机制。

6．掌握抽象类和接口的使用方法。

一、任务分析

为了解决项目一学生成绩管理系统中数据的存储问题，本任务通过一个对象数组来存储学生信息，并完成学生成绩管理系统中的相关功能。

二、相关知识

（一）类的定义

1．类和对象的关系

类是一种复杂的数据类型，它是将数据和对数据相关的操作封装在一起的集合体。

对象是类的实例，也就是类类型的变量。

对象与类的关系就像变量与类型的关系一样。

如：把"人"看成是一个抽象的类，每一个具体的人就是"人"类中的一个实例，即一个对象。每个人都有一些属性（或特征），比如姓名、年龄、身高、体重等，可作为"人"类中的数据；每个人都有一些行为（或动作），比如吃饭、走路、说话、工作，可作为"人"类中的方法。

2．类的定义格式

类的定义分两部分：类声明和类主体。

```
class <类名>              //类声明
{
    成员变量的定义          //<类体>
    方法的定义

}
```

① 类名必须符合标识符的命名规则，不能使用 Java 中的关键字。

② 若类名使用英文字母，习惯上，类名的第一个字母是大写的，如 People。

③ 类名最容易识别，当类名由几个单词构成，习惯上，每个单词的第一个字母都是大写的，如 BeijingTime，HelloChina。

④ 类体包括两部分内容：成员变量的定义，用来刻画属性；方法（函数）的定义，用来刻画行为。

例如：定义一个日期类。

```
class Date {
    int year, month, day; // 成员变量的定义
    boolean isRunnian() { // 方法：用来判断是否是闰年
        if (year % 4 == 0 && year % 100 != 0 || year % 400 == 0) {
            return true;
        } else {
            return false;
        }
    }
    void print() { // 方法：输出日期
        System.out.println(year + "-" + month + "-" + day);
    }
}
```

3. 成员变量和局部变量

Java 中的变量有两类：成员变量和局部变量。

成员变量：在类体的变量定义部分定义的变量，称为成员变量。

局部变量：在方法的方法体内定义的变量和方法的参数，都称为局部变量。

从定义上看，成员变量是在方法外部定义的变量，局部变量是在方法内部定义的变量。

（1）不管是成员变量还是局部变量，都可以是任一种合法的数据类型，变量名字必须符合标识符的命名规则。习惯上，变量名用小写字母表示，如果变量名是由多个单词构成的，则第一个单词的第一个字母是小写的，从第二个单词开始，每个单词的第一个字母都是大写的。如：studentName，scoreSum 等。

（2）关于变量的初值，在前面我们介绍的所有例子中用到的变量都是局部变量，大家知道，如果变量没有赋值，我们是不能使用它的值的。也就是说局部变量如果没有赋值，它的值是未知的，不能直接使用。

而对于成员变量，如果没有赋值，是有默认值的。整型的默认值是 0，浮点型的默认值是 0.0，字符型的默认值是 '\0'，逻辑型的默认值是 false，引用类型的默认值是 null。

例如：

```
class TestA {
    int a;
    void f() {
        int x;
        System.out.println(x); // 错误! x没有赋值，不能输出
        System.out.println(a); // 成员变量a, 默认值为0
    }
}
```

（3）关于变量的作用域，对于成员变量来说，在该类的每个方法中都可以访问，而局部变量只在定义它的方法中可以访问。

成员变量的作用域与它在类体中的定义位置无关，但不建议把成员变量的定义写在方法之间或类体的最后，习惯上先定义成员变量，再定义方法。

而局部变量的作用域与它在方法中的定义位置有关，在定义点之前是不能使用局部变量的。

例如：

```
class TestB {
    int a;
    void f() {
        int x = 12;
        System.out.println(a); // a是成员变量，每个方法中都可以访问
        System.out.println(x);
    }
    void g() {
        int y;
        y = x; // 错误！在方法 g 中没有定义变量 x
        System.out.println(a);// a是成员变量，每个方法中都可以访问
        System.out.println(y);
    }
}
```

（4）如果在方法内定义了和成员变量同名的局部变量，在局部变量的作用范围内，成员变量不起作用。这时如果想在该方法内使用成员变量，可以使用 this 关键字。

例如：

```
class TestC {
    int a = 10;
    void f() {
        int a;
        a = 100;
        System.out.println(a); // 此处访问的局部变量是a，输出100
        this.a = 20;// 访问成员变量，前面要加 this
        System.out.println(this.a);
    }
}
```

4. 方法

（1）方法的定义格式。

```
<返回值类型> 方法名（参数表）                 //方法的声明
{
  局部变量的定义                 //方法体
  语句体（执行语句序列）
}
```

如前面定义的日期类中的两个方法。

再如：在下面的例子中，add 方法用来求两个整数的和。

```
class TestD {
    int x1, x2;
    int add(int a, int b) {
        int c = a + b;
```

```
        return c;
    }
    void print() {
        System.out.println(x1 + x2);
    }
}
```

① 参数表，是用逗号隔开的一些变量声明，可以是任意的 Java 数据类型。

定义方法时，方法名后面括弧内的参数，称为形式参数（简称为形参），参数之间用逗号隔开。

方法的参数是方法执行时用来接收数据的。

② 返回值类型可以是任意的 Java 数据类型，有以下两种情况。

● 如果方法只是完成一些操作或处理，不需要返回一个数值，此时方法返回值的类型应该是 void（空类型，无类型），表示该方法没有返回值。

● 如果方法经过计算之后，需要返回一个值，此时方法返回值的类型应该是 void 以外的其他类型，即要返回的值的类型，如 int，float，double……等，表示该方法有返回值。

如果方法有返回值，那么在方法最后必须执行一条 return 语句，return 语句的格式为：

return 表达式;

return 后面表达式的类型不能高于方法返回值的类型。

如：

```
int f(int x){
    double x,y;
    return x+y;      //错误! 高于方法返回值的类型
}
```

③ 方法的名字必须符合标识符的规定，习惯上，如果名字使用英文字母，第一个字母要使用小写。如果由多个单词构成，则从第 2 个单词开始的其他单词的第 1 个字母使用大写。

如：

```
float getTrangleArea()
void setName(String name)
```

④ 方法体的内容包括局部变量的定义和合法的 Java 语句。

⑤ 方法的参数在整个方法内有效，方法内定义的局部变量从它定义的位置之后开始有效。如果局部变量的定义是在一个复合语句中，那么该局部变量的有效范围是该复合语句，即仅在该复合语句中有效，如果局部变量的定义是在一个循环语句中，那么该局部变量的有效范围是该循环语句，即仅在该循环语句中有效。

例如，定义一个类，表示平面坐标点。

```
class Point {
    int x, y;
    void print() {
        System.out.println(x + "," + y);
    }
    void setX(int x0) {
        x = x0;
```

```
    }
    void setY(int y0) {
        y = y0;
    }
    int getX() {
        return x;
    }
    int getY() {
        return y;
    }
}
```

（2）方法重载。

方法重载的意思是：一个类中可以有多个方法具有相同的名字，但这个方法的参数必须不同，即或者是参数的个数不同，或者是参数的类型不同。下面就是一个方法重载的例子。

```
class TestE {
    int add(int a, int b) {
        int c = a + b;
        return c;
    }
    float add(float a, float b) {
        float c = a + b;
        return c;
    }
    float add(float a, float b, float c) {
        return a + b + c;
    }
    //错误的重载，与第二个方法虽然参数名称不同，但参数类型相同
    float add(float x, float y) {
        return x + y;
    }
}
```

（3）构造方法。

构造方法是一种特殊的方法，是在创建对象时，由系统自动调用的方法，通常情况下，构造方法用来给对象的成员变量赋初值。

说明
① 构造方法名与类名相同。
② 构造方法没有返回值类型，也没有返回值。
③ 构造方法可以带有参数。
④ 构造方法可以重载。
⑤ 构造方法是在对象创建时由系统自动调用的。

例如：

```
class Date {
    int year, month, day; // 成员变量的定义
    Date() {
        year = 2000;
        month = 1;
        day = 1;
    }
    Date(int y0, int m0, int d0) {
        year = y0;
```

```
        month = m0;
        day = d0;
    }
    boolean isRunnian() { // 方法：用来判断是否是闰年
        if (year % 4 == 0 && year % 100 != 0 || year % 400 == 0) {
            return true;
        } else {
            return false;
        }
    }
    void print() { // 方法：输出日期
        System.out.println(year + "-" + month + "-" + day);
    }
}
```

（二）对象的创建和使用

1. 对象的创建

类是创建对象的模板，当使用一个类创建了一个对象时，也就是说给出了这个类的一个实例。对象的创建包括对象的声明和为对象分配内存两个步骤。

（1）对象的声明格式如下。

```
类名 对象名字;
```

例如：

```
Date birthday;
Point p2,p2;
```

（2）为声明的对象分配内存。

用 new 运算符和类的构造方法为声明的对象分配内存，如果类中没有构造方法，系统会调用默认的构造方法（默认的构造方法不带参数，什么都不做）。

对象的创建格式如下。

```
对象名 = new 类名();
```

或

```
对象名 = new 类名(参数表);
```

创建对象时，系统会自动调用相应的构造方法。

如果没有定义任何构造方法，Java 系统提供一个默认的构造方法，这个方法没有参数，方法体为空。此时可以用

```
new 类名( );
```

创建对象。

【案例 2_1_1】默认构造方法的调用。

```
package pack2;
class Date {
    int year, month, day;  // 成员变量的定义
    void print() {          // 方法：输出日期
        System.out.println(year + "-" + month + "-" + day);
    }
}
```

```
class Exam2_1_1 {
    public static void main(String args[]) {
        Date myDate;
        myDate = new Date(); // 调用默认的构造方法
        myDate.print();
    }
}
```

如果定义了带参数的构造方法，则 Java 系统不再提供默认的不带参数的构造方法。如果此时仍然想用

```
new 类名( );
```

创建对象的话，必须显式地给出一个不带参数的构造方法。

【案例 2_1_2】带参数的构造方法的调用。

```
package pack2;
class Date {
    int year, month, day;  // 成员变量的定义
    Date() {
        year = 2000;
        month = 1;
        day = 1;
    }
    Date(int y0, int m0, int d0) {
        year = y0;
        month = m0;
        day = d0;
    }
    void print() {           // 方法：输出日期
        System.out.println(year + "-" + month + "-" + day);
    }
}
class Exam2_1_2 {
    public static void main(String args[]) {
        Date myDate;
        myDate = new Date();                    // 调用默认的构造方法
        myDate.print();
        Date birthday = new Date(1992, 2, 7);   // 调用带参数的构造方法
        birthday.print();
    }
}
```

2. 对象的使用

通过成员运算符 "."，对象可以实现对成员变量的访问和对方法的调用。

格式：

```
对象名.成员变量名
对象名.方法名（<参数列表>）
```

【案例 2_1_3】定义并使用 Point 类。

```
package pack2;
public class Exam2_1_3 {
    public static void main(String[] args) {
        Point p1, p2;
```

```
            p1 = new Point();
            p2 = new Point(3, 4);
            p1.x = 10;      p1.y = 20;
            p1.print();
            p2.print();
        }
}
class Point {
        int x, y;
        Point() {
        }
        Point(int x0, int y0) {
            x = x0;
            y = y0;
        }
        void print() {
            System.out.println(x + "," + y);
        }
}
```

3. 对象的引用和实体

当用类创建一个对象时，类中的成员变量被分配内存空间，这些内存空间称为该对象的实体，而对象中存放着引用（地址），以确保实体由该对象操作使用。

如 "Point p1;"，只声明对象，而未分配内存空间，对象中存储的是空引用，即 null。

如图 2.1.1 所示。

p1 | null |

分配内存后，即 "p1=new Point();" 之后，对象实体示意图如

图 2.1.1　未分配实体的对象　2.1.2 所示。

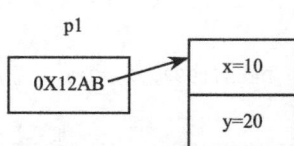

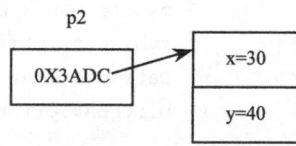

例：若有定义

```
Point p1=new Point(10,20), p2=new Point(30,40);
```

则 p1 和 p2 实体如图 2.1.3 所示。

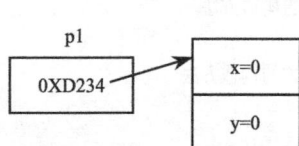

图 2.1.2　分配了实体的对象　　　图 2.1.3　p1 和 p2 实体

若 p1=p2，则实体的变化如图 2.1.4 所示。

（三）方法调用

定义方法时，方法名后面括弧内的参数称为形式参数，简称为形参，通常形参以变量或对象的形式给出，用来接收值；调用方法时，方法名后面括弧内的参数称为实在参数，简称为实参，通常实参是以常量、变量（对象）或表达式的形式给出，用来传递值。

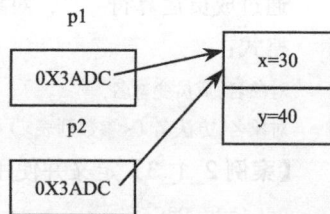

图 2.1.4　p1=p2 后实体的变化

在调用方法时，是将实参的值传递给对应的形参，因此实参与形参在个数、类型和顺序上必

须保持一致，而且实参的类型不能高于形参的类型。

在 Java 中，方法的所有参数都是"传值"调用的，例如：

```
void f(int x)  {......}
```

调用方法时，要向 x 传递一个 int 值，如 f(y)，如果在方法中改变了参数 x 的值，不会影响实参 y 的值。

1. 基本数据类型作方法参数

在定义方法时，方法的形参是基本数据类型（整型、实型、字符型、逻辑型）时，方法调用时，将实参的值传给形参，如果在方法执行过程中，形参的值发生了变化，不会影响到实参的值。

【案例 2_1_4】基本数据类型作方法参数。

```
package pack2;
class Exam2_1_4 {
    void f(int x, int y) {
        x = 100;
    }
    public static void main(String args[]) {
        Exam2_1_4 tg = new Exam2_1_4();
        int x, y;
        x = 10;
        y = 20;
        System.out.println("方法调用前: x=" + x + ",y=" + y);
        tg.f(x, y);
        System.out.println("方法调用后: x=" + x + ",y=" + y);
    }
}
```

2. 引用数据类型作方法参数

Java 的引用类型包括数组、字符串、类和接口。当形参是引用类型时，方法调用时，是将实参的引用（地址）传递给形参。

如果改变形参变量所引用的实体，就会导致实参变量的实体发生同样的变化，因为实参变量和形参变量具有相同的引用，具有相同的实体。但是，改变形参变量的引用，不会改变实参变量的引用。

【案例 2_1_5】引用数据类型作方法参数。

```
package pack2;
class Exam2_1_5 {
    int x, y;
    void f1(Exam2_1_5 p1, Exam2_1_5 p2) {
        p1.x = 100; // p1 的实体发生变化，对应实参引用的实体跟着变化
        p1.y = 200;
        p2 = new Exam2_1_5(); // p2 的引用发生变化，对应实参引用和实体均不变
        p2.x = 1000;
        p2.y = 2000;
    }
    public static void main(String args[]) {
        Exam2_1_5 pp1, pp2;
        pp1 = new Exam2_1_5();
        System.out.println("pp1=" + pp1.x + "," + pp1.y); // pp1=0,0
```

```
        pp1.x = 1;
        pp1.y = 2;
        System.out.println("pp1=" + pp1.x + "," + pp1.y); // pp1=1,2
        pp2 = new Exam2_1_5();
        System.out.println("pp2=" + pp2.x + "," + pp2.y); // pp2=0,0
        pp2.x = 3;
        pp2.y = 4;
        System.out.println("pp2=" + pp2.x + "," + pp2.y); // pp2=3,4
        pp1.f1(pp1, pp2);
        System.out.println("pp1=" + pp1.x + "," + pp1.y); // pp1=100,200
        System.out.println("pp2=" + pp2.x + "," + pp2.y); // pp2=3,4
    }
}
```

（四）static 关键字

在定义类时，使用 static 修饰的变量和方法分别称为类变量（静态变量）和类方法（静态方法），没有使用 static 修饰的变量和方法称为实例变量和实例方法。

1. 类变量和实例变量

成员变量分为类变量和实例变量两种。

在定义成员变量时，如果前面加 static 关键字，则称该变量为类变量或静态变量。如果前面未加 static 关键字，则称该变量为实例变量（简称为变量）。

一个类的类变量是属于这个类的，而不是某个对象所特有的，是该类所有对象共有的一个属性。

类变量是类的属性，在对象创建之前就已经存在了，即在类加载的时候，就已经分配了内存空间。如果通过该类的一个对象改变了类变量的值，会影响到其他对象访问类变量时的值。

对于实例变量，不同对象的实例变量将被分配不同的内存，一个对象改变自己的实例变量，不会影响到其他对象的实例变量的值。

关于类变量，通常通过类名来访问，也可以通过对象来访问。

即：

```
    类名.类变量名
```
或
```
    对象名.类变量名（不建议使用这种方式）
```

【案例 2_1_6】类变量的使用。

```
package pack2;
class People {
    String name;
    int age;
    float height;
    float weight;
    static int count; // 静态成员变量,默认值为 0
    public People() {
        count++;
    }
    public People(String name) {
        this.name = name;
        count++;
```

```
    }
}
class Exam2_1_6 {
    public static void main(String[] args) {
        // 没有创建对象
        System.out.println(People.count); // 0

        People p1 = new People();
        p1.name = "张三";
        System.out.println(People.count); // 1
        System.out.println(p1.count);// 1 （不建议）

        People p2 = new People();
        p2.name = "李四";
        System.out.println(People.count); // 2
        System.out.println(p1.count);// 2 （不建议）
        System.out.println(p2.count);// 2 （不建议）

        People p3 = new People("王五");
        System.out.println(People.count); // 3
    }
}
```

2. 类方法和实例方法

方法分为类方法和实例方法两种。

在定义方法时，用 static 修饰的方法称为类方法或静态方法，未用 static 修饰的方法称为实例方法。

在类方法中只能访问类成员，不能访问实例成员。

同类变量一样，类方法通过类名调用，也可以通过对象调用（不建议使用）。

【案例2_1_7】类方法的调用。

```
package pack2;
class Point {
    int x, y;
    Point() {
    }
    Point(int x0, int y0) {
        x = x0;
        y = y0;
    }
    // 求两点之间的距离
    static double distance(Point p1, Point p2) {
        double dist;
        dist = Math.sqrt((p1.x - p2.x) * (p1.x - p2.x) + (p1.y - p2.y)
                * (p1.y - p2.y));
        return dist;
    }
    void print() {
        System.out.println(x + "," + y);
    }
}
class Exam2_1_7 {
```

```
public static void main(String[] args) {
    Point p1, p2;
    p1 = new Point(-3, 5);
    p2 = new Point(3, 4);
    System.out.println(Point.distance(p1, p2));
}
}
```

（五）this 关键字

this 代表当前对象的引用，可以出现在实例方法和构造方法中，但不可以出现在类方法中。

this 关键字出现在构造方法中，代表使用该构造方法正在创建的对象。

this 关键字出现在实例方法中，代表正在调用该方法的当前对象。

【案例2_1_8】this 关键字的使用。

```
package pack2;
class Point {
    int x, y;
    Point() {
    }
    Point(int x, int y) {          //构造方法
        this.x = x;
        this.y = y;
    }
    public int getX() {
        return x;
    }
    public void setX(int x) {      //实例方法
        this.x = x;
    }
    public int getY() {
        return y;
    }
    public void setY(int y) {
        this.y = y;
    }
    void print() {
        System.out.println(x + "," + y);
    }
}
public class Exam2_1_8 {
    public static void main(String args[]) {
        Point p1 = new Point(10, 20);
        p1.print();
        p1.setX(50);
        p1.print();
    }
}
```

（六）类的组织

1. 包的概念

包是 Java 提供的类的组织方式，一个包对应一个文件夹，一个包中可以包括很多类文件，其中还可以有子包，形成包等级。

一个类文件可以有两个名字：非全限定名和全限定名。

非全限定名是类文件本身的名字。如：FirstClass。

全限定名是在类文件的名字前面加上包的名字。如：mypack.FirstClass。

2. 包的声明

通过 package 声明一个包，package 语句必须作为 Java 源文件的第一条语句，指明该源文件中定义的所有类所在的包。

package 语句的格式：

```
package  包名;
```

例如：

```
package mypackage;
```

包名可以是一个合法的标识符，也可以声明包的层次（即多级包），多级包是用"."隔开的若干个标识符。

例如：

```
package sun.com.cn;
```

如果源文件中省略了 package 语句，则源文件中的所有类被隐含地认为是无名包中的一部分，即源文件中定义的类都在同一个包中，但该包没有名字。

程序中如果使用了包语句，如"package com.cjgl;"，那么你的目录结构必须包含结构"...\com\cjgl"。

例如：

```
E:\javalx\com\cjgl;
```

并且要将源文件保存在目录"E:\javalx\com\cjgl"中，然后编译源文件 "E:\javalx\com\cjgl\javac源文件" 或 "javac E:\javalx\com\cjgl\源文件"。

例如：定义一个学生成绩类。

```
package com.cjgl;
public class Student {
    int number;
    String name;
    float score;
    public Student() {
    }
    public Student(int number, String name, float score) {
        this.number = number;
        this.name = name;
        this.score = score;
    }
    public void print() {
        System.out.println(number + "   " + name + "   " + score);
    }
}
```

在执行 javac 命令时，加-d 参数，可以在指定目录下建立一个以包名命名的文件夹，生成的 class 文件自动存入该目录中。

3. 包的访问

通过使用 import 语句引入整个包或包中特定的类。类一旦被引入，可以直接使用类名，而不必使用全限定名。

可以使用 import 语句引用包中的类，在一个源文件中可以有多个 import，它们必须写在 package 语句（如果有的话）之后，类的定义之前。

如：

```
import java.awt.*;          //引入包中所有的类
import java.util.Date;      //引入 java.util 包中的 Date 类
```

例如：

```
import javax.swing.JFrame;
import javax.swing.JLabel;
public class ExamPack extends JFrame {
    public ExamPack() {
        this.setTitle("测试窗口");
        add(new JLabel("欢迎进入系统"));
        setSize(200, 100);
        setVisible(true);
        this.setDefaultCloseOperation(JFrame.EXIT_ON_CLOSE);
    }
    public static void main(String[] args) {
        new ExamPack();
    }
}
```

> **注意**
>
> （1）系统自动为我们引入 java.lang 这个包，因此不需要再使用 import 语句引入该包，java.lang 包是 java 语言的核心类库，它包含了运行 Java 程序必不可少的系统类。
>
> （2）如果使用 import 语句引入了整个包中的类，那么可能会增加编译时间。但绝对不会影响程序运行的性能，因为当程序执行时，只是将你真正使用的类的字节码加载到内存。
>
> 也可以使用 import 语句引入自己的包，如：
>
> import com.cjgl.*;
>
> 为了能使程序使用 com.cjgl 包中的类，必须在 classpath 中指明包的位置，案例 2_1_9 的包 com.cjgl 的位置是 "e:\javalx"。因此必须更新 classpath 的设置。在 classpath 后面中添加值 "E:\javalx"。

【案例 2_1_9】使用学生类。

```
package pack2;
import com.cjgl.Student;
public class Exam2_1_9 {
    public static void main(String args[]) {
        Student stu;
        stu = new Student(1, "张三", 89);
        stu.print();
    }
}
```

将上述源文件保存到任何一个目录下，如 "E:\javalx"

编译 "E:\javalx>javac Exam2_1_9.java"。

运行 "E:\javalx>java Exam2_1_9"。

（七）访问控制修饰符

创建某类的一个对象之后，该对象通过 "."运算符访问自己的变量、调用类中的方法时是有一定的限制的。

Java 语言中有 3 种访问控制修饰符，用来控制类的成员的访问权限。

- 公有的：public
- 私有的：private
- 保护的：protected

1. 公有的（public）

可以用来修饰成员变量和方法，也可以用来修饰类。

用 public 修饰的变量和方法称为公有变量和公有方法。

例如：

```
class People {
    public String name;
    public int age;
    public void print() {
        System.out.println(name+"  "+age);
    }
}
```

当在任何一个类中用类 People 创建了一个对象后，该对象能访问自己的 public 变量和调用 public 方法。

例如：

```
class TestPeople {
    void f() {
        People p=new People();
        p.name="zhangsan";
        p.age=21;
        p.print();
    }
}
```

2. 私有的（private）

用 private 修饰的变量和方法称为私有变量和私有方法。

例如：

```
class People {
    private String name;
    private int age;
    private void print() {
        System.out.println(name+"  "+age);
    }
}
```

当在另外一个类中，用类 People 创建了一个对象后，该对象不能访问自己的私有变量和调用私有方法。

例如：

```
class TestPeople {
    void f() {
        People p=new People();
        p.name="zhangsan";          //非法
        p.age=21;                   //非法
        p.print();                  //非法
    }
}
```

对于一个类中的私有类变量和私有类方法，在另外一个类中，也不能通过类名来访问这个私有类变量或调用这个私有类方法。

对于私有成员变量或方法，只有在本类中创建该类的对象时，这个对象才能访问自己的私有变量和类中的私有方法。

3. 保护的（protected）

用 protected 修饰的变量和方法称为保护变量和保护方法。

例如：

```
class People {
    protected String name;
    protected int age;
    protected void print() {
        System.out.println(name+" "+age);
    }
}
```

当在另外一个类中用类 People 创建了一个对象后，如果这个类与 People 类在同一个包中，那么该对象能访问自己的保护成员，也可以通过类名访问类保护成员。

如果这个类与 People 类不在同一个包中，那么该对象将不能访问自己的保护成员。

4. 友好的（friendly）

不用任何修饰符修饰的成员变量和方法称为友好变量和友好方法。

例如：

```
class People {
    String name;
    int age;
    void print() {
        System.out.println(name+" "+age);
    }
}
```

当在另外一个类中用类 People 创建了一个对象后，如果这个类与 People 类在同一个包中，那么该对象能访问自己的友好成员，也可以通过类名访问类友好成员。

如果这个类与 People 类不在同一个包中，那么该对象将不能访问自己的友好成员。

5. 公有类和友好类

类声明时，如果关键字 class 前面加上 public 关键字，就称这样的类是一个 public 类，如：

```
public class Test {
    ...
}
```

可以在另外一个类中，使用 public 类创建对象。

如果一个类不加 public 修饰，如：

```
class Test {
    ...
}
```

这样的类被称为友好类，那么另外一个类中使用友好类创建对象时，要保证它们是在同一包中。

> **注意**
> （1）不能用 protected 和 private 修饰类。
> （2）访问权限的级别排列。访问控制修饰符按访问权限从高到低的排列顺序是：public，protected，友好的，private。

【案例2_1_10】编写一个完整的应用程序，包含类 Student，TestStudent，具体要求如下所述

（1）Student 类。

属性：id：long 类型，表示学号（私有变量）。

  name：String 对象，表示一个人的姓名（私有变量）。

  sex：char 对象，用来表示性别（私有变量）。

  address：String 对象，表示家庭住址（私有变量）。

方法：

  Student(String name,char sex,long id)：构造方法。

  String getName()：返回姓名。

  void setId(long id)：设置学号。

  void setAddress(String address)：设置家庭住址。

  public String toString( )：返回学生的各项信息，包括学号、姓名、性别和住址连接起来的字符串。

（2）TestStudent 类作为主类主要完成测试功能。

① 生成一个 Student 对象 girl，学号：1234567，姓名：杨阳，性别：女。

② 设置家庭住址：吉林四平铁东区。

③ 输出对象 girl 的各项信息。

程序如下：

```
package pack2;
class Studentinfo {
    private long id;
    private String name;
    private char sex;
    private String address;
    public Studentinfo(long id, String name, char sex) {
```

```
            this.id = id;
            this.name = name;
            this.sex = sex;
        }
        public void setId(long id) {
            this.id = id;
        }
        public String getName() {
            return name;
        }
        public void setAddress(String address) {
            this.address = address;
        }
        public String toString() {
            String str = "学号: " + id + "  姓名: " + name + "  性别: " + sex + "  住址: "
                    + address;
            return str;
        }
}
public class TestStudent {
    public static void main(String args[]) {
        Studentinfo girl = new Studentinfo(1234567, "杨阳", '女');
        girl.setAddress("吉林四平铁东区");
        System.out.println(girl.toString());
    }
}
```

（八）类的继承

继承是一种由已有的类创建新类的机制。

利用继承，可以先创建一个具有共有属性的一般类，根据该一般类，再创建具有特殊属性的新类，新类继承一般类的状态和行为，并根据需要增加它自己新的状态和行为。

由继承而得到的类称为子类，被继承的类称为父类（或超类）。

Java 语言不支持多继承（即一个子类只能有一个父类）。

1. 子类的定义

格式:

```
[类修饰符] class 子类名 extends 父类名 {
    ... ...
}
```

【案例 2_1_11】一个继承的例子。

```
package pack2;
class People {
    String name;
    char sex;
    int age;
    public People() {
    }
    public People(String name, char sex, int age) {
        this.name = name;
        this.sex = sex;
```

```
        this.age = age;
    }
    public void setName(String name) {
        this.name = name;
    }
    public void setSex(char sex) {
        this.sex = sex;
    }
    public void setAge(int age) {
        this.age = age;
    }
    public void printPeople() {
        System.out.println("name:" + name);
        System.out.println("sex:" + sex);
        System.out.println("age:" + age);
    }
}
class Student extends People {
    float score;
    public void setScore(float score) {
        this.score = score;
    }
    public void printStudent() {
        printPeople();
        System.out.println("score:" + score);
    }
}
public class Exam2_1_11 {
    public static void main(String[] args) {
        People zhangsan = new People("zhangsan", '男', 20);
        zhangsan.printPeople();
        Student lisi = new Student();
        lisi.setName("lisi");
        lisi.setSex('女');
        lisi.setAge(19);
        lisi.setScore(80);
        lisi.printStudent();
    }
}
```

> 如果一个类的声明中没有使用 extends 关键字，则这个类被系统默认为是 Object 类的直接子类。Object 是 java.lang 包中的类。

2. 类成员的继承

类有两种重要的成员：成员变量和方法。

子类的成员中有一部分是子类自己声明定义的，另一部分是从它的父类继承的。

（1）子类继承父类的成员变量。

● 能够继承 public 和 protected 成员变量。

● 能够继承同一包中的默认修饰符的成员变量（友好变量）。

- 不能继承 private 成员变量。
- 如果子类成员变量与父类同名，则不能继承（被隐藏）。

（2）子类继承父类的方法。

- 能够继承 public 和 protected 方法。
- 能够继承同一包中的默认修饰符的方法（友好方法）。
- 不能继承 private 方法。
- 不能继承父类的构造方法。
- 如果子类方法与父类方法同名，则不能继承（被覆盖）。

例如：

```java
class X {
    public int a;
    private int b;
    protected int c;
    int d;
    void f() {
        System.out.println("X类的方法f");
    }
}
class Y extends X {
    int e;
    void ff() {
        a = 11;
        b = 22;        // 出错，私有成员不能继承
        c = 33;
        d = 44;        // 若Y和X在不同包中，则友好成员也不能继承
        f();           // 调用继承的友好方法
    }
}
```

3. 成员变量的隐藏和方法的重写

（1）成员变量的隐藏。如果子类定义的成员变量与从父类继承的成员变量同名，我们就说子类隐藏了父类的成员变量。

此时，子类对象访问的是子类重新定义的成员变量。

子类方法中访问的也是子类重新定义的这个成员变量。

（2）方法的重写。

如果子类定义的方法与从父类继承的方法从名字、返回类型、参数个数和类型上都完全相同，则我们说子类重写了从父类继承的方法。

一旦子类重写了从父类继承的方法，那么子类对象调用的一定是这个重写的方法，重写的方法可以操作从父类继承的成员变量，也可以操作子类新声明的成员变量。

子类重写父类的方法时，不可以降低方法的访问权限（访问权限的级别从高到低依次为：public，protected，友好的，private）。

例如：

```java
class A {
    int x = 10, y = 20;
```

```
    void f() {
        System.out.println("A类的f方法");
        System.out.println("x=" + x + ",y=" + y);
    }
    public void g() {
    }
}
class B extends A {
    int x = 100;
    void f() {
        System.out.println("B类的f方法");
        System.out.println("x=" + x + ",y=" + y);
    }
    void g() {  // 错误，因为降低了访问级别
    }
}
class C {
    public static void main(String args[]) {
        B b = new B();
        b.f();  // 调用的是子类定义的方法f
        System.out.println(b.x);  // 输出的是子类定义的变量x
    }
}
```

4. super 关键字

super 关键字有两个作用，一是通过它来调用父类的构造方法，二是通过它来访问被子类同名变量或方法隐藏覆盖的父类的成员变量或方法。

（1）使用关键字 super 调用父类的构造方法。子类不能继承父类的构造方法，如果子类想使用父类的构造方法，必须在子类的构造方法中使用，前面加上关键字 super 来表示，并且 super 必须是子类构造方法的第一条语句。

【案例2_1_12】子类用super关键字调用父类的构造方法。

```
package pack2;
class MyPoint {
    int x, y;
    public MyPoint() {
        System.out.println("MyPoint 类的不带参数构造方法");
        x = 0;
        y = 0;
    }
    public MyPoint(int x, int y) {
        System.out.println("MyPoint 类的带参数构造方法");
        this.x = x;    this.y = y;
    }
    void print() {
        System.out.println(x + "," + y);
    }
}
class MyRect extends MyPoint {
    int w, h;
    public MyRect() {// 自动调用父类的不带参数的构造方法
```

```
            System.out.println("MyRect 类的不带参数的构造方法");
            w = 0;        h = 0;
        }
        public MyRect(int x, int y, int w, int h) {
            super(x, y);
            System.out.println("MyRect 类的带参数的构造方法");
            this.w = w;     this.h = h;
        }
    }
    public class Exam2_1_12 {
        public static void main(String[] args) {
            MyRect r1 = new MyRect();
            MyRect r2 = new MyRect(5, 5, 10, 20);
        }
    }
```

需要注意的是，如果在子类的构造方法中，没有显式使用 super 关键字调用父类的某个构造方法，那么默认地有"super();"语句，即调用父类的不带参数的构造方法。如果父类没有提供不带参数的构造方法，就会出现错误。

（2）使用关键字 super 操作被隐藏的成员变量和方法。前面讲过，如果子类中定义的成员变量和父类中的成员变量同名时，子类就隐藏了从父类继承的成员变量；当子类中定义了一个方法，并且这个方法的名字、返回类型、参数个数和类型，与父类的某个方法完全相同时，子类从父类继承的这个方法将被隐藏。如果想在子类中使用被隐藏的父类的成员变量或方法，可以使用关键字 super。

如：super.x、super.f()，使用的就是被子类隐藏的父类的成员变量 x 和方法 f()。

例如：

```
class A {
    int x = 10, y = 20;
    void f() {
        System.out.println("A 类的 f 方法");
        System.out.println("x=" + x + ",y=" + y);
    }
}
class B extends A {
    int x = 100;
    void f() {
        System.out.println("B 类的 f 方法");
        System.out.println("x=" + x + ",y=" + y);
        System.out.println(super.x);        // 输出的是父类的 x
    }
    void g() {
        super.f();                          // 调用的是父类的 f 方法
    }
}
class C {
    public static void main(String args[]) {
        B b = new B();
        b.f();                              // 调用的是子类定义的方法 f
        b.g();
        System.out.println(b.x);            // 输出的是子类定义的变量 x
```

```
    }
}
```

5. final 关键字

final 关键字可以修饰类、成员变量、方法及方法中的参数。

（1）如果定义一个类时，用 final 修饰，说明该类是最终类，不能被继承。

例如：

```
final class A {
    ......
}
```

A 就是一个最终类，不能通过它派生新类。java.lang 包中 Math 类就是一个 final 类。

（2）如果定义一个变量时，用 final 修饰，说明该变量是最终变量，也称为常量。常量必须被赋予初值，而且不能再被赋值。

例如：

```
final int MAX=1234;
MAX=5678;        //错误，常量不能重新赋值
```

（3）如果定义一个方法时，用 final 修饰，说明该方法是最终方法，不能被重写。

例如：

```
class A{
    final void f( ){
    ......
    }
}
class B exntends A{
    void f( ){    //错误，不能重写
    ......
    }
    void f(int i){    //允许，重载
    ......
    }
}
```

（4）如果一个方法的参数被修饰为 final，则该参数的值不能被改变。

6. 对象的类型转换

前面介绍过，对于 Java 语言中的基本数据类型，有两种转换方法：自动类型转换和强制类型转换。

对于 Java 语言中的引用类型数据，具有继承关系的类的对象之间也可以相互赋值，子类对象可以直接赋给父类对象的引用，此时称父类对象是子类对象的上转型对象；而要将父类对象赋给子类对象的引用的话，必须使用强制类型转换。

例如：

```
class A {
  int x=10;
}
class B extends A {
  int y=20;
}
```

```
......
A a=new A();
B b=new B();
a=b;          //丢失了子类的新增的成员
b=a;          //错误
b=(B)a;       //必须使用强制类型转换
```

（1）对象的类型转换必须在继承的层次内进行，否则程序将出现异常。

（2）对象的类型转换向上是安全的，向下必须使用强制类型转换。

（3）在类的继承结构中，处于相同层次的类对象之间不能进行类型转换。

7. 多态性

多态性的含义是指同名的多个方法产生不同的行为。根据同名方法所处类的不同，多态性有方法重载和方法重写两种表现形式。方法重载多态前面已经介绍过，下面主要介绍方法重写多态。

当一个类有很多子类时，并且这些子类都重写了父类中的某个方法，那么当子类创建的对象的引用放到一个父类的对象中时，就得到了该对象的一个上转型对象，那么这个上转型对象在调用这个方法时，就可能具有多种形态，因为不同的子类在重写父类的方法时，可能产生不同的行为。

【案例2_1_13】通过方法的重写实现多态性。

```java
package pack2;
class Shape {
    double area() {
        return 0;
    }
}
class Circle extends Shape {
    double r;
    Circle() {
    }
    Circle(double r) {
        this.r = r;
    }
    double area() {
        return 3.14 * r * r;
    }
}
class Rectagle extends Shape {
    double w, h;
    Rectagle() {
    }
    Rectagle(double w, double h) {
        this.w = w;
        this.h = h;
    }
    double area() {
        return w * h;
    }
}
public class Exam2_1_13 {
    public static void main(String[] args) {
        Shape shape;
```

```
        shape = new Shape();
        System.out.println(shape.area()); // 调用 Shape 类的 area 方法
        shape = new Circle(5);
        System.out.println(shape.area()); // 调用 Circle 类的 area 方法
        shape = new Rectagle(8, 6);
        System.out.println(shape.area()); // 调用 Rectagle 类的 area 方法
    }
}
```

（九）抽象类

在 Java 语言中，用关键字 abstract 修饰一个类时，这个类称为抽象类，用关键字 abstract 修饰一个方法时，这个方法称为抽象方法。

定义抽象类的格式为：

```
abstract class 类名 {
    …… //类体
}
```

定义抽象方法的格式为：

```
abstract 返回值类型 方法名（<参数表>）
```

说明

（1）abstract 类不能用 new 运算符创建对象，也就是说 abstract 类不能实例化对象。

（2）abstract 类中可以有 abstract 方法，也可以没有。对于 abstract 方法，只允许声明，不允许实现，即抽象方法没有方法体。

例如：

```
abstract class A {
    abstract int f1(int x,int y);
    int f2(int x,int y) {
        return x+y;
    }
}
```

（3）如果一个类是 abstract 类的子类，它必须实现父类的所有 abstract 方法，否则它也是 abstract 类。

一个 abstract 类只关心它的子类是否具有某种功能，并不关心功能的具体行为，功能的具体行为由子类负责实现，抽象类中的抽象方法可以强制子类必须给出这些方法的具体实现。

案例 2_1_13 的求图形面积，若将父类改写为抽象类，则程序如下。

```
abstract class Shape {
    abstract double area();
}
// Rectagle 和 Circle 类的定义
……
public class Exam2_1_13 {
    public static void main(String[] args) {
        Shape shape;
        // shape = new Shape();     //抽象类不能实例化对象
        // System.out.println(shape.area());
        shape = new Circle(5);
        System.out.println(shape.area()); // 调用 Circle 类的 area 方法
```

```
        shape = new Rectagle(8, 6);
        System.out.println(shape.area()); // 调用 Rectagle 类的 area 方法
    }
}
```

（十）接口

Java 语言出于安全性与结构简洁性考虑，只支持单继承，不支持多继承，即一个类只能有一个父类。然而在解决实际问题的过程中，在很多情况下，仅仅依靠单继承，无法将复杂的问题描述清楚，因此 Java 语言提供了接口，一个类可以实现多个接口，克服了单继承的缺点。

1. 接口的定义

接口的定义和类的定义非常相似，Java 使用关键字 interface 定义接口，分为接口声明和接口体。

接口定义的格式：

```
interface 接口名 {
    ……    //接口体
}
```

（1）接口体中包含常量定义和方法定义两部分。

（2）接口中的所有变量都是 public static final，必须进行初始化；所有方法都是 public abstract，无论是否有修饰符修饰它们。

（3）接口体中只进行方法的声明，不能提供方法的实现，即没有方法体。

（4）接口也可以被继承，而且可以多重继承，但接口只能继承接口，不能继承类。

例如：

```
public interface TestI {
    final int MAX=100;
    void add(int x,int y);
    float sum(float x,float y);
}
```

2. 接口的使用

一个类通过使用关键字 implements 声明自己使用一个或多个接口，如果使用多个接口，用逗号隔开接口名。

```
class 类名 implements 接口名 [,接口名……]
```

如果一个类使用了某个接口，那么这个类必须实现该接口中的所有方法，而且方法的名字、返回类型、参数个数和类型必须与接口中保持完全一致。

特别要注意的是，接口中的方法默认是 public abstract 方法，所以类在实现接口方法时必须给出方法体，并且一定要用 public 来修饰。

【案例 2_1_14】接口的使用。

```
package pack2;
interface TestI {
    final int MAX = 100;
    int f(int x, int y);
```

```
}
class AA implements TestI {
    public int f(int x, int y) {
        return x + y;
    }
}
class BB implements TestI {
    public int f(int x, int y) {
        return x * y;
    }
}
public class Exam2_1_14 {
    public static void main(String args[]) {
        AA a = new AA();
        BB b = new BB();
        System.out.println(a.f(10, 20));
        System.out.println(b.f(10, 20));
        System.out.println(TestI.MAX);
    }
}
```

接口声明时，如果关键字 interface 前面加上 public，则称这样的接口是一个 public 接口，可以被任何一个类使用；如果一个接口不加 public 修饰，则称为友好接口，友好接口只能被同一个包中的类使用。

如果父类使用了某个接口，子类自然也就使用了该接口，子类不必再使用关键字 implements 声明自己使用这个接口。

如果一个类声明实现一个接口，但没有实现接口中的所有方法，那么这个类就必须是 abstract 类。

3. 接口回调

接口回调是指可以把实现某一接口的类创建的对象的引用，赋给该接口声明的接口变量，该接口变量就可以调用被类实现的接口中的方法。实际上，当接口变量调用被类实现的接口中的方法时，就是通知相应的对象调用接口中的方法。

案例 2_1_13 的求图形面积，若将父类改写为接口亦可，程序如下。

```
interface Shape {
    abstract double area();
}
class Circle implements Shape {
    double r;
    Circle() {
    }
    Circle(double r) {
        this.r = r;
    }
    public double area() {    //实现接口方法，必须为public
        return 3.14 * r * r;
    }
}
class Rectagle implements Shape {
    double w, h;
    Rectagle() {
    }
    Rectagle(double w, double h) {
```

```
        this.w = w;
        this.h = h;
    }
    public double area() {  //实现接口方法，必须为public
        return w * h;
    }
}
public class Exam2_1_13 {
    public static void main(String[] args) {
        Shape shape;  //接口变量
        shape = new Circle(5);
        System.out.println(shape.area()); //调用 Circle 类的 area 方法
        shape = new Rectagle(8, 6);
        System.out.println(shape.area()); //调用 Rectagle 类的 area 方法
    }
}
```

（十一）内部类和匿名类

1. 内部类

内部类，顾名思义，就是在一个类中声明另一个类，相应地，包含内部类的类称为内部类的外嵌类。

声明内部类如同在类中声明成员变量和方法一样，一个类把内部类看作是自己的成员。

在内部类中可以访问外嵌类的变量和方法，内部类中不可以声明类变量和类方法；外嵌类中可以用内部类声明对象，作为外嵌类的成员。

【案例 2_1_15】内部类的例子。

```
package pack2;
class Countries {
    String countName = "中国";
    City beijing;
    Countries() {
        beijing = new City();
    }
    String getSong() {
        return "义勇军进行曲";
    }
    //内部类
    class City {
        String cityName = "北京";
        void print() {
            System.out.println("我喜欢" + countName);
            System.out.println("我喜欢" + cityName);
            System.out.println("我爱唱国歌: " + getSong());
        }
    }
}
public class Exam2_1_15 {
    public static void main(String args[]){
        Countries china=new Countries();
        china.beijing.print();
```

```
        //声明并创建内部类对象，先创建外嵌类对象，再创建内部类对象
        Countries.City city=new Countries().new City();
        city.print();
    }
}
```

在定义内部类时，前面可以加 static 修饰符，这时称为静态内部类，静态内部类不能引用外嵌类的实例成员。

2. 匿名类

匿名类就是没有名字的类。

匿名类可以是一个子类，由于无名使用，所以不可能用匿名类声明对象，但可以直接用匿名类创建一个对象。

例如，有一个 People 类，下面的代码就是用 People 类的一个子类（匿名类）创建对象：

```
new People(){
    匿名类的类体
}
```

匿名类可以继承父类的方法，也可以重写父类的方法，使用匿名类时，必然是在某个类中直接用匿名类创建对象，因此匿名类也一定是内部类，所以匿名类可以访问外嵌类中的成员变量和方法，但匿名类中不可以声明类变量和类方法。

匿名类也可以是一个实现某个接口的类，假设有一个接口 TestI，下面的代码就是用实现了接口 TestI 的类（匿名类）创建对象：

```
new TestI(){
    实现接口的匿名类的类体
}
```

匿名类的主要用途就是向方法的参数传值。

【案例 2_1_16】匿名类的例子。

```
package pack2;
class XX {
    int fx(int a) {
        return a + a;
    }
}
class YY {
    void fy(XX x) {
        System.out.println(x.fx(3));
    }
}
public class Exam2_1_16 {
    public static void main(String args[]) {
        YY y = new YY();
        y.fy(new XX()); // 直接用 XX 类对象作参数

        y.fy(new XX() { // 匿名类（XX 的子类）对象作参数
                int fx(int a) { // 匿名类重写了 fx 方法
                    return a * a;
                }
            });
    }
}
```

（十二）异常类

在程序运行时经常会出现一些非正常的现象，如死循环、非正常退出等，可以根据错误性质将运行错误分为两类：错误和异常。

（1）致命性错误：如程序进入死循环，递归无法结束等，这类现象称为错误，错误只能在编译阶段解决，运行时程序本身无法解决。

（2）非致命性错误：如运算时除数为 0、打开一个不存在的文件等，这类现象称为异常。在源程序中加入异常处理代码，当程序运行中出现异常时，由异常处理代码调整程序运行方向，使程序仍可继续运行，直至正常结束。

当程序运行出现异常时，Java 运行环境就用异常类 Exception 的相应子类创建一个异常对象，并等待处理。例如读取一个不存在的文件时，运行环境就用异常类 IOException 创建一个对象，异常对象可以调用如下方法，得到或输出有关异常的信息：

- public String getMessage()，该方法用来获取异常信息。
- public void printStackTrace()，该方法用来显示异常栈跟踪信息。
- public String toString()，该方法从 object 类继承，返回异常对象的字符串表示。

1. 异常处理方法

Java 程序对异常处理有两种方法：一种是通过 try-catch 语句来处理异常，另一种是使用 throws 把异常抛给上一级程序。

（1）try-catch 语句。通过 try-catch 语句处理异常，将可能发生异常的语句放在 try-catch 语句的 try 部分，将发生异常后的处理代码放在 catch 部分。当 try 部分中的某个语句发生异常后，try 部分将立即停止执行，而转向执行相应的 catch 部分。

try-catch 语句格式：

```
try {
    ……        //可能产生异常的代码
}
catch(ExceptionType1 e) {
    ……        //捕获某种异常对象时进行处理的代码
}
……
[finally {
    ……        //必须执行的代码, 无论是否捕获到异常
}]
```

① catch 语句可以有一个或多个，但至少要有一个 catch 语句，finally 语句可以省略。

② 各个 catch 语句中的异常类都是 Exception 的某个子类，表明 try 部分可能发生的异常，这些子类之间不能有继承关系，否则保留一个父类参数的 catch 即可。

③ try-catch-finally 语句的作用是：当 try 语句中的代码产生异常时，根据异常的不同，由不同的 catch 语句中的代码对异常进行捕获并处理，如果没有异常，则 catch 语句不执行，而无论是否捕获到异常，都必须执行 finally 中的代码。

【案例2_1_17】用 try-catch 语句处理异常。

```
package pack2;
import java.util.InputMismatchException;
import java.util.Scanner;
public class Exam2_1_17 {
    public static void main(String args[]) {
        Scanner sc = new Scanner(System.in);
        int n = 0, m = 0, t = 1111;
        try {
            m = sc.nextInt();
            n = Integer.parseInt("abc1234");
            t = 9999;
        } catch (NumberFormatException e) {
            System.out.println("发生异常:" + e.getMessage());
            e.printStackTrace();
        } catch (InputMismatchException e) {
            System.out.println("发生异常:" + e.getMessage());
            e.printStackTrace();
        }
        System.out.println("n=" + n + ",m=" + m + ",t=" + t);
    }
}
```

（2）方法使用 throws 抛出异常。Java 提供了另一种处理异常的方式，将出现的异常向调用它的上一层方法抛出，由上一层方法处理或继续向上一层抛出。

格式：

```
[修饰符] 返回类型 方法名(<参数表>) throws 异常列表 {
   ......
 }
```

例如：

```
public int read() throws Exception {
  ......
}
```

【案例2_1_18】用 throws 抛出异常。

```
package pack2;
import java.util.InputMismatchException;
import java.util.Scanner;
public class Exam2_1_18 {
    static StudentInfo inputStudentInfo() throws InputMismatchException
    {
        Scanner sc = new Scanner(System.in);
        int number;
        String name;
        float score;
        number = sc.nextInt();
        name = sc.next();
        score = sc.nextFloat();
        return new StudentInfo(number, name, score);
    }
    public static void main(String args[]) {
        StudentInfo stu;
        try {
            stu = inputStudentInfo();
```

```
                System.out.println(stu.number + " " + stu.name + " " + stu.score);
            } catch (InputMismatchException e) {
                e.printStackTrace();
            }
        }
    }
class StudentInfo {
    int number;
    String name;
    float score;
    public StudentInfo() {
    }
    public StudentInfo(int number, String name, float score) {
        this.number = number;
        this.name = name;
        this.score = score;
    }
}
```

需要说明的是，对于有些异常，Java 编译器允许程序不对它们做出处理，比如前面案例中涉及的 NumberException，InputMismatchException 异常，在前面的案例中我们只是为了说明问题。而有些异常，Java 编译器要求程序必须对它们进行捕获或者抛弃，比如 ClassNotFoundException，InterruptedException 等。

2. 自定义异常类

虽然 Java 已经预定义了很多异常类，但有的情况下，程序员不仅需要自己抛出异常，还需要创建自己的异常类。这时可以通过创建 Exception 类的子类，来定义自己的异常类。

自定义异常类的格式：

```
class 自定义异常 extends 父异常类名 {
    类体
}
```

【案例 2_1_19】自定义一个异常类，自己写一个数学类，定义一个求平方根的方法，当参数为负数时，抛出异常。

```
import java.util.Scanner;
class MyException extends Exception {
    String message;
    MyException(double x) {
        message = "数字" + x + "不是正整数";
    }
    public String toString() {
        return message;
    }
}
class MyMath {
    static double mysqrt(double x) throws MyException {
        if (x < 0.0)
            throw new MyException(x);
        else
            return Math.sqrt(x);
    }
}
```

```
public class Exam2_1_19 {

    public static void main(String[] args) {
        Scanner sc = new Scanner(System.in);
        double x = sc.nextDouble();
        try {
            System.out.println(MyMath.mysqrt(x));
        } catch (MyException e) {
            System.out.println(e.toString());
        }
    }
}
```

三、任务实现

通过前面所学的知识，用一个对象数组来存储学生成绩信息，用方法来完成学生成绩信息的基本操作。

```
package pack2.task1;
import java.util.Scanner;
/**
 * 用对象数组实现学生成绩管理系统
 *
 * @author lgl
 *
 */
public class xscjgl2 {
    public static void main(String[] args) throws Exception {
        Scanner sc = new Scanner(System.in);
        int n = 0;
        // 对象数组要先定义，并分配，否则到函数中分配内存，无法传递回来
        StudentInfo arr[] = new StudentInfo[100];
        for (int i = 0; i < arr.length; i++) {
            arr[i] = new StudentInfo();
        }
        while (true) {
            System.out

    .println("===============================================================");
            System.out
                        .println("1.建立成绩表  2.显示成绩表  3.查找  4.排序  5.添加  6.修改
                        7.删除  0.退出");
            System.out

    .println("===============================================================");
            System.out.print("请输入你的选择: ");
            int xz = sc.nextInt();
            if (xz == 1) {
                n = input(arr);
            } else if (xz == 2) {
                output(arr, n);
            } else if (xz == 3) {
                System.out.print("请输入要查找的学生学号: ");
                int number = sc.nextInt();
```

99

```java
                int index = find(arr, n, number);
                if (index != -1) {
                    System.out.println("找到学生：");
                    System.out.println("学号\t\t 姓名\t\t 分数");
                    System.out.println(arr[index].number + "\t\t"
                            + arr[index].name + "\t\t" + arr[index].score);
                } else {
                    System.out.println("你要查找的学生不存在！");
                }
                // find(arr, n);
                //另一种做法，在函数中输入要查找的学号，查找、输出查找结果
            } else if (xz == 4) {
                sort(arr, n);
            } else if (xz == 5) {
                n = append(arr, n);
            } else if (xz == 6) {
                update(arr, n);
            } else if (xz == 7) {
                n = delete(arr, n);
            } else if (xz == 0) {
                System.exit(0);
            }
        }
    }
    /**
     * 建立学生成绩表
     *
     * @param arr
     *            存储学生成绩信息的对象数组
     * @return 输入的学生人数
     */
    public static int input(StudentInfo arr[]) {
        Scanner sc = new Scanner(System.in);
        int n = 0;
        while (true) {
            System.out.print("请输入学号(输入 0 退出)：");
            int number = sc.nextInt();
            if (number == 0) {
                break;
            }
            for (int i = 0; i < n; i++) {
                if (number == arr[i].number) {
                    System.out.println("学号重复！请重新输入：");
                    break;
                }
            }
            System.out.print("请输入姓名：");
            String name = sc.next();
            System.out.print("请输入分数：");
            int score = sc.nextInt();
            // arr[n] = new StudentInfo(number, name, score); //这样为什么不行？重点分析
                                                        参数传递

            arr[n].number = number;
```

```
            arr[n].name = name;
            arr[n].score = score;
            n++;
        }
        return n;
    }
    /**
     * 显示学生信息
     *
     * @param arr
     *            存储学生成绩信息的对象数组
     * @param n
     *            学生人数
     */
    public static void output(StudentInfo arr[], int n) {
        System.out.println("                    学生成绩表");
        System.out.println("======================================");
        System.out.println("学号\t\t姓名\t\t分数");
        for (int i = 0; i < n; i++) {
            int number = arr[i].number;
            String name = arr[i].name;
            int score = arr[i].score;
            System.out.println(number + "\t\t" + name + "\t\t" + score);
        }
    }
    /**
     * 按学号查找学生信息
     *
     * @param arr
     *            存储学生成绩信息的对象数组
     * @param n
     *            学生人数
     * @param number
     *            要查找的学生学号
     * @return 查找结果，若为-1，没找到，否则为下标
     */
    public static int find(StudentInfo arr[], int n, int number) {
        for (int i = 0; i < n; i++) {
            if (arr[i].number == number)
                return i;
        }
        return -1;
    }
    /**
     * 按学号查找学生信息
     *
     * @param arr
     *            存储学生成绩信息的对象数组
     * @param n
     *            学生人数
     */
```

```java
public static void find(StudentInfo arr[], int n) {
    System.out.print("请输入要查找的学生学号：");
    Scanner sc = new Scanner(System.in);
    int number = sc.nextInt();
    for (int i = 0; i < n; i++) {
        if (arr[i].number == number) {
            System.out.println("找到学生：");
            System.out.println("学号\t\t 姓名\t\t 分数");
            System.out.println(arr[i].number + "\t\t" + arr[i].name
                    + "\t\t" + arr[i].score);
            break;
        } else {
            System.out.println("你要查找的学生不存在！");
        }
    }
}
/**
 * 按成绩排名次
 *
 * @param arr
 *            存储学生成绩信息的对象数组
 * @param n
 *            学生人数
 */
public static void sort(StudentInfo arr[], int n) {
    for (int i = 0; i < n - 1; i++) {
        for (int j = 0; j < n - i - 1; j++) {
            if (arr[j].score < arr[j + 1].score) {
                StudentInfo Temp = arr[j];
                arr[j] = arr[j + 1];
                arr[j + 1] = Temp;
            }
        }
    }
    System.out.println("排序完成！");
}
/**
 * 按学号修改学生信息
 *
 * @param arr
 *            存储学生成绩信息的对象数组
 * @param n
 *            学生人数
 */
public static void update(StudentInfo arr[], int n) {
    System.out.print("请输入要修改学生的学号：");
    Scanner sc = new Scanner(System.in);
    int number = sc.nextInt();
    int index = find(arr, n, number);
    if (index == -1) {
        System.out.println("你要修改的学生不存在！");
```

```
            return;
        }
        System.out.println("找到学生信息：");
        System.out.println("学号\t\t 姓名\t\t 分数");
        System.out.println(arr[index].number + "\t\t" + arr[index].name
                + "\t\t" + arr[index].score);

        System.out.print("1.修改学号   2.修改姓名   3.修改分数   0.退出：");
        int xz = sc.nextInt();
        if (xz == 1) {
            System.out.print("请输入新的学号：");
            int num = sc.nextInt();
            arr[index].number = num;
            System.out.println("修改成功！");
        } else if (xz == 2) {
            System.out.print("请输入新的姓名：");
            String name = sc.next();
            arr[index].name = name;
            System.out.println("修改成功！");
        } else if (xz == 3) {
            System.out.print("请输入新的成绩：");
            int score = sc.nextInt();
            arr[index].score = score;
            System.out.println("修改成功！");
        } else if (xz == 0) {
            return;
        }
    }
    /**
     * 按学号删除学生信息
     *
     * @param arr
     *            存储学生成绩信息的对象数组
     * @param n
     *            学生人数
     * @return 删除后学生人数
     */
    public static int delete(StudentInfo arr[], int n) {
        System.out.print("请输入要删除学生的学号：");
        Scanner sc = new Scanner(System.in);
        int number = sc.nextInt();
        int index = find(arr, n, number);
        if (index == -1) {
            System.out.println("你要删除的学生不存在！");
            return n;
        }
        for (int i = index + 1; i < n; i++) {
            arr[i - 1].number = arr[i].number;
            arr[i - 1].name = arr[i].name;
            arr[i - 1].score = arr[i].score;
        }
        n--;
```

```
                System.out.println("删除成功！");
                return n;
        }
        /**
         * 添加学生记录
         *
         * @param arr
         *                存储学生成绩信息的对象数组
         * @param n
         *                学生人数
         * @return 添加记录后学生人数
         */
        public static int append(StudentInfo arr[], int n) {
            Scanner sc = new Scanner(System.in);
            while (true) {
                System.out.print("请输入学号(输入 0 退出): ");
                int number = sc.nextInt();
                if (number == 0) {
                    break;
                }
                for (int i = 0; i < n; i++) {
                    if (number == arr[i].number) {
                        System.out.println("学号重复！请重新输入: ");
                        break;
                    }
                }
                System.out.print("请输入姓名: ");
                String name = sc.next();
                System.out.print("请输入分数: ");
                int score = sc.nextInt();
                // arr[n] = new StudentInfo(number, name, score);
                //这样为什么不行? 重点分析参数传递
                arr[n].number = number;
                arr[n].name = name;
                arr[n].score = score;
                n++;
            }
            return n;
        }
}
/**
 * 学生类
 *
 * @author lgl
 *
 */
class StudentInfo {
    int number;
    String name;
    int score;
    public StudentInfo() {
    }
    public StudentInfo(int number, String name, int score) {
        this.number = number;
```

```
        this.name = name;
        this.score = score;
    }
    public String getName() {
        return name;
    }
    public void setName(String name) {
        this.name = name;
    }
    public int getNumber() {
        return number;
    }
    public void setNumber(int number) {
        this.number = number;
    }
    public int getScore() {
        return score;
    }
    public void setScore(int score) {
        this.score = score;
    }
}
```

四、任务拓展

编写一个模拟的猜拳游戏。由用户和电脑分别作为两个选手，采取三局两胜制。
程序代码如下。

1. 选手类

```
package pack2.expandtask;
//选手类
public class Person {
    private String name;      // 定义姓名变量（对象 属性）
    private int score;        // 定义加分变量（对象 属性）
    private int result;       // 定义出拳结果（对象 属性）
    // 构造方法
    public Person() {
    }
    // 构造方法
    public Person(String name) {
        this.name = name;
    }
    public String getName() {
        return name;
    }
    public int getScore() {
        return score;
    }
    public void setScore(int score) {
        this.score = score;
    }
    public int getResult() {
        return result;
    }
```

```
    public void setResult(int result) {
        this.result = result;
    }
}
```

2. 裁判类

```
package pack2.expandtask;
//裁判类
public class Judgment {
    private String name;    // 定义裁判员的姓名变量（对象 属性）
    public String getName() {
        return name;
    }
    //构造方法
    public Judgment(String name) {
        this.name = name;
    }
    // 判断选手每一局的输赢
    public int judgeResult(int r1, int r2) {
        int result = 0;
        if (r1 == r2) {
            result = 0;
        } else if (r1 == 1 || r2 == 1) {
            if (r1 > r2) {
                result = 1;
            } else {
                result = 2;
            }
        } else {
            if (r1 < r2) {
                result = 1;
            } else {
                result = 2;
            }
        }
        return result;
    }
    //裁判员宣布比赛结果 方法
    public int declareResult(int s1, int s2) {
        if (s1 == s2) {
            return 0;
        } else if (s1 > s2) {
            return 1;
        } else {
            return 2;
        }
    }
}
```

3. 运行类（主类）

```
package pack2.expandtask;
import java.util.Random;
```

```java
import java.util.Scanner;
//运行类（主类）
public class RunMain {
    public static void main(String[] args) {
        Person p1 = new Person("张三");// 实例化选手对象 张三
        Person p2 = new Person("电脑");// 实例化选手对象 电脑
        Judgment j1 = new Judgment("李四");// 实例化裁判员对象 李四
        int count = 1;
        // 三局两胜
        while (count <= 3) {
            // **********************************
            // 选手出拳 0表示布，=1表示剪刀，=2表示石头
            String games[] = { "布", "剪刀", "石头" };
            Scanner sc = new Scanner(System.in);// 人出拳
            System.out.println("请输入出拳结果: 0表示布, 1表示剪刀, 2表示石头");
            int r1 = sc.nextInt();
            // 电脑出拳
            Random r = new Random();
            int r2 = r.nextInt(3);
            // 显示每一局出拳的结果
            System.out.println("【" + p1.getName() + "】出拳结果: " + games[r1]);
            System.out.println("【" + p2.getName() + "】出拳结果: " + games[r2]);
            int result = j1.judgeResult(r1, r2);
            switch (result) {
            case 0:
                System.out.println("第" + count + "局比赛结果:【平局】! ");
                break;
            case 1:
                System.out.println("第" + count + "局比赛结果:【" + p1.getName()
                        + "】赢! ");
                p1.setScore(p1.getScore() + 1);// 加分
                break;
            case 2:
                System.out.println("第" + count + "比赛结果:【" + p2.getName()
                        + "】赢! ");
                p2.setScore(p2.getScore() + 1);// 加分
                break;
            }
            System.out.println("---------------------------------\n");
            // **********************************
            count++;
        }
        // 裁判员宣布最终比赛结果
        int s = j1.declareResult(p1.getScore(), p2.getScore());
        if (s == 0) {
            System.out.println("★ 平 局 ★ ");
        } else if (s == 1) {
            System.out.println("恭喜您, ★ " + p1.getName() + " ★ 获胜! ");
        } else {
            System.out.println("恭喜您, ★ " + p2.getName() + " ★ 获胜! ");
        }
```

```
    }
}
```

程序运行结果如图 2.1.5 所示。

五、任务小结

通过本任务的实现，主要带领读者学习了以下内容。

● 面向对象的基本特征：封装、继承和多态。

● 类和对象的定义。

● 变量。包括成员变量和局部变量，注意它们的作用域不同。

● 方法。方法的参数传递，方法返回值。

● 成员的访问权限。包括 public，private，protected。

```
请输入出拳结果：0 表示布，1 表示剪刀，2 表示石头
0
【张三】出拳结果：布
【电脑】出拳结果：石头
第 1 局比赛结果：【张三】赢！
------------------------------------
请输入出拳结果：0 表示布，1 表示剪刀，2 表示石头
1
【张三】出拳结果：剪刀
【电脑】出拳结果：剪刀
第 2 局比赛结果：【平局】！
------------------------------------
请输入出拳结果：0 表示布，1 表示剪刀，2 表示石头
1
【张三】出拳结果：剪刀
【电脑】出拳结果：布
第 3 局比赛结果：【张三】赢！
------------------------------------
恭喜您，★ 张三 ★ 获胜！
```

图 2.1.5　猜拳游戏

● static，this，super，final 关键字。

● 类的继承。子类的定义，成员变量和方法的继承，成员变量的隐藏和方法的重写。

● 抽象类和接口。

● 异常处理方法。

六、上机实训

【实训目的】

1．掌握 Java 类和对象的定义。

2．掌握 Java 类的基本应用。

3．掌握类的继承和多态的概念。

4．了解 Java 包的使用。

【实训内容】

（1）编写一个类 Message 用来表示人们的通信信息，它拥有单独的姓名字段、性别字段、年龄字段、联系电话字段和通信地址字段。为每个字段定义读取和更新该字段信息的方法，并定义一个 toString（）方法，以生成格式化的输出各信息字段结果。

（2）编写一个 Person 类用来保存人的姓名属性，并定义一个以姓名为参数的 Person 类的构造函数；再分别编写 Person 的子类客户类 Customer 和员工类 Employee。

Customer 类保存客户的 ID 属性，并提供可对客户 ID 号进行更新的方法；其构造方法以客户姓名和 ID 为参数，方法内部要调用父类 Person 的构造方法，并调用自身设置客户 ID 的方法，以构造方法中的参数引用来更新客户 ID。

Employee 类保存员工的工号属性，并提供可对员工工号进行更新的方法；其构造方法以员工姓名和工号为参数，方法内部要调用父类 Person 的构造方法，并调用自身设置员工工号的方法，以构造方法中的参数引用来更新客户员工工号。

（3）以"水"为基类（属性：颜色；方法：水的状态），用方法重写实现多态。注意：水的状

态有固体、液体和气体

（4）接口 Phone 具有方法 call() 和 listen()；接口 Mobile 从 Phone 继承，并具有方法 sendMes() 和 acceptMes()；类 Computer 具有方法 compute() 和 run()；类 WindowsMobile 从 Computer 类继承，同时又实现了接口 Mobile，请编写该程序。

习 题

（一）选择题

1. 方法内定义的变量（　　　）。
    （A）一定在方法内所有位置可见
    （B）可能在方法内的局部位置可见
    （C）在方法外可以使用
    （D）在方法外可见

2. 方法的形参（　　　）。
    （A）可以没有
    （B）至少有一个
    （C）必须定义多个形参
    （D）只能是简单变量

3. return 语句（　　　）。
    （A）不能用来返回对象
    （B）只可以返回数值
    （C）方法都必须含有
    （D）一个方法中可以有多个 return 语句

4. main() 方法的返回类型是（　　　）。
    （A）boolean
    （B）int
    （C）void
    （D）static

5. 编译并运行下面的程序，运行结果为（　　　）。

```
public class A
{
    public static void main(String[] args) {
        A a=new A();
        a.method(8);
    }
    void method(int i) {
        System.out.println("int: "+i);
    }
    void method(long i) {
        System.out.println("long: "+i);
    }
}
```

    （A）程序可以编译运行，输出结果为"int：8"
    （B）程序可以编译运行，输出结果为"long：8"
    （C）程序有编译错误，因为两个 method() 方法必须定义为静态（static）的
    （D）程序可以编译运行，但没有输出

6. 能作为类及其成员的修饰符是（　　　）。
    （A）interface
    （B）class
    （C）protected
    （D）public

7. 下列方法定义中，方法头不正确的是（　　　）。
    （A）public static x(double a){…}
    （B）public static int x(double y){…}

（C）void x(double d)　　　　　　　　　　　（D）public int x(){…}

8．构造方法何时被调用（　　　）。

（A）类定义时　　　　　　　　　　　　　　（B）使用对象的变量时

（C）调用对象方法时　　　　　　　　　　　（D）创建对象时

9．下列哪个类声明是正确的（　　　）。

（A）public abstract class Car{…}　　　　　（B）abstract private move(){…}

（C）protected private number;　　　　　　（D）abstract final class Hl{…}

10．下列不属于面向对象程序设计的基本特征是（　　　）。

（A）抽象　　　　　　（B）封装　　　　　　（C）继承　　　　　　（D）静态

11．请看下面的程序段

```
class Person {
    String name,department;
    int age;
    public Person(String n) { name = n; }
    public Person(String n,int a) { name = n; age = a; }
    public Person(String n,String d,int a) {
        //doing the same as two arguments version of constructer
        //including assignment name=n,age=a
    }
}
```

下面哪一选项可以添加到"//doing the same……"处（　　　）。

（A）Person(n,a)　　　（B）this(Person(n,a))　　（C）this(n,a)　　　　（D）this(name.age)

12．请看下面的程序段

```
class Test{
    private int m;
    public static void fun(){
        //some code…
    }
}
```

方法 fun()如何来访问变量 m（　　　）。

（A）将 private int m 改成 protected int m

（B）将 private int m 改成 public int m

（C）将 private int m 改成 static int m

（D）将 private int m 改成 int m

13．有一个类 A，对于其构造函数的声明正确的是（　　　）。

（A）void A(int x){…}　　　　　　　　　　　（B）public A(int x){…}

（C）A A(int x){…}　　　　　　　　　　　　（D）int A(int x){…}

14．请看下面的程序段

```
public class Test {
    long a[ ] = new long[10];
    public static void main(String arg[ ]) {
        System.out.println(a[6]);
    }
}
```

哪一个选项是正确的（　　　）。

（A）不输出任何内容 （B）输出 0

（C）当编译时有错误出现 （D）当运行时有错误出现

15. 关键字（　　　）表明一个对象或变量在初始化后不能修改。

（A）extends （B）final （C）this （D）finalizer

16. 声明为 static 的方法不能访问（　　　）类成员。

（A）超类 （B）子类 （C）非 static （D）用户自定义类

17. 定义类 A 如下：

```
class A {
  int a,b,c;
  public void B(int x,int y,int z){ a=x;  b=y;  c=z;  }
}
```

下面对方法 B()的重载哪些是正确的（　　　）。

（A）public void A(int xl,int yl,int z1){　a=x;　b=y;　c=z; }

（B）public void B(int x1,int yl,int z1){　a=x;　b=y;　c=z;}

（C）public void B(int x,int y){　a=x;　b=y;　c=0;}

（D）public B(int x,int y,int z){a=x;　b=y;　c=z; }

18. 编译运行下面的程序，结果是（　　　）。

```
public class A {
  public static void main(String[] args) {
    B b=new B();
    b.test();
  }
  void test() {
    System.out.print("A");
  }
}
class B extends A {
  void test() {
    super.test();
    System.out.println("B");
  }
}
```

（A）产生编译错误 （B）代码可以编译运行，并输出结果：AB

（C）代码可以编译运行，但没有输出 （D）编译没有错误，但会产生运行时异常

19. 已知类关系如下：

```
class Employee;
class Manager extends Employee;
class Director extends Employee;
```

则以下语句正确的是（　　　）。

（A）Employee e=new Manager(); （B）Director d=new Manager();

（C）Director d=new Employee(); （D）Manager m=new Director();

20. 接口是 Java 面向对象的实现机制之一，以下说法正确的是（　　　）。

（A）Java 支持多重继承，一个类可以实现多个接口

（B）Java 只支持单重继承，一个类可以实现多个接口

（C）Java 只支持单重继承，一个类只可以实现一个接口

（D）Java 支持多重继承，但一个类只可以实现一个接口

（二）编程题

1. 某公司正进行招聘工作，被招聘人员需要填写，做"个人简历"的封装类。

2. 编写程序，提供实现各种数学计算的方法。包括如下几项。

（1）两个数的加、减、乘、除。

（2）求某数的相反数、倒数、绝对值。

（3）取两数中较大的和较小的。

（4）对浮点数（double 型）的计算功能。如：给定浮点数 d，取大于或等于 d 的最小整数，取小于或等于 d 的最大整数，计算最接近 d 的整数值，计算 d 的平方根、自然对数 log(d) 等。

（5）计算以 double 型数 a 为底数，b 为指数的幂。

3. 编写一个抽象类 Shape，声明计算图形面积的抽象方法。再分别定义 Shape 的子类 Circle（圆）和 Rectangle（矩形），在两个子类中按照不同图形的面积计算公式，实现 Shape 类中计算面积的方法。

4. 定义一个接口，接口中有 3 个抽象方法如下。

（1）"long fact(int m);"方法的功能为求参数的阶乘。

（2）"long intPower(int m,int n);"方法的功能为求参数 m 的 n 次方。

（3）"boolean findFactor(int m,int n);"方法的功能为判断参数 m 加上参数 n 的和是否大于 100。定义类实现该接口，编写应用程序，调用接口中的 3 个方法，并将调用方法所得的结果输出。

5. 创建一个接口 IShape，接口中有一个求取面积的抽象方法 "public double area()"。定义一个正方形类 Square，该类实现了 IShape 接口。Square 类中有一个属性 a 表示正方形的边长，在构造方法中初始化该边长。定义一个主类，在主类中，创建 Square 类的实例对象，求该正方形对象的面积。

6. 定义一个人类，包括属性：姓名、性别、年龄、国籍；包括方法：吃饭、睡觉，工作。

（1）根据人类，派生一个学生类，增加属性：学校、学号；重写工作方法（学生的工作是学习）。

（2）根据人类，派生一个工人类，增加属性：单位、工龄；重写工作方法（工人的工作是……自己想吧）。

（3）根据学生类，派生一个学生干部类，增加属性：职务；增加方法：开会。

（4）编写主函数分别对上述 3 类具体人物进行测试。

任务二 用动态数组存储学生成绩信息

【技能目标】

1. 能熟练使用 JDK 帮助文档。

2. 能在程序中熟练使用 Java 常用类库。

3. 能熟练使用动态数组编写实用程序。

【知识目标】

1. 学会 JDK 帮助文档的使用。
2. 掌握系统类 System 的基本用法。
3. 掌握字符串的处理方法。
4. 掌握日期时间类的使用方法。
5. 掌握动态数组类的功能及其使用方法。

一、任务分析

不管是用结构化设计方法还是用面向对象设计方法，在存储学生成绩管理系统中所用的数组都是静态的，即数组一旦创建，它的大小是不能改变的，所以就要创建一个足够大的数组来容纳学生信息，这就容易造成空间的浪费。本任务主要就是通过动态数组来存储学生信息，数组的大小随着存储的元素的个数变化而自动增长。

二、相关知识

（一）Java API 概述

API（Application Programming Interface）：应用程序编程接口。

Java 中提到的 API，就是 JDK 提供的各种功能的 Java 类。

包：是 Java 提供的一种区别类名字空间的机制，是类的组织方式，包对应一个文件夹，包中还可以再有包，称为包等级。

同一包中类不能重复，不同包中的类可以同名。

Java 中的常用包：

java.lang	语言包
java.util	实用包
java.awt	抽象窗口工具包
java.text	文本包
java.io	输入/输出流包
java.applet	小应用程序包
java.net	网络功能包
java.sql	数据库功能包

（二）System 类

System 类的定义：public final class System extends Object。

Java 语言不支持全局函数和变量，它将一些系统相关的重要函数和变量收集到了一个统一的类中，这就是 System 类。该类中的所有成员都是静态的。该类不能被实例化。

1. System 类中的常量：in

```
public static final InputStream in
```

"标准"输入流。通常情况下，该流代表标准输入设备即键盘输入。

2. System 类中的常量：out

```
public static final PrintStream out
```
"标准"输出流。通常情况下，该流代表标准输出设备即显示屏幕。

3. System 类中的常用方法

（1）public static void exit(int status)。

终止当前运行的 Java 虚拟机。该参数用作状态码，一个非零状态码指示非正常终止。对于在用户正常操作下，终止虚拟机的运行，用 0 值作为参数。

（2）public static native long currentTimeMillis()。

返回自 1970 年 1 月 1 日 0 点 0 分 0 秒起至今的以毫秒为单位的时间。

例如：可用 CurrentTimeMillis 方法检测一段程序代码所花费的时间。

```
long startTime=System.currentTimeMillis();
......    //代码段
long endTime=System.currentTimeMillis();
System.out.println ("total time:"+(endTime-startTime);
```

（3）public static native void arraycopy(Object src, int srcoffset, Object dst, int dstoffset, int length)。

把指定的源数组中起始于指定位置的一个数组复制到目标数组的指定位置。

● 参数

src - 源数组。

srcoffset - 源数组的开始位置。

dst - 目标数组。

dstoffset - 目标数组的开始位置。

length - 要复制的数组元素个数。

● 抛出异常

ArrayIndexOutOfBoundsException：复制导致存取超出数组边界。

ArrayStoreException：因为类型不匹配的而使得 src 数组中的一个元素不能存储到 dst 数组中。

（三）基本数据类型包装类

1. Number（基本数据类型包装类的抽象基类）

public abstract class Number extends Object implements Serializable

抽象类 Number 是 Byte、Double，Float，Integer，Long 和 Short 的父类。

Number 的子类必须提供方法，把表示的数值转换为 byte, double, float, int, long 和 short 类型。

包括以下方法（被其子类继承）

（1）byteValue()：以 byte 的形式，返回指定数值的值。

（2）doubleValue()：以 double 的形式，返回指定数值的值。

（3）floatValue()：以 float 的形式，返回指定数值的值。

（4）intValue()：以 int 的形式，返回指定数值的值。

（5）longValue()：以 long 的形式，返回指定数值的值。

（6）shortValue()：以 short 的形式，返回指定数值的值。

2. 基本数据类型包装类

有 Byte，Integer，Long，Short，Float，Double 几种。

很少直接声明创建基本数据类型包装类的对象，常用于字符串和基本数据类型之间的转换。

基本数据类型的包装类，每个对象包含单一的基本数据类型数据域。如每个 Double 型对象包含单一的双精度浮点（double）型数据域。

每个类都提供了一个名字为 valueOf 的方法，将 String 对象转换成本类型对象，如 public static Double valueOf（String s）将 String 对象转换为 Double 对象。

每个类都从其直接基类 Number 中继承了相应的方法，可以得到对象所对应的基本数据类型数据。如 doubleValue()，以 double 的形式，返回指定数值的值。

（四）字符串处理

Java 使用 java.lang 包中的 String 类和 StringBuffer 类来封装对字符串的各种操作。

String 类用于比较两个字符串、查找和抽取串中的字符或子串、字符串与其他类型之间的转换等。

StringBuffer 用于内容可以改变的字符串，可以将其他各种类型数据增加、插入到字符串中，也可翻转字符串中原来的内容。一旦通过 StringBuffer 生成了最终想要的字符串，就应该使用 StringBuffer 中的 toString 方法将其转换成 String 对象，就可以用 String 类的各种方法操作这个字符串了。

Java 为字符串提供了特别的连接操作符 "+"，可以把各种类型的数据转换成字符串，并前后连接成新的字符串。实际上，"+" 是通过 StringBuffer 类和它的 append 方法实现的。如："String x="a"+4+"c";" 编译时等价于 "String x=new StringBuffer().append("a").append(4).append("c").toString();"。

1. String 类的构造方法

String()：创建一个空串。

String(byte b[])：用一个字节数组创建一个字符串。

String(byte b[], int off, int len)：同上，off 为要转换的第一个字节，len 为转换的字节个数。

String(char c[])：用一个字符数组创建一个字符串。

String(char c[], int off, int len)：同上，off 为要转换的第一个字符，len 为转换的字符个数。

String(String s)：创建一个和参数相同的字符串。

例如：

```
（1）String s1;
    s1=new String();
  或
    s1=new String();
（2）String s2=new String("china");
（3）char a[3]={'b','o','y'};
    String s=new String(a);
```

```
（4）char a[]={'s','t','b','u','s','n'};
      String s=new String(a,2,3);
```

2. String 类的常用方法

（1）求字符串的长度。

```
public int length()
```

例如：

```
String s1="we are students", s2="我们喜欢学习Java";
int n1,n2;
n1=s1.length();       //值为15
n2=s2.length();       //值为10
```

（2）字符串的比较。

```
public boolean equals(String s)
```

比较当前字符串对象的实体是否与参数指定的字符串 s 的实体相同，相同返回 true，否则返回 false。

例如：

```
String str1=new String("we are students");
String str2=new String("We are students");
String str3=new String("we are students");
```

则 str1.equals(str2)的值是 false，str1.equals(str3)的值是 true。

> 不能用 str1==str2 比较两个字符串是否相等，因为 str1、str2 中存储的是引用，而**注意** 不是字符串本身。

（3）字符串的检索。

● 搜索指定串出现的位置。

```
public int indexOf(String s)
public int indexOf(String s,int start)
```

从当前字符串的开头或指定位置（start）开始检索字符串 s，并返回首次出现 s 的位置。如果没有检索到字符串 s，该方法返回的值是-1。

例如：

```
String str="this is a book";
str.indexOf("a");       //值是8
str.indexOf("is");      //值是2
str.indexOf("is",3);    //值是5
```

● 搜索指定字符出现的位置。

```
public int indexOf(int char)
public int indexOf(int char,int start)
```

从当前字符串的开头或指定位置（start）开始检索字符 char，并返回首次出现 char 的位置。如果没有检索到字符 s，该方法返回的值是-1。

（4）字符串的截取。

```
public String substring(int start)
public String substring(int start,int end)
```

该方法获得一个当前字符串的子串，该子串是从当前字符串的 start 处截取到末尾或 end 处所得到的字符串，但不包括 end 处对应的字符。

例如：

```
String str="I love java";
String s=str.substring(2,5);        //s是lov。
```

（5）字符串转换为相应的数值。

可以通过调用 java.lang.Integer 类中的类方法 parseInt(String s)，将"数字"格式的字符串转化为 int 型数据。

例如：

```
int x;
String s="6542";
x=Integer.parseInt(s);
```

类似地，使用 java.lang 包中的 Byte，Short，Long，Float，Double 类调用相应的类方法，可以将"数字"格式的字符串，转化为相应的基本数据类型。

> 上述方法可能抛出 NumberFormatException 异常。

注意

（6）数值转化为字符串。

可以使用 String 类的类方法 valueOf()，将形如 123、1232.98 等数值转化为字符串。

例如：

```
String str=String.valueOf(12313.9876);
float x=123.987f;
String temp=String.valueOf(x);
```

（五）Character 类

Character 类中的一些类方法是很有用的，这些方法可以用来进行字符分类，比如判断一个字符是否是数字字符或改变一个字符大小写等。

1．public static boolean isDigit(char ch)：如果 ch 是数字字符，方法返回 true，否则返回 false。

2．public static boolean isLetter(char ch)：如果 ch 是字母，方法返回 true，否则返回 false。

3．public static boolean isLetterOrDigit(char ch)：如果 ch 是数字字符或字母，方法返回 true，否则返回 false。

4．public static boolean isLowerCase(char ch)：如果 ch 是小写字母，方法返回 true，否则返回 false。

5．public static boolean isUpperCase(char ch)：如果 ch 是大写字母，方法返回 true，否则返回 false。

6．public static char toLowerCase(char ch)：返回 ch 的小写形式。

7．public static char toUpperCase(char ch)：返回 ch 的大写形式。

8．public static boolean isSpaceChar(char ch)：如果 ch 是空格，返回 true。

（六）日期和时间

1．Date 类

Date 类（java.util 包中）用于表示日期和时间，最简单最常用的构造方法是 Date()，它以当前的日期和时间初始化一个 Date 对象。由于开始没有考虑国际化，所以后来又设计了两个新类来解决 Date 类中的问题，一个是 Calendar 类，一个是 DateFormat 类。

Date 类最常用的构造方法 Date()是用本地当前日期和时间初始化 Date 对象。默认格式是：星期、月、日、小时、分、秒、年。

2. SimpleDateFormat 类

SimpleDateFormat 类（java.text 包中）相当于一个模板，最常用的构造方法是 SimpleDateFormat(String pattern)，用参数 pattern 指定的格式创建一个对象，该对象调用 format(Date date)方法，格式化时间对象 date。

pattern 中含有一些格式字符要被真实的日期数字替换，其他的字符原样出现。

【案例 2_2_1】设置日期时间的显示格式。

```java
package pack2;
import java.util.Date;
import java.text.SimpleDateFormat;
class Exam2_2_1 {
    public static void main(String args[]) {
        Date nowTime = new Date();
        System.out.println(nowTime);
        SimpleDateFormat matter1 = new SimpleDateFormat(
                "'time':yyyy年MM月dd日E 北京时间");
        System.out.println(matter1.format(nowTime));
        SimpleDateFormat matter2 = new SimpleDateFormat(
                "北京时间:yyyy年MM月dd日HH时mm分ss秒");
        System.out.println(matter2.format(nowTime));
    }
}
```

3. Calendar 类

Calendar 类（java.util 包中）是一个抽象类，主要用于完成日期字段之间相互操作的功能。使用该类的类方法 getInstance()可以初始化一个日历对象。如：

```java
Calendar calendar=Calendar.getInstance();
```

Calendar 类提供了一些静态常量，用来表示给定的时间域。如：DAY_OF_MONTH，DAY_OF_WEEK，DAY_OF_WEEK_IN_MONTH，DAY_OF_YEAR 等。

Calendar 类的常用方法如下。

（1）public final void set(int field, int value)：用给定的值设置时间域。

（2）public final void set(int year, int month, int date)：设置年、月、日期域的数值。保留其他域上次的值。如果不需要保留，首先调用 clear（ ）。

（3）public final void set(int year, int month, int date, int hour, int minute)：设置年、月、日期、时和分域的数值。保留其他域上次的值。如果不需要保留，首先调用 clear（ ）。

（4）public final void set(int year, int month, int date, int hour, int minute, int second)：设置年、月、日期、时、分和秒域的数值。保留其他域上次的值。如果不需要保留，首先调用 clear（ ）。

（5）public final void setTime(Date date)：用给定的 Date 对象设置 Calendar 的当前时间。

（6）public final int get(int field)：获得给定时间域的值。

（七）List 和 ArrayList

在项目一的学生成绩管理系统中，我们用的是静态数组，数组长度是固定的，如果学生人数增加到超出了数组长度的话，程序就会出现异常，此时可以使用 Java 集合类，这里主要介绍 List 和 ArrayList，其他的集合类读者可以查看 JDK 帮助文档。

List 是一个接口，ArrayList 是一个实现了 List 接口的具体类，我们常用的是 ArrayList。

ArrayList 是 List 接口的大小可变数组的实现，实现了所有可选列表操作，并允许包括 null 在内的所有元素。

每个 ArrayList 实例都有一个容量，该容量是指用来存储列表元素的数组的大小。它总是至少等于列表的大小，随着向 ArrayList 中不断添加元素，其容量也自动增长。

1. ArrayList 的常用构造方法

（1）ArrayList（）：构造一个初始容量为 10 的空列表。

（2）ArrayList(int size)：构造一个具有指定初始容量的空列表。

2. ArrayList 的常用方法

（1）add(Object o)：将指定的元素（对象）追加到此列表的尾部。

（2）add(int index,Object o)：将指定的元素插入到此列表中的指定位置。

（3）clear()：移除此列表中的所有元素。

（4）get(int index)：返回此列表指定位置上的元素，返回值为 Object 类型。

（5）remove(int index)：移除此列表中指定位置上的元素。

（6）set(int index,Object o)：用指定的元素替代此列表中指定位置上的元素。

（7）size()：返回此列表中的元素数。

三、任务实现

利用 ArrayList 动态数组实现学生成绩管理系统。

```java
package pack2.task2;
import java.util.ArrayList;
import java.util.Scanner;
/**
 * 用 ArrayList 数组实现
 *
 * @author lgl
 *
 */
public class xscjgl3 {
    public static void main(String[] args) throws Exception {
        Scanner sc = new Scanner(System.in);
        ArrayList<StudentInfo> arr;
        arr = new ArrayList<StudentInfo>();
        while (true) {
            System.out
```

```
                .println("===============================================================");

        System.out
                .println("1.添加  2.查找  3.排序  4.修改  5.删除  6.显示  7.读取  8.保
                存   0.退出");
        System.out

    .println("===============================================================");
        System.out.print("请输入你的选择: ");
        int n = sc.nextInt();
        if (n == 1) {
            input(arr);
        } else if (n == 2) {
            search(arr);
        } else if (n == 3) {
            sort(arr);
        } else if (n == 4) {
            update(arr);
        } else if (n == 5) {
            delete(arr);
        } else if (n == 6) {
            output(arr);
        } else if (n == 7) {
            read(arr);
        } else if (n == 8) {
            save(arr);
        } else if (n == 0) {
            System.exit(0);
        }
    }
}
/**
 * 添加学生成绩信息
 *
 * @param arr
 *            存储学生成绩信息的动态数组
 */
public static void input(ArrayList<StudentInfo> arr) {
    Scanner sc = new Scanner(System.in);
    while (true) {
        System.out.print("请输入学号(输入 0 退出): ");
        int number = sc.nextInt();
        if (number == 0) {
            break;
        }
        for (int i = 0; i < arr.size(); i++) {
            StudentInfo stu = (StudentInfo) arr.get(i);
            if (number == stu.number) {
                System.out.println("学号重复! 请重新输入: ");
                continue;
            }
        }
```

```java
            System.out.print("请输入姓名：");
            String name = sc.next();
            System.out.print("请输入分数：");
            int score = sc.nextInt();
            StudentInfo student = new StudentInfo(number, name, score);
            arr.add(student);
        }
    }
    /**
     * 按学号查找学生成绩信息
     *
     * @param arr
     *            存储学生成绩信息的动态数组
     */
    public static void search(ArrayList<StudentInfo> arr) {
        System.out.print("请输入要查找学生的学号：");
        Scanner sc = new Scanner(System.in);
        int number = sc.nextInt();
        int index = -1;
        for (int i = 0; i < arr.size(); i++) {
            StudentInfo stu = (StudentInfo) arr.get(i);
            if (number == stu.number) {
                index = i;
                break;
            }
        }
        if (index != -1) {
            StudentInfo student = (StudentInfo) arr.get(index);
            System.out.println("找到学生信息：");
            System.out.println("学号\t\t姓名\t\t分数");
            System.out.println(student.number + "\t\t" + student.name + "\t\t"
                    + student.score);
        } else {
            System.out.println("你要查找的学生不存在！");
        }
    }
    /**
     * 按学号查找学生成绩信息
     *
     * @param arr
     *            存储学生成绩信息的动态数组
     * @param number
     *            要查找的学生学号
     * @return 要查找的学生不存在，返回-1，否则返回索引值
     */
    public static int find(ArrayList<StudentInfo> arr, int number) {
        int index = -1;
        for (int i = 0; i < arr.size(); i++) {
            StudentInfo stu = (StudentInfo) arr.get(i);
            if (number == stu.number) {
                index = i;
```

```java
                break;
            }
        }
        return index;
    }
    /**
     * 按学生成绩排序
     *
     * @param arr
     *            存储学生成绩信息的动态数组
     */
    public static void sort(ArrayList<StudentInfo> arr) {
        StudentInfo student[] = new StudentInfo[arr.size()];
        for (int i = 0; i < student.length; i++) {
            student[i] = arr.get(i);
        }
        for (int i = 0; i < student.length - 1; i++) {
            for (int j = 0; j < student.length - i - 1; j++) {
                if (student[j].score < student[j + 1].score) {
                    StudentInfo Temp = student[j];
                    student[j] = student[j + 1];
                    student[j + 1] = Temp;
                }
            }
        }
        arr.clear();
        for (int i = 0; i < student.length; i++) {
            arr.add(student[i]);
        }
        System.out.println("排序完成! ");
    }
    /**
     * 按学号修改学生成绩信息
     *
     * @param arr
     *            存储学生成绩信息的动态数组
     */
    public static void update(ArrayList<StudentInfo> arr) {
        System.out.print("请输入要修改学生的学号：");
        Scanner sc = new Scanner(System.in);
        int number = sc.nextInt();
        int index = find(arr, number);
        if (index == -1) {
            System.out.println("你要修改的学生不存在! ");
            return;
        }
        StudentInfo student = (StudentInfo) arr.get(index);
        System.out.println("找到学生信息: ");
        System.out.println("学号\t\t 姓名\t\t 分数");
        System.out.println(student.number + "\t\t" + student.name + "\t\t"
                + student.score);
```

```java
            System.out.print("1.修改学号  2.修改姓名   3.修改分数   0.退出: ");
        int n = sc.nextInt();
        int num = 0;
        String name = null;
        int score = 0;
        if (n == 1) {
            System.out.print("请输入新的学号: ");
            num = sc.nextInt();
            name = student.name;
            score = student.score;
            /*
             * arr.remove(index); StudentInfo student1 = new StudentInfo(num,
             * name, score); arr.add(student1);
             */
        } else if (n == 2) {
            System.out.print("请输入新的姓名: ");
            name = sc.next();
            num = student.number;
            score = student.score;
            /*
             * arr.remove(index); StudentInfo student1 = new StudentInfo(num,
             * name, score); arr.add(student1); System.out.println("修改成功! ");
             */
        } else if (n == 3) {
            System.out.print("请输入新的成绩: ");
            score = sc.nextInt();
            num = student.number;
            name = student.name;
            /*
             * arr.remove(index); StudentInfo student1 = new StudentInfo(num,
             * name, score); arr.add(student1); System.out.println("修改成功! ");
             */
        } else if (n == 0) {
            return;
        }
        StudentInfo student1 = new StudentInfo(num, name, score);
        arr.set(index, student1);
        System.out.println("修改成功! ");
    }
    /**
     * 按学号删除学生成绩信息
     *
     * @param arr
     *          存储学生成绩信息的动态数组
     */
    public static void delete(ArrayList<StudentInfo> arr) {
        System.out.print("请输入要删除学生的学号: ");
        Scanner sc = new Scanner(System.in);
        int number = sc.nextInt();
        int index = find(arr, number);
        if (index == -1) {
```

```java
                System.out.println("你要删除的学生不存在！");
                return;
            }
        StudentInfo student = (StudentInfo) arr.get(index);
        System.out.println("找到学生信息：");
        System.out.println("学号\t\t 姓名\t\t 分数");
        System.out.println(student.number + "\t\t" + student.name + "\t\t"
                + student.score);
        System.out.print("确认删除?(y/n)");
        String xz = sc.next();
        if (xz.equals("y")) {
            arr.remove(index);
            System.out.println("删除成功！");
        }
    }
    /**
     * 输出学生成绩表
     *
     * @param arr
     *            存储学生成绩信息的动态数组
     */
    public static void output(ArrayList<StudentInfo> arr) {
        if (arr.size() == 0) {
            System.out.println("学生成绩表为空！");
            return;
        }
        System.out.println("                  学生成绩表");
        System.out.println("=====================================");
        System.out.print("学号\t\t 姓名\t\t 分数\n");
        for (int i = 0; i < arr.size(); i++) {
            int number = arr.get(i).number;
            String name = arr.get(i).name;
            int score = arr.get(i).score;
            System.out.println(number + "\t\t" + name + "\t\t" + score);
        }
    }
    public static void save(ArrayList<StudentInfo> arr= throws Exception
    {
    }
    public static void read(ArrayList<StudentInfo> arr= throws Exception
    {
    }
class StudentInfo {
    int score;
    String name;
    int number;
    public StudentInfo(int number, String name, int score) {
        this.number = number;
        this.name = name;
        this.score = score;
    }
    public String getName() {
        return name;
```

```
    }
    public void setName(String name) {
        this.name = name;
    }
    public int getNumber() {
        return number;
    }
    public void setNumber(int number) {
        this.number = number;
    }
    public int getScore() {
        return score;
    }
    public void setScore(int score) {
        this.score = score;
    }
}
```

四、任务小结

- 通过本任务的实现，主要带领读者学习了以下内容。
- System 类：包括两个类变量 in 和 out，常用方法的使用。
- 字符串处理类：String 类的常用方法。
- 基本数据类型包装类：常用的是数值和字符串之间的转换。
- 日期时间类：Date 类和 Calendar 类。
- 动态数组类：List 接口和 ArrayList 类。

五、上机实训

【实训目的】

1. 掌握 String 等字符串处理类的用法。

2. 掌握基本数据类型包装类的用法。

3. 掌握日期时间类的用法。

【实训内容】

1. 练习 String 类的相关方法。

2. 电话号码检测类（电话号码拆分）。

编写一个电话号码检测类，用英文中的"—"作为国家号、区号、号码的区分（以"#"作为结束的标志）。

示例：

086-024# ==> 错误：输入的位数不足！

abc-def-abcdefgh# ==> 错误：输入中不能包含字母！

086-024-12345678 ==> 错误：没有以"#"号结束！

086-024-12345678# ==> 国家号：086

地区号：024

电话号：12345678

3. 输出某年某月的日历页（注意闰年问题）。

习　题

（一）填空题

1. 已知 String 对象 s= "hello"，运行语句 "System.out.println(s.concat ("World !"));" 后，s 的值为（　　　）。

2. 使用+=将字符串 s2 添加到字符串 s1 后的语句是（　　　）。

3. 比较 s1 中的字符串和 s2 中的字符串的内容是否相等的表达式是（　　　）。

4. 已知 sb 为 StringBuffer 的一个实例，且 sb= "abcde "，则 sb.reverse()后 sb 的值为（　　　）。

5. 获取当前系统时间（　　　）。

（二）选择题

1. 已知 String 对象 s="abcdefg"，则 s.substring(2, 5)的返回值为（　　　）。

（A）"bcde"　　　　　　（B）"cde"　　　　　　（C）"cdef"　　　　　　（D）"def"

2. 若有下面的代码：

```
String s = "people";
String t = "people";
char c[ ] = {'p', 'e', 'o', 'p', 'l', 'e'};
```

下面哪一选项的语句返回值为假（　　　）？

（A）s.equals(t);　　　　　　　　　　　　　（B）t.equals(c);

（C）s==t;　　　　　　　　　　　　　　　　（D）t.equals(new String("people"));

3. 已知 s 为一个 String 对象，s="abcdefg"，则 s.charAt(1)的返回值为（　　　）。

（A）a　　　　　　（B）b　　　　　　（C）f　　　　　　（D）g

4. 若有下面的代码：

```
String s = "good";
```

下面选项语句书写正确的是（　　　）。

（A）s+="student";　　　　　　　　　　　（B）char c=s[1];

（C）int len=s.length;　　　　　　　　　　（D）String t=s.toLowerCase();

（三）编程题

1. 实现把 "I Love Java!" 的字符全部转换为小写并输出到控制台。

2. 使用 String 类中的 split()函数，统计出 "this is my homework! I must finish it!" 中单词的个数。（注意：单词之间用一个空格来分隔。）

3. 给出两个日期，计算它们之间相隔的天数。

4. 实现将当前日期信息以 4 位年份、月份全称、两位日期形式输出。

任务三　学生成绩信息的保存与读取

【技能目标】

能正确使用 Java 中的输入/输出流读写文件。

【知识目标】

1. 熟悉流的基本概念。
2. 掌握 File 类的功能及用法。
3. 熟练掌握字节流和字符流的读写方法。
4. 掌握随机流的读写方法。
5. 熟练掌握对象流的读写方法。

一、任务分析

前面不管是用哪一种方法来实现学生成绩管理系统，学生信息都不能永久保存起来，每次运行程序都必须重新输入数据，本任务要完成的就是如何将学生信息永久保存到文件中，这样，每次运行程序时，只需读取存放在文件中的学生信息数据即可。

二、相关知识

（一）流的概念

Java 的输入/输出功能是借助输入/输出流类来实现的，java.io 包中包含大量用来完成输入/输出流的类。

Java 中流的分类：

按照流的运动方向，可以分为输入流和输出流两种。

按照流的数据类型，可以分为字节流和字符流。

所有的输入流类都是抽象类 InputStream（字节输入流）或抽象类 Reader（字符输入流）的子类。

所有的输出流类都是抽象类 OutputStream（字节输出流）或抽象类 Writer（字符输出流）的子类。

1. 输入流

输入流用于读数据，用户可以从输入流中读取数据，但不能写入数据。

当程序需要读取数据的时候，就会开启一个通向数据源的流，数据源可以是文件、内存、网络连接等，信息源的类型可以是包括对象、字符、图像、声音在内的任何类型。一旦打开输入流后，程序就可以从输入流中顺序读取数据。

从输入流读取数据的过程如下。

（1）打开一个流。如：

```
FileInputStream inFile=new FileInputStream("File1.dat");
```

（2）从信息源读信息。如：

```
inFile.read();
```

（3）关闭流。如：

```
inFile.close();
```

2. 输出流

输出流用于写数据。只能往输出流中写入数据，不能读取数据。

和输入流类似，当程序需要写入数据时，就会开启一个通向目的地的流。

写数据到输出流的过程如下。

（1）打开一个流，如：

```
FileOutputStream outFile=new FileOutputStream("File2.dat");
```

（2）写信息到目的地。如：

```
outFile.write(inFile.read());
```

（3）关闭流。如：

```
outFile.close();
```

（二）File 类

File 类提供了一种与机器无关的方式来描述文件对象的属性，每个 File 类对象可以表示一个磁盘文件或目录，调用 File 类的方法可以获取文件或目录的相关信息，如文件所在的目录、文件的长度、文件读写权限等，也可以完成对文件或目录的管理操作，如创建和删除文件或目录，但不涉及文件的读写操作。

1. 构造方法

- File(String filename)
- File(String directoryPath,String filename)
- File(File filePath,String filename)

通常情况下，filename 是文件名，directoryPath 和 filePath 用来指出文件所在的路径。

例如：

```
File f1=new File("1.txt");
File f2=new File("C:\\2.txt");
File f3=new File("C:\\java1x","Exam1.java");
```

2. 常用方法

（1）获取文件相关信息。

String getName()：获取文件的名字。

boolean exits()：判断文件是否存在。

long length()：获取文件的长度（单位是字节）。

String getAbsolutePath()：获取文件的绝对路径。

String getParent()：获取文件的父目录。

boolean isFile()：判断是否是一个正常的文件，而不是目录。

boolean isDirectory()：判断是否是一个目录。

long lastModified()：获取文件最后修改的时间（单位是毫秒）。

（2）文件操作。

boolean createNewFile()：创建一个文件，若成功返回 true。

boolean delete()：删除一个文件。

（3）目录操作。

boolean mkdir()：创建目录，若成功返回 true。

String[] list()：以字符串的形式返回目录下的所有文件。

File[] listFiles()：以 File 对象形式返回目录下的所有文件。

【案例 2_3_1】File 类的方法使用。

```java
package pack2;
import java.io.File;
import java.io.IOException;
public class Exam2_3_1 {
    public static void main(String[] args) {
        File f1 = new File("e:\\javalx", "Exam1_2_1.java");
        File f2 = new File("e:\\javalx");
        if (f1.exists()) {
            System.out.println("文件Exam1_2_1.java的长度:" + f1.length());
            System.out.println("文件Exam1_2_1.java的路径:" + f1.getAbsolutePath());
        } else {
            System.out.println("文件Exam1_2_1不存在，创建这个文件");
            try {
                f1.createNewFile();
                System.out.println("文件Exam1_2_1创建成功");
            } catch (IOException e) {
                e.printStackTrace();
            }
        }
        if (f2.isDirectory()) {
            System.out.println("e:\\javalx是目录");
        } else {
            System.out.println("e:\\javalx不是目录");
        }
    }
}
```

（三）字节流

字节流是以字节为单位对数据进行读写操作。

所有的字节输入流类都是抽象类 InputStream 的直接或间接子类，所有的字节输出流类都是抽象类 OutputStream 的直接或间接子类。

字节输入流类 InputStream 中的 read 方法用来从数据源中读取数据，read 方法主要有以下 3 种格式。

（1）int read()：该方法从输入流的当前位置读取一个字节，方法返回读到的字节值（0～255 之间的一个整数），如果到达输入流的末尾，方法返回-1。

（2）int read(byte[] b)：该方法从输入流的当前位置读取多个字节，存放在字节数组 b 中，方法返回实际被读到的字节数，如果到达输入流的末尾，方法返回-1。

（3）int read(byte[] b,int off,int len)：该方法功能与（2）相同，参数 off 指定 read 方法把数据存放在字节数组 b 的什么地方，len 指定该方法将读取的最大字节数。

字节输出流类 OutputStream 中的 write 方法用于向目的地写入数据，write 方法主要有以下 3 种格式：

- void write(int b)
- void write(byte[] b)

- void write(byte[] b,int off,int len)

第一个方法的功能是向输出流写人一个字节，后两个方法的功能是将字节数组的内容写到输出流中，参数 off 指定要写入输出流的字节数组的起始偏移量，len 指定要写入的字节数。

InputStream 和 OutputStream 类中的许多方法在调用时有可能出现 I/O 异常，因此应用程序在调用这些方法时，要注意捕捉这些异常。

1. 文件字节流 FileInputStream 和 FileOutputStream

这两个类主要用于文件的输入和输出，创建的对象可以顺序地从本地机上的文件读写数据。

（1）FileInputStream 类。

构造方法如下。

- FileInputStream(String name)：用给定的文件名创建一个 FileInputStream 对象。
- FileInputStream(File file)：用 File 对象创建一个 FileInputStream 对象。

FileInputStream 类使用从其父类继承的 read 方法读取文件中的数据。

【案例2_3_2】读一个文本文件的内容，并显示出来。

```java
package pack2;
import java.io.File;
import java.io.FileInputStream;
import java.io.IOException;
public class Exam2_3_2 {
    public static void main(String[] args) {
        int b;
        byte tom[] = new byte[20];
        try {
            File f = new File("Exam2_3_2.java");
            FileInputStream in = new FileInputStream(f);
            while ((b = in.read(tom, 0, 20)) != -1) {
                String s = new String(tom, 0, b);
                System.out.print(s);
            }
            in.close();
        } catch (IOException e) {
            System.out.println("File read Error" + e);
        }
    }
}
```

从上例可以看出，在使用文件输入流类的构造方法建立通往文件的输入流时，在用 read 方法从文件中读取数据时，在调用 close 关闭文件输入流时，都有可能发生异常。比如，试图要打开的文件可能不存在，就会出现 I/O 错误，因此程序必须使用 try-catch 语句块来检测并处理这个异常。

Java 中许多流类的构造方法和读写方法都抛出 I/O 异常，程序必须捕捉处理这些异常。

（2）FileOutputStream 类。

构造方法如下。

- FileOutputStream(String filename)：用给定的文件名创建一个 FileOutputStream 对象。
- FileOutputStream(File file)：用 File 对象创建一个 FileOutputStream 对象。

FileOutputStream 类使用从其父类继承的 write 方法向文件中写入数据。

【案例2_3_3】向一个文本文件写入内容。

```java
package pack2;
```

```
import java.io.FileNotFoundException;
import java.io.FileOutputStream;
import java.io.IOException;
import java.util.Scanner;
public class Exam2_3_3 {
    public static void main(String[] args) {
        Scanner sc = new Scanner(System.in);
        String str;
        byte b[];
        System.out.print("请输入一行文本，并存入文件: ");
        str = sc.nextLine();
        b = str.getBytes();
        FileOutputStream out;
        try {
            out = new FileOutputStream("data.txt");
            out.write(b);
        } catch (FileNotFoundException e) {
            e.printStackTrace();
        } catch (IOException e) {
            e.printStackTrace();
        }
    }
}
```

【案例 2_3_4】将文件 file1.txt 的内容复制到 file2.txt 中。

```
package pack2;
import java.io.*;
class Exam2_3_4 {
    public static void main(String args[]) {
        try {
            FileInputStream fis = new FileInputStream("file1.txt");
            FileOutputStream fos = new FileOutputStream("file2.txt");
            int c;
            while ((c = fis.read()) != -1)
                fos.write(c);
            fis.close();
            fos.close();
        } catch (FileNotFoundException e) {
            System.out.println("文件不存在!");
        } catch (IOException e) {
            System.out.println("文件读写错误!");
        }
    }
}
```

2. 数据流 DataInputStream 和 DataOutputStream

数据流允许程序按着计算机无关的风格读取 Java 原始数据。也就是说，当读取一个数值时，不必再关心这个数值应当是多少个字节。

（1）DataInputStream 和 DataOutputStream 的构造方法。

DataInputStream(InputStream in)：将创建的数据输入流指向一个由参数 in 指定的输入流，以便从后者读取数据（按着机器无关的风格读取）。

DataOutputStream(OutputStream out)：将创建的数据输出流指向一个由参数 out 指定的输出流，

然后通过这个数据输出流把 Java 数据类型的数据写到输出流 out。

（2）DataInputStream 和 DataOutputStream 的常用方法。

DataInputStream 类提供了一些以 read 开头的方法，用来读取输入流中的各种类型数据，如：readBoolean()，readByte()，readChar()，readDouble()，readFloat()，readInt()，readLong()，readShort()，readUTF()等。

DataOutputStream 类提供了一些以 write 开头的方法，用来向输出流写入各种类型的数据，如writeBoolean(boolean v)，writeByte(int v)，writeBytes(String s)，writeChars(String s)，writeDouble(double v)，writeFloat(float v)，writeInt(int v)，writeLong(long v)，writeShort(int v)，writeUTF(String s)等。

【案例 2_3_5】将一个学生信息写入数据文件，再读取出来。

```java
package pack2;
import java.io.*;
public class Exam2_3_5 {
    public static void main(String args[]) {
        try {
            FileOutputStream fos = new FileOutputStream("student.dat");
            DataOutputStream outData = new DataOutputStream(fos);
            outData.writeInt(101);
            outData.writeUTF("zhangsan");
            outData.writeChar('男');
            outData.writeByte(20);
            outData.writeDouble(98);
        } catch (IOException e) {
            e.printStackTrace();
        }
        try {
            FileInputStream fis = new FileInputStream("student.dat");
            DataInputStream in_data = new DataInputStream(fis);
            System.out.println(":" + in_data.readInt());
            System.out.println(":" + in_data.readUTF());
            System.out.println(":" + in_data.readChar());
            System.out.println(":" + in_data.readByte());
            System.out.println(":" + in_data.readDouble());
        } catch (IOException e) {
            e.printStackTrace();
        }
    }
}
```

需要注意的是，在读取文件中的数据时，所使用的方法与写入数据时所使用的方法应该是对应的，否则会出现读取到的数据与写入的数据不一致的情况。

（四）字符流

字符流以字符为单位对数据进行读写。

所有的字符输入流类都是抽象类 Reader 的直接或间接子类，所有的字符输出流类都是抽象类 Writer 类的直接或间接子类。

Reader 类的常用方法与 InputStream 类基本相似，Writer 类的常用方法与 OutputStream 类基本相似。它们的主要区别是：InputStream 和 OutputStream 类操作的是字节，而 Reader 类和 Writer 类操作的是字符。

1. 文件字符流类 FileReader 和 FileWriter

与 FileInputStream 和 FileOutputStream 字节流相对应的是 FileReader 和 FileWriter 字符流，它们分别是 Reader 和 Writer 的子类，构造方法分别为：

- FileReader(File file)；
- FileReader(String fileName)；
- FileWriter(File file)；
- FileWriter(String fileName)。

FileInputStream 类以字节为单位读取文件，字节流不能直接操作 Unicode 字符，所以 Java 提供了字符流。由于汉字在文件中占用两个字节，如果使用字节流，读取不当会出现乱码现象，采用字符流就可以避免这个现象，因为在 Unicode 字符中，一个汉字被看作是一个字符。

【案例 2_3_6】用字符流实现两个文件之间的复制。

```java
package pack2;
import java.io.FileNotFoundException;
import java.io.FileReader;
import java.io.FileWriter;
import java.io.IOException;
import java.io.Reader;

class Exam2_3_6 {
    public static void main(String args[]) {
        try {
            FileReader fr = new FileReader("file1.txt");
            FileWriter fw = new FileWriter("file2.txt");
            int ch;
            while ((ch = fr.read()) != -1)
                fw.write((char)ch);
            System.out.println("复制完毕");
            fr.close();
            fw.close();
        } catch (FileNotFoundException e) {
            System.out.println("文件不存在!");
        } catch (IOException e) {
            System.out.println("文件读写错误!");
        }
    }
}
```

2. 缓冲字符流

（1）BufferedReader 和 InputStreamReader。

- BufferedReader 类的构造方法为：BufferedReader(Reader in)。
- InputStreamReader 类的构造方法为：InputStreamReader(InputStream in)。

这两个类都继承自 Reader 类。

BufferedReader 类只能从 Reader 对象读取数据。

InputStreamReader 类是将字节输入流转换成字符输入流的转换器。如标准输入 System.in 是一个 InputStream 类的对象，要将 InputStream 类的对象转换成 Reader 类的对象，需要用

InputStreamReader 类对象作为转换器。

这两个缓冲流能够读取文本行，方法是 readLine()。这也是使用缓冲流的原因。

（2）BufferedWriter 和 OutputStreamWriter。

- BufferedWriter 类的构造方法为：BufferedWriter(Writer out)。
- OutputStreamWriter 类的构造方法为：OutputStreamWriter(OutputStream out)。

这两个类都继承自 Writer。

BufferedWriter 类将文本写入字符输出流。

OutputStreamWriter 是字符流通向字节流的桥梁，起到转换器的作用。

可以通过 write(String s,int off,int len)方法将一个字符串写入字符流。

【案例 2_3_7】通过缓冲流实现两个文件之间的复制。

```java
package pack2;
import java.io.BufferedReader;
import java.io.BufferedWriter;
import java.io.FileNotFoundException;
import java.io.FileReader;
import java.io.FileWriter;
import java.io.IOException;

public class Exam2_3_7 {
    public static void main(String[] args) {
        try {
            FileReader fr = new FileReader("file1.txt");
            BufferedReader br = new BufferedReader(fr);
            FileWriter fw = new FileWriter("file2.txt");
            BufferedWriter bw = new BufferedWriter(fw);
            String str = br.readLine();
            while (str != null) {
                System.out.println(str);
                bw.write(str + "\n");
                str = br.readLine();
            }
            System.out.println("复制完毕");
            br.close();
            fr.close();    //先关闭缓冲流，再关闭文件流
            bw.close();
            fw.close();
        } catch (FileNotFoundException e) {
            System.out.println("文件不存在!");
        } catch (IOException e) {
            System.out.println("文件读写错误!");
        }
    }
}
```

（五）RandomAccessFile 类

RandomAccessFile 类创建流与前面的输入、输出流不同，RandomAccessFile 类既不是输入流类 InputStream 的子类，也不是输出流类 OutputStream 的子类。

RandomAccessFile 类创建的流的指向，既可以作为源也可以作为目的地，也就是说，既可以从这个流中读取数据，也可以向这个流中写入数据。

1. 构造方法

- RandomAccessFile(String name,String mode)
- RandomAccessFile(File file,String mode)

其中参数 name 或 file 用来指定文件，mode 取 r（只读）或 rw（可读写），决定流对文件的访问权限。

2. 常用方法

close()：关闭文件。

getFilePointer()：获取文件指针的位置。

length()：获取文件的长度。

seek(long l)：定位文件指针在文件中的位置。

skipBytes(int n)：在文件中跳过给定字节。

read 开头的方法，如：read(),readBoolean(),readInt(),readUTF()等。

write 开头的方法，如：write(byte b[ ]),writeInt(int v),writeUTF(String s)等。

【案例 2_3_8】将 3 个学生信息写入文件中，然后按照相反的顺序将 3 个学生信息读取出来。

为了能够正常读取学生的信息，设计一个类来封装学生信息，一个学生信息就是文件中的一条记录，必须保证每条记录在文件中的长度相同，这样才能准确地定位每条记录在文件中的具体位置。因此要限定学生姓名长度为 8 个字符，超过 8 个将舍掉多余的部分，少于 8 个则补空格。

```java
package pack2;
import java.io.FileNotFoundException;
import java.io.IOException;
import java.io.RandomAccessFile;
public class Exam2_3_8 {
    public static void main(String[] args) {
        Student stu[] = { new Student(1, "zhangsan", 80),
                new Student(2, "lisi", 88), new Student(3, "wangwu", 67) };
        try {
            RandomAccessFile raf1 = new RandomAccessFile("student.dat", "rw");
            for (int i = 0; i < 3; i++) {
                raf1.writeInt(stu[i].number);
                raf1.write(stu[i].name.getBytes());
                raf1.writeDouble(stu[i].score);
            }
            raf1.close();
             // 按相反顺序读取学生信息
            RandomAccessFile raf2 = new RandomAccessFile("student.dat", "r");
            for (int i = 2; i >= 0; i--) {
                            // 定位学生信息所在的位置，每个学生信息占 20 个字节
             raf2.seek(20 * i);
                System.out.print("学号: " + raf2.readInt());
                String str = "";
                for (int j = 0; j < 8; j++) {
                    str = str + (char) (raf2.readByte());
                }
                System.out.print("  姓名: " + str);
```

```
                System.out.println("  成绩: " + raf2.readDouble());
            }
            raf2.close();
        } catch (FileNotFoundException e) {
            e.printStackTrace();
        } catch (IOException e) {
            e.printStackTrace();
        }
    }
}
class Student {
    int number;
    String name;
    double score;
    public Student(int number, String name, double score) {
        this.number = number;
        if (name.length() > 8) {
            name = name.substring(0, 8);
        } else {
            while (name.length() < 8) {
                name = name + " ";
            }
        }
        this.name = name;
        this.score = score;
    }
}
```

（六）对象流

ObjectInputStream 类和 ObjectOutputStream 类分别是 InputStream 类和 OutputStream 类的子类。
ObjectInputStream 类和 ObjectOutputStream 类创建的对象被称为对象输入流和对象输出流。
这两个类的构造方法分别是：

- ObjectInputStream(InputStream in)
- ObjectOutputStream(OutputStream out)

ObjectOutputStream 的指向应当是一个输出流对象，因此当准备将一个对象写入到文件时，
首先用 FileOutputStream 创建一个文件输出流，再创建一个对象输出流指向它，如下代码所示。

```
FileOutputStream fos=new  FileOutputStream("data.txt");
ObjectOutputStream oos=new  ObjectOutputStream(fos);
```

ObjectInputStream 指向应当是一个输入流对象，因此当准备从文件中读取一个对象时，首先
用 FileInputStream 创建一个文件输入流，再创建一个对象输入流指向它，如下代码所示。

```
FileInputStream fis=new FileInputStream("data.tat");
ObjectInputStream ois=new ObjectInputStream(fis);
```

对象输出流使用 writeObject(Object obj)方法将一个对象 obj 写入到一个文件，对象输入流使
用 readObject()方法读取一个对象到程序中。

当使用对象流写入或读入对象时，要保证对象是序列化的。这是为了保证能把对象写入到文
件，并能再把对象正确读回到程序中的缘故。

一个类如果实现了 Serializable 接口，那么这个类创建的对象就是所谓序列化的对象。

Serializable 接口中的方法对程序是不可见的，因此实现该接口的类不需要实现额外的方法。

使用对象流把一个对象写入到文件时，不仅要求该对象是序列化的，而且该对象的成员对象

也必须是序列化的。

【**案例 2_3_9**】将 Student 类的对象写入文件中。

```java
package pack2;
import java.io.FileInputStream;
import java.io.FileOutputStream;
import java.io.IOException;
import java.io.ObjectInputStream;
import java.io.ObjectOutputStream;
import java.io.Serializable;
public class Exam2_3_9 {
    public static void main(String[] args) {
        Student stu = new Student(1, "zhangping", 89);
        try {
            FileOutputStream fos = new FileOutputStream("student.txt");
            ObjectOutputStream oos = new ObjectOutputStream(fos);
            oos.writeObject(stu);

            FileInputStream fis = new FileInputStream("student.txt");
            ObjectInputStream ois = new ObjectInputStream(fis);
            stu = (Student) ois.readObject();
            stu.setScore(99); // 修改成绩

            System.out.println(stu.name + "现在的成绩：" + stu.score);
        } catch (ClassNotFoundException e) {
            System.out.println("不能读出对象");
        } catch (IOException e) {
            System.out.println("不能读文件" + e);
        }
    }
}
class Student implements Serializable {
    int number;
    String name;
    double score;
    public Student(int number, String name, double score) {
        this.number = number;
        this.name = name;
        this.score = score;
    }
    public void setScore(double score) {
        this.score = score;
    }
}
```

三、任务实现

学生成绩管理系统中保存和读取功能的实现代码如下。

```java
//代码省略，参考"任务二"
public static void save(ArrayList<StudentInfo> arr) throws Exception {
    FileWriter wr = new FileWriter("student.txt");
    for (int i = 0; i < arr.size(); i++) {
        wr.write(arr.get(i).number + "\t" + arr.get(i).name + "\t"
                + arr.get(i).score + "\n");
        wr.flush();
    }
    wr.close();
```

```
        System.out.println("文件保存成功! ");
    }

    public static void read(ArrayList<StudentInfo> arr) throws Exception {
        File file = new File("student.txt");
        if (file.exists()) {
            FileInputStream is = new FileInputStream(file);
            arr.clear();
            Scanner sc = new Scanner(is);
            while (sc.hasNext()) {
                int number = sc.nextInt();
                String name = sc.next();
                int score = sc.nextInt();
                StudentInfo student = new StudentInfo(number, name, score);
                arr.add(student);
            }
            is.close();
            System.out.println("文件读取成功! ");
        } else {
            System.out.println("文件不存在! ");
        }
    }
}
```

四、任务小结

通过本任务的实现，主要带领读者学习了以下内容。

● 流的基本概念。

● 字节流的读写：主要有文件字节流（FileInputStream 和 FileOutputStream）和数据字节流（DataInputStream 和 DataOutputStream）。

● 字符流的读写：主要有文件字符流（FileReader 和 FileWriter）和缓冲字符流（BufferedReader 和 BufferedWriter）。

● 随机访问流的读写：RandomAccessFile。

● 对象流的读写：ObjectInputStream 和 ObjectOutputStream。

五、上机实训

【实训目的】

1. 掌握 File 类及其常用方法。

2. 掌握文件字节流的读写操作。

3. 掌握字符流的读写操作。

4. 掌握随机文件流的读写操作。

【实训内容】

1. 分别用字节流和字符流读文本文件的内容，并显示出来。

2. 将通过键盘输入的一段文本保存到文本文件中。

3. 实现文件的复制。

4. 将一个文本文件的内容按行读出，每读出一行就按顺序添加行号（从 1 开始），并写入到另一个文件中。

习 题

（一）填空题

1．根据流的方向，流可分为两类：（　　　）和（　　　）。

2．根据操作对象的类型，可将数据流分为（　　　）和（　　　）两种。

3．在 java.io 包中有 4 个基本类：InputStream、OutputStream、Reader 及（　　　）类。

（二）选择题

1．Java 语言提供处理不同类型流的类所在的包是（　　　）。

（A）java.sql　　　　　（B）java.util　　　　　（C）java.math　　　　　（D）java.io

2．创建一个 DataOutputStream 的语句是（　　　）。

（A）new DataOutputStream("out.txt")

（B）new DataOutputStream(new File("out.txt"));

（C）new DataOutputStream(new Writer("out.txt"));

（D）new DataOutputStream(new OutputStream("out.txt"));

3．下面语句正确的是（　　　）。

（A）RandomAccessFile raf=new RandomAccessFile("myfile.txt","rw");

（B）RandomAccessFile raf=new RandomAccessFile (new DataInputStream());

（C）RandomAccessFile raf=new RandomAccessFile ("myfile.txt");

（D）RandomAccessFile raf=new RandomAccessFile (new File("myfile.txt"));

4．下面哪个方法返回的是文件的绝对路径（　　　）。

（A）getCanonicalPath()　　　　　　　　　　（B）getAbsolutePath()

（C）getcanonicalFile()　　　　　　　　　　（D）getAbsoluteFile()

5．在 File 类提供的方法中，用于创建目录的方法是（　　　）。

（A）mkdir()　　　　　（B）mkdirs()　　　　　（C）list()　　　　　（D）listRoots()

6．程序如果要按行输入/输出文件中的字符，最合理的方法是采用（　　　）。

（A）BufferedReader 类和 BufferedWriter 类

（B）InputStream 类和 OutputStream 类

（C）FileReader 类和 FileWriter 类

（D）File_Reader 类和 File_Writer 类

7．RandomAccessFile 类的（　　　）方法可用于设置文件定位指针在文件中的位置。

（A）readInt　　　　　（B）readLine　　　　　（C）seek　　　　　（D）close

（三）编程题

1．使用随机文件流 RandomAccessFile 类将一个文本文件倒置读出。

2．编写一个 Java 应用程序，可以实现 DOS 中的 TYPE 命令，并加上行号。即将文本文件在控制台上显示出来，并在每一行的前面加上行号。

项目三

学生信息管理系统（图形界面设计应用）

【技能目标】

1. 能熟练进行图形界面设计。
2. 能熟练连接数据库并能对数据库进行查询等操作。
3. 能设计并实现简单的数据库管理系统。

【知识目标】

1. 了解 AWT/Swing 的基本概念。
2. 熟练掌握各种常用 Java 图形组件的功能及使用方法。
3. 熟练掌握布局管理器的应用。
4. 熟练掌握数据库的连接方法与步骤。
5. 熟练掌握数据库的查询、插入、更新和删除方法。

【项目功能】

这是一个基于图形界面的学生信息管理系统，目的是通过本项目的设计与实现过程，使读者掌握图形界面设计的基本方法与数据库操作的基本步骤和方法，从而能够完成基本的数据库管理系统的设计与实现。

系统的主要功能如图 3.0.1 所示。

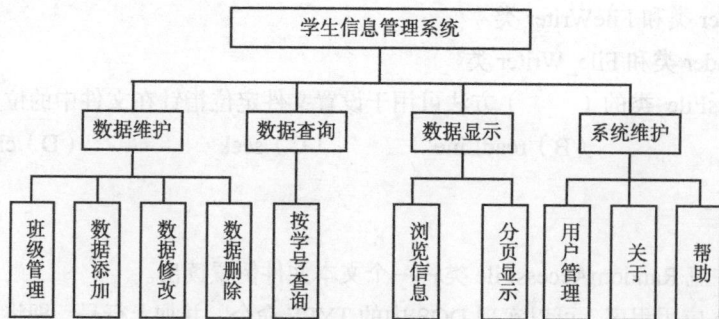

图 3.0.1　系统的主要功能

下面就分别从界面设计和数据处理两个方面，来介绍学生信息管理系统的设计和功能实现。

任务一 界面设计

子任务一 主界面设计

【技能目标】

能完成图形界面窗口与菜单的设计。

【知识目标】

1. 了解图形界面的相关概念。
2. 掌握 JFrame 的创建与常用属性的设置。
3. 掌握下拉式菜单的组成与设计方法。

一、任务分析

本任务完成如图 3.1.1 所示的"学生信息管理系统"的主窗口界面设计，通过完成这个任务，主要学习窗口及菜单的设计。

二、相关知识

（一）图形界面简介

图 3.1.1 "学生信息管理系统"主窗口界面

GUI 全称是 Graphics User Interface，即图形用户界面，就是应用程序提供给用户操作的图形界面，包括窗口、菜单、文本框、按钮、工具栏和其他各种屏幕元素。通过图形用户界面可以方便在用户和程序之间进行交互。

在 Java 中有两个包为 GUI 设计提供丰富的功能，它们是 AWT 和 Swing。

1. AWT

AWT 是 Java API 的一部分，它为开发图形用户界面提供了实现各种组件、布局管理器和事件处理器的类和接口。

常用的 AWT 开发包主要有以下两个。

● java.awt：包含创建用户界面和绘制图形图像的所有类。

● java.awt.event：提供处理由 AWT 组件所引发的各类事件的接口和类。

AWT 中的类按功能不同，可以分为 5 大类。

（1）基本组件类。基本组件是一个可以以图形化的方式显示在屏幕上，并能与用户进行交互的对象，例如一个文本框、一个按钮等，基本组件不能独立显示出来，必须将它放在容器中才能够显示出来。基本组件充当着人机交互的媒介，可以接受来自用户的鼠标动作或键盘输入，能够以文本、图形等方式向用户显示信息等。

AWT 中常用的基本组件主要有：标签（Label）、文本框（TextField）、按钮（Button）、复选框（Checkbox）、列表框（List）、菜单（Menu）等。

java.awt.Component 类是一个抽象类，Java 中的图形界面组件大多数都是 Component 类的子类，Component 类中封装了组件通用的属性和方法，如组件的大小、显示位置、前景色和背景色、可见性等，这些方法是许多组件都共有的方法，如表 3.1.1 所示。

表 3.1.1   Component 类的常用方法

方 法 名	方法功能	方 法 名	方法功能
void setBackground(Color c)	设置组件的背景颜色	void setSize()	设置组件的大小
void setForeground(Color c)	设置组件的前景颜色	void setVisible(Boolean)	设置组件是否可见
void setEnabled(Boolean b)	设置组件是否可用	int getHeight()	获取组件的高度
void setFont(Font f)	设置组件的字体	int getWidth()	获取组件的宽度
void setLocation(int x,int y)	设置组件的位置		

（2）容器组件类。容器组件是用以容纳与组织其他界面成分和元素的组件。容器本身也是一个组件，具有组件的所有性质，但它的主要功能是容纳其他组件和容器。

容器 java.awt.Container 是 Component 的子类，一个容器可以容纳多个组件，使它们形成一个整体，所有的容器都可以通过 add()方法向其中添加组件。

AWT 中常用的容器组件有：窗口（Window）、面板（Panel）。

窗口是 java.awt.Window 的对象，它是独立于其他容器的本机窗口。主要有框架（Frame）和对话框（Dialog），其中 Frame 是一个带有标题栏和缩放按钮的窗口，Dialog 是一个程序和用户交互的窗口，它可以移动，但不能缩放，也不能带有菜单条。

Panel 是 Java.awt.Panel 的对象，可以把其他组件或容器放入其中，Panel 必须放在 Window 类组件中，以便能显示出来。

（3）布局管理类。

每个容器都有一个布局管理器，用来决定组件在容器内的位置和大小。

（4）事件处理类。

java.awt.event 中包含处理组件事件的所有类和接口。

（5）基本图形类。

用于辅助图形界面设计的类，如颜色类（Color）、字体类（Font）、绘图类（Graphics）、图像类（Image）等。

2. Swing

Swing 是第二代 GUI 开发工具集，是构筑在 AWT 上层的一组 GUI 组件的集合。为保证可移植性，它完全用 Java 语言编写。与 AWT 相比，Swing 提供了更完整的组件，引入了许多新的特性和能力。

Swing 组件都是 AWT 的 Container 类的直接子类和间接子类。通常将 Swing 组件称为轻量级组件，将 AWT 组件称为重量级组件。

尽量不要将 AWT 和 Swing 组件混合使用，容易出现 BUG。

Swing 组件分为顶层容器、中间层容器和基本组件 3 种类型。

（1）顶层容器有 4 个：JWindow，JFrame，JDialog，JApplet，它们都属于重量级组件。

顶层容器都含有一个默认的内容面板，可供 Swing 组件放入其中。

（2）JComponent 类是所有轻量级组件的父类，它是 AWT 包中容器类 Container 的子类，因此，所有的轻量级组件也都是容器。

（3）中间层容器介于顶层容器和一般 Swing 组件之间，常用的有 JPanel, JScrollPane, JSplitPane, JInternalFrame。

在 Java 的桌面系统开发中，一般采用 Swing 来构建图形用户界面。

（二）窗口

框架窗口 Frame 是 AWT 应用程序中最常用的基本窗口组件之一，Frame 对象可以有边框、标题栏、菜单栏、窗口缩放功能按钮（最大化、最小化、关闭）。

javax.swing.JFrame 也可以创建窗口，它是 java.awt.Frame 的子类。如果使用 JDK1.5 之前的版本，不能直接把组件添加到顶层容器中，必须把组件添加到一个与 Swing 顶层容器相关联的内容面板上，1.5 之后的版本可以直接添加到 Swing 顶层容器中，而且可以直接为 Swing 顶层容器设置布局。

JFrame 的构造方法和常用方法如表 3.1.2 所示。

表 3.1.2　　　　　　　　　　　JFrame 的构造方法和常用方法

方 法 名	方 法 功 能
JFrame()	创建一个无标题的窗口，默认布局是 BorderLayout
JFrame(String title)	创建一个指定标题的窗口，默认布局是 BorderLayout
void setIconImage(Image image)	设置窗口最小化时的图标图像
void setJMenuBar(MenuBar bar)	设置窗口的菜单栏
void setResizable(Boolean resizable)	设置窗口是否可由用户调整大小
void setTitle(String title)	设置窗口的标题栏
void setSize(int width,int height)	设置窗口的大小
void setLocation(int x,int y)	设置窗口显示的位置
void setBounds(int x,int y,int width,int height)	设置窗口的位置和大小
void setDefaultCloseOperation(int op)	设置单击窗口关闭按钮时的默认操作： DO_NOTHING_ON_CLOSE：屏蔽关闭按钮； HIDE_ON_CLOSE：隐藏窗口； DISPOSE_ON_CLOSE：隐藏和释放窗口； EXIT_ON_CLOSE：退出应用程序

通常情况下，创建窗口对象需要以下几个步骤。

（1）导入相关的类。

（2）定义用户类，通常用 extends 扩展 Frame。

（3）向窗口内添加组件。

（4）在构造方法中设置窗口的标题、位置、大小、颜色、布局等。

（5）使窗口可见。

（6）启动事件处理机制，为窗口设置关闭应用程序的功能，设置窗口内组件的事件。

【案例 3_1_1】创建一个窗口。

```
package pack3;
import java.awt.Color;
```

```
import javax.swing.JFrame;
class Window3_1_1 extends JFrame {
    Window3_1_1(String s) {
        setTitle(s);
        setSize(300, 100);
        setVisible(true);
        setExtendedState(JFrame.MAXIMIZED_BOTH);  //窗口最大化
        setDefaultCloseOperation(JFrame.EXIT_ON_CLOSE);
    }
}
public class Exam3_1_1 {
    public static void main(String[] args) {
        Window3_1_1 win = new Window3_1_1("我的第一个窗口");
    }
}
```

程序运行结果如图 3.1.2 所示。

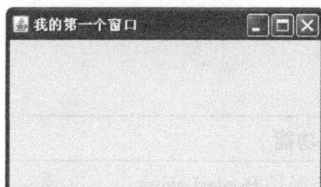

图 3.1.2　第一个窗口程序

【案例 3_1_2】创建一个窗口，使窗口恰好在屏幕中心。

要想获取屏幕大小，需要使用 Toolkit 类，Toolkit 类是一个抽象类，不能用构造的方法直接创建对象，但 Java 运行环境提供了一个 Toolkit 对象，任何一个组件调用 getToolkit()方法，都可以返回这个对象的引用，Toolkit 类中有如下一个方法：

```
Dimension getScreenSize()
```

可以返回一个 Dimension 对象，这个对象中有两个 int 类型成员变量 width 和 height，用来表示屏幕的宽度和高度。

```
package pack3;
import java.awt.Dimension;
import java.awt.Toolkit;
import javax.swing.JFrame;
class Window3_1_2 extends JFrame {
    Window3_1_2(String s) {
        setTitle(s);
        Dimension screenSize = Toolkit.getDefaultToolkit().getScreenSize();
        // 窗口大小
        Dimension frameSize = new Dimension(300, 200);
        if (frameSize.height > screenSize.height) {
            frameSize.height = screenSize.height;
        }
        if (frameSize.width > screenSize.width) {
            frameSize.width = screenSize.width;
        }
        setLocation(((screenSize.width - frameSize.width) / 2),
                ((screenSize.height - frameSize.height) / 2));
        // 设置窗口的大小
        setSize(frameSize);
        setVisible(true);
        setDefaultCloseOperation(JFrame.EXIT_ON_CLOSE);
    }
}
public class Exam3_1_2 {
    public static void main(String[] args) {
        Window3_1_2 win = new Window3_1_2("居中窗口");
    }
}
```

程序运行后窗口的效果与案例 3_1_1 完全相同。

（三）菜单

窗口中的菜单栏、菜单、菜单项是最常见的界面，菜单放在菜单栏里，菜单项放在菜单里。java.awt 包和 javax.swing 包中都有与菜单相关的类，在这里主要介绍 javax.swing 包中的菜单类。

1. 菜单栏 JMenuBar

JMenuBar 类用来实现菜单栏，通过将菜单（JMenu）对象添加到菜单栏（JMenuBar）可以构造下拉菜单，当用户选择菜单（JMenu）对象时，就会打开与其关联的下拉菜单，允许用户选择下拉菜单中的某一项以完成指定操作。

JMenuBar 类的构造方法和常用方法如表 3.1.3 所示。

表 3.1.3　JMenuBar 类的构造方法和常用方法

方 法 名	方法功能
JMenuBar	创建菜单栏
void add(JMenu menu)	将菜单添加到菜单栏

2. 菜单 JMenu

JMenu 类的构造方法和常用方法如表 3.1.4 所示。

表 3.1.4　　JMenu 类的构造方法和常用方法

方 法 名	方法功能	方 法 名	方法功能
JMenu()	创建一个没有标题的菜单	void addSeparator()	将分隔线添加到菜单
JMenu(String s)	创建一个指定标题的菜单	JMenuItem getItem(int n)	获取指定索引处的菜单项
void add(JMenu menu)	将子菜单添加到菜单	int getItemCount()	获取菜单项的数目，包括分隔线
void add(JMenuItem item)	将菜单项添加到菜单		

3. 菜单项 JMenuItem

JMenuItem 类的构造方法和常用方法如表 3.1.5 所示。

表 3.1.5　　JMenuItem 类的构造方法和常用方法

方 法 名	方法功能
JMenuItem()	创建一个没有标题的菜单项
JMenuItem(String s)	创建一个指定标题的菜单项
void setEnabled(Boolean b)	设置菜单项是否可被选择
addActionListener(ActionListener l)	添加菜单项的事件

【案例 3_1_3】创建一个窗口，添加菜单"窗口颜色"，其中的菜单项有"红色"、"绿色"、"蓝色"和"退出"。

```
package pack3;
import javax.swing.JFrame;
import javax.swing.JMenu;
import javax.swing.JMenuBar;
import javax.swing.JMenuItem;
class Window3_1_3 extends JFrame {
```

145

```
    JMenuBar menubar;
    JMenu menu;
    JMenuItem item1, item2, item3, item4;
    Window3_1_3(String s) {
        setTitle(s);
        menubar = new JMenuBar();
        menu = new JMenu("窗口颜色");
        item1 = new JMenuItem("红色");
        item2 = new JMenuItem("绿色");
        item3 = new JMenuItem("蓝色");
        item4 = new JMenuItem("退出");
        menu.add(item1);
        menu.add(item2);
        menu.add(item3);
        menu.addSeparator();
        menu.add(item4);
        menubar.add(menu);
        setJMenuBar(menubar);
        setVisible(true);
        setExtendedState(JFrame.MAXIMIZED_BOTH); // 窗口最大化
        setDefaultCloseOperation(JFrame.EXIT_ON_CLOSE);
    }
}
public class Exam3_1_3 {
    public static void main(String args[]) {
                    Window3_1_3 win = new Window3_1_3("一个带菜单的窗口");
        }
    }
```

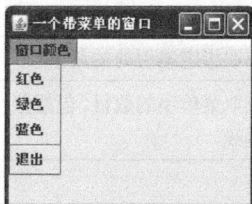

程序运行结果如图 3.1.3 所示。

三、任务实现

图 3.1.3 一个带菜单的窗口

设计并实现学生管理系统的主窗口界面和菜单栏。

```
package pack3.task1;
import java.awt.Toolkit;
import javax.swing.JFrame;
import javax.swing.JMenu;
import javax.swing.JMenuBar;
import javax.swing.JMenuItem;
public class MainFrame extends JFrame {
    private static final long serialVersionUID = 1L;
    // 创建菜单栏
    JMenuBar jMenuBar = new JMenuBar();
    // 创建菜单
    JMenu jMenu01 = new JMenu("数据维护");
    // 创建菜单项
    JMenuItem jMenuItem01_00 = new JMenuItem("班级管理");
    JMenuItem jMenuItem01_01 = new JMenuItem("数据添加");
    JMenuItem jMenuItem01_02 = new JMenuItem("数据修改");
    JMenuItem jMenuItem01_03 = new JMenuItem("数据删除");
    JMenuItem jMenuItem01_04 = new JMenuItem("退出系统");
    JMenu jMenu02 = new JMenu("数据查询");
```

```
JMenuItem jMenuItem02_01 = new JMenuItem("按学号查询");
JMenu jMenu03 = new JMenu("数据显示");
JMenuItem jMenuItem03_01 = new JMenuItem("浏览");
JMenu jMenu04 = new JMenu("系统维护");
JMenuItem jMenuItem04_01 = new JMenuItem("用户管理");
JMenuItem jMenuItem04_02 = new JMenuItem("关于");
JMenuItem jMenuItem04_03 = new JMenuItem("帮助");
public static void main(String args[]) {
    new MainFrame();
}
public MainFrame() {
    super("学生信息管理系统");
    this.setIconImage(Toolkit.getDefaultToolkit().getImage(
            "images/title/main.png"));
    // ☆☆☆☆☆☆☆☆菜单栏☆☆☆☆☆☆☆☆☆
    jMenu01.add(jMenuItem01_00);
    jMenu01.addSeparator();
    jMenu01.add(jMenuItem01_01);
    jMenu01.add(jMenuItem01_02);
    jMenu01.add(jMenuItem01_03);
    jMenu01.addSeparator();
    jMenu01.add(jMenuItem01_04);
    jMenu02.add(jMenuItem02_01);
    jMenu03.add(jMenuItem03_01);
    jMenu04.add(jMenuItem04_01);
    jMenu04.add(jMenuItem04_02);
    jMenu04.add(jMenuItem04_03);
    jMenuBar.add(jMenu01);
    jMenuBar.add(jMenu02);
    jMenuBar.add(jMenu03);
    jMenuBar.add(jMenu04);
    // 在窗口上设置菜单栏
    this.setJMenuBar(jMenuBar);
    // 设置窗口最大化
    this.setExtendedState(JFrame.MAXIMIZED_BOTH);
    this.setDefaultCloseOperation(JFrame.EXIT_ON_CLOSE);
    this.setVisible(true);
    }
}
```

四、任务小结

通过本任务的实现，主要带领读者学习了以下内容。

- 窗口：主要掌握通过 JFrame 类创建窗口的基本步骤。
- 菜单的设计：主要有 3 个类 JMenuBar，JMenu，JMenuItem。

五、上机实训

【实训目的】

1. 掌握图形界面程序创建的基本步骤。
2. 掌握窗口 JFrame 的创建方法。

3．掌握菜单的组成及创建。

【实训内容】

1．参考案例 3_1_3，创建一个带菜单的窗口。

2．对第 1 题，设置窗口的大小和位置居中。

习　题

（一）填空题

1．设置窗口可见性的方法是（　　　）。

2．GUI 是（　　　）的缩写。

3．向容器内添加组件用（　　　）方法。

（二）选择题

1．窗口 JFrame 使用（　　　）方法可以将 JMenuBar 对象设置为主菜单。

　（A）setHelpMenu()　　　（B）add()　　　　　（C）setJMenuBar　　　（D）setMenu()

2．Java 中唯一不能被其他容器所容纳的容器类是（　　　）。

　（A）Container 类　　　（B）Component 类　　　（C）Frame 类　　　　（D）Panel 类

3．使用（　　　）类创建菜单对象。

　（A）Dimension　　　　（B）JMenu　　　　　（C）JMenuItem　　　　（D）JTextArea

4．使用（　　　）方法创建菜单中的分隔条。

　（A）setEditable　　　（B）ChangeListener　　（C）add　　　　　　　（D）addSeparator

（三）编程题

1．仿照 Windows 记事本，制作记事本的窗口和菜单。

2．查看 JDK 帮助文档，了解 javax.swing.JRadioButtonMenuItem 和 javax.swing.JCheck BoxMenuItem 两种菜单项的用法，并编写测试程序。

子任务二　登录界面

【技能目标】

1．能熟练使用标签、文本框、按钮设计界面程序。

2．能正确处理组件的事件。

【知识目标】

1．熟练掌握标签、文本框和按钮组件的创建和常用属性的设置。

2．熟练掌握 Java 语言的事件处理机制。

3．掌握按钮的单击事件的处理方法。

一、任务分析

本任务完成如图 3.1.4 所示的学生信息管理系统的用户登录界面设计，通过完成这个任务，主要学习标签、文本框、按钮组件的使用以及事件处理方法。

二、相关知识

（一）标签

标签的功能是只显示静态文本，不能动态地编辑文本。

java.awt.Label 和 javax.swing.JLabel 都可以创建标签，不同的是轻组件 JLabel 能够用来显示图像，并且可以设置字体风格，这里主要介绍 JLabel 组件。

JLabel 类的构造方法和常用方法如表 3.1.6 所示。

图 3.1.4　学生信息管理系统用户登录界面

表 3.1.6　JLabel 类的构造方法和常用方法

方 法 名	方法功能
JLabel()	创建一个没有文本的空标签
JLabel(String text)	创建一个指定文本的标签
JLabel(String text, int horizontalAlignment)	创建一个指定文本和对齐方式的标签
JLable(Icon image)	创建一个显示指定图像的标签
JLabel(Icon image, int horizontalAlignment)	创建一个指定图像和对齐方式的标签
JLabel(String text,Icon image, int horizontalAlignment)	创建一个指定文本、图像和对齐方式的标签
void setText(String text)	设置标签的文本
void setIcon(Icon icon)	设置标签显示的图像

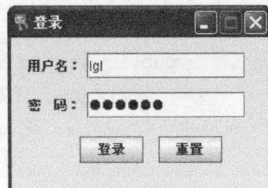

【案例 3_1_4】JLabel 类的应用。

```
package pack3;
import java.awt.FlowLayout;
import javax.swing.Icon;
import javax.swing.ImageIcon;
import javax.swing.JFrame;
import javax.swing.JLabel;
class Window3_1_4 extends JFrame {
    JLabel lblText, lblImage;
    Window3_1_4(String s) {
        setTitle(s);
        setLayout(new FlowLayout());
        lblText = new JLabel("文本标签");
        Icon icon = new ImageIcon("im1.jpg");
        lblImage = new JLabel(icon);
        add(lblText);
        add(lblImage);
        setSize(300, 200);
        setVisible(true);
        setDefaultCloseOperation(JFrame.EXIT_ON_CLOSE);
```

149

```
    }
}
public class Exam3_1_4 {
    public static void main(String args[]) {
        Window3_1_4 win = new Window3_1_4("JLabel演示");
    }
}
```

程序运行结果如图 3.1.5 所示。

图 3.1.5　标签

（二）文本框

java.awt.TextField 和 javax.swing.JTextField 都可以创建文本框，这里主要介绍 JTextField。

用户可以在文本框中输入单行的文本。JTextField 类的构造方法和常用方法如表 3.1.7 所示。

表 3.1.7　　　　　　　　　　JTextField 类的构造方法和常用方法

方 法 名	方法功能
JTextField()	创建一个没有初始值的空文本框
JTextField(String text)	创建一个指定文本作为初始值的文本框
JTextField(int columns)	创建一个指定列数的空文本框
void setText(String text)	设置文本框的文本
String getText()	获取文本框的文本
void setEditable(Boolean b)	设置文本框是否可编辑
addActionListener(ActionListener l)	添加文本框的回车事件

（三）密码输入框

javax.swing.JPasswordField 可以创建一个密码输入框，可以输入内容，但不显示原始字符。JPasswordField 类的构造方法和常用方法如表 3.1.8 所示。

表 3.1.8　　　　　　　　　　JPasswordField 类的构造方法和常用方法

方 法 名	方法功能
JPasswordField()	创建一个没有初始值的密码输入框
JPasswordField(String text)	创建一个指定文本作为初始值的密码输入框
JPasswordField(int columns)	创建一个指定列数的密码输入框
char[] getPassword()	获取密码输入框的文本对应的字符数组
void setEchoChar(char c)	设置密码输入框的回显字符
addActionListener(ActionListener l)	添加密码输入框的回车事件

（四）按钮

java.awt.Button 和 javax.swing.JButton 都可以创建按钮，不同的是 JButton 可以创建带有图标的按钮。这里主要介绍 JButton。

JButton 类的构造方法和常用方法如表 3.1.9 所示。

表 3.1.9　　　　　　　　　　　　JButton 类的构造方法和常用方法

方 法 名	方法功能
JButton()	创建一个没有标题的按钮
JButton(String text)	创建一个指定标题的按钮
JButton(Icon icon)	创建一个带图标的按钮
JButton(String text,Icon icon)	创建一个指定标题带图标的按钮
void setLabel(String text)	设置按钮的标题文本
String getLabel()	获取按钮的标题
addActionListener(ActionListener l)	添加按钮的单击事件

【案例 3_1_5】设计一个用户登录界面。

```java
package pack3;
import java.awt.Dimension;
import java.awt.FlowLayout;
import java.awt.Toolkit;
import javax.swing.JButton;
import javax.swing.JFrame;
import javax.swing.JLabel;
import javax.swing.JPasswordField;
import javax.swing.JTextField;
class Window3_1_5 extends JFrame {
    private JTextField tName = new JTextField(15);
    private JPasswordField tPsw = new JPasswordField(15);
    private JLabel lName = new JLabel("用户名: ");
    private JLabel lPsw = new JLabel("密    码: ");
    private JButton bOk = new JButton("登录");
    private JButton bReset = new JButton("重置");
    public Window3_1_5() {
        setTitle("登录");
        this.setIconImage(Toolkit.getDefaultToolkit().getImage(
                "images/title/login.png"));
        setLayout(new FlowLayout());
        add(lName);
        add(tName);
        add(lPsw);
        add(tPsw);
        add(bOk);
        add(bReset);
        this.setDefaultCloseOperation(JFrame.EXIT_ON_CLOSE);
        Dimension screenSize = Toolkit.getDefaultToolkit().getScreenSize();
        Dimension frameSize = new Dimension(250, 130);
        if (frameSize.height > screenSize.height) {
            frameSize.height = screenSize.height;
        }
        if (frameSize.width > screenSize.width) {
            frameSize.width = screenSize.width;
        }
        setLocation(((screenSize.width - frameSize.width) / 2),
                ((screenSize.height - frameSize.height) / 2));
```

```
            setSize(frameSize);
            this.setResizable(false);
            this.setVisible(true);
    }
}
public class Exam3_1_5 {
    public static void main(String[] args) {
        Window3_1_5 win = new Window3_1_5();
    }
}
```

程序运行结果如图 3.1.6 所示。

（五）Java 事件处理机制

图 3.1.6　一个简单的登录窗口

案例 3_1_5 完成了登录界面的设计，但还不能进行登录的合法性验证，还需要编写事件处理代码。当用户在文本框或密码输入框中输入文本后按回车键、单击按钮、选择一个菜单项时，都发生界面事件，这时候程序就需要对发生的事件做出反应和处理。

1. 事件源

能够产生事件的对象都可以成为事件源。比如输入用户名和密码后，单击"登录"按钮时发生的界面事件，按钮就是一个事件源。事件源必须是一个对象，而且必须是 Java 认为能够发生事件的对象。

2. 事件对象

在图形界面程序中，用户通过键盘或鼠标与程序进行交互，用户的每一个操作，都会产生一个事件，要处理产生的事件，需要在特定的方法中编写处理事件的代码程序，这样当产生某种事件时，就会调用处理该事件的方法，同时将产生的事件对象传递给事件处理方法，从而获得关于事件源和事件对象的一些相关信息。

在 Java 中，关于事件的信息是被封装在一个事件对象中的，不同的事件对应不同的类型，例如按钮的单击事件对应 ActionEvent 类，键盘操作对应 KeyEvent 类，鼠标操作对应 MouseEvent 类，等等。

3. 监视器

在 Java 中，要对一个组件上可能发生的某个事件进行处理，必须为该事件源注册一个对象作为它的监视器，以便对发生的事件做出处理。

事件源通过调用相应的方法将某个对象作为自己的监视器，例如，对于按钮，这个方法是：

```
addActionListener(监视器对象);
```

对于注册了监视器的按钮，当用户在按钮上单击鼠标左键，Java 运行系统就会自动创建一个 ActionEvent 事件对象，并通知监视器，监视器就会对事件做出相应的处理。

4. 处理事件的接口

监视器负责处理事件源发生的事件，当事件源上的事件发生时，监视器对象会自动调用一个方法来处理事件，那么监视器去调用哪个方法呢？

Java 规定，创建监视器对象的类必须声明实现相应的接口，并且实现该接口中的所有方法（事件处理方法）。那么当事件源发生事件时，监视器就自动调用类实现的某个接口方法。

java.awt.event 包中提供了许多事件类和处理各种事件的接口。

对于文本框和按钮，当在文本框中输入字符并按回车时，单击按钮时，涉及的有

事件：ActionEvent；

接口：ActionListener；

接口中的方法：public void actionPerformed(ActionEvente)。

如果要处理文本框上的回车事件和按钮的单击事件，文本框对象和按钮必须调用 addActionListener 方法注册监视器，创建监视器的类必须使用 ActionEvent 接口和实现接口中的方法。

当在文本框中输入字符并按回车，或单击按钮时，java.awt.event 包中的 ActionEvent 类就自动创建一个事件对象，并将它传递给 actionPerformed(ActionEvent e) 方法中的参数 e，监视器将自动调用该方法，对发生的事件做出处理。

【案例 3_1_6】登录界面的事件处理。

```java
package pack3;

import java.awt.Dimension;
import java.awt.FlowLayout;
import java.awt.Toolkit;
import java.awt.event.ActionEvent;
import java.awt.event.ActionListener;
import javax.swing.JButton;
import javax.swing.JFrame;
import javax.swing.JLabel;
import javax.swing.JOptionPane;
import javax.swing.JPasswordField;
import javax.swing.JTextField;
class Window3_1_6 extends JFrame implements ActionListener {
    private JTextField tName = new JTextField(15);
    private JPasswordField tPsw = new JPasswordField(15);
    private JLabel lName = new JLabel("用户名: ");
    private JLabel lPsw = new JLabel("密    码: ");
    private JButton bOk = new JButton("登录");
    private JButton bReset = new JButton("重置");
    public Window3_1_6() {
        setTitle("登录");
        this.setIconImage(Toolkit.getDefaultToolkit().getImage(
                "images/title/login.png"));
        setLayout(new FlowLayout());
        add(lName);
        add(tName);
        add(lPsw);
        add(tPsw);
        add(bOk);
        add(bReset);
        bOk.addActionListener(this);
        bReset.addActionListener(this);
        this.setDefaultCloseOperation(JFrame.EXIT_ON_CLOSE);
        Dimension screenSize = Toolkit.getDefaultToolkit().getScreenSize();
        Dimension frameSize = new Dimension(250, 130);
```

```
        if (frameSize.height > screenSize.height) {
            frameSize.height = screenSize.height;
        }
        if (frameSize.width > screenSize.width) {
            frameSize.width = screenSize.width;
        }
        setLocation(((screenSize.width - frameSize.width) / 2),
                ((screenSize.height - frameSize.height) / 2));
        setSize(frameSize);
        this.setResizable(false);
        this.setVisible(true);
    }
    public void actionPerformed(ActionEvent e) {
        if (e.getSource() == bOk) {
            String username = tName.getText();
            String password = new String(tPsw.getPassword());
            if (username.equals("lgl") && password.equals("123")) {
                JOptionPane.showMessageDialog(this, "登录成功!");
            } else {
                JOptionPane.showMessageDialog(this, "用户名和密码错误,请重新输入!");
                tName.setText(null);
                tPsw.setText(null);
            }
        } else if (e.getSource() == bReset) {
            tName.setText(null);
            tPsw.setText(null);
        }
    }
}
public class Exam3_1_6 {
    public static void main(String[] args) {
        Window3_1_6 win = new Window3_1_6();
    }
}
```

程序运行结果如图 3.1.7 所示。

案例 3_1_6 中窗口实现处理事件的接口，负责处理该窗口内的组件的事件，这是比较常用的一种方法，除此之外，还可以使用匿名内部类或命名外部类实例做监视器来处理组件的事件。

图 3.1.7　登录成功　　　　　【案例 3_1_7】匿名内部类实例做监视器（一个求平方的例子）。

```
package pack3;
import java.awt.Dimension;
import java.awt.FlowLayout;
import java.awt.Toolkit;
import java.awt.event.ActionEvent;
import java.awt.event.ActionListener;
import javax.swing.JButton;
import javax.swing.JFrame;
import javax.swing.JLabel;
import javax.swing.JTextField;
class Window3_1_7 extends JFrame {
    JTextField t1 = new JTextField(10);
    JTextField t2 = new JTextField(10);
    JButton pfButton = new JButton("求平方");
    public Window3_1_7() {
```

```
        super("求平方");
        setLayout(new FlowLayout());
        add(new JLabel("请输入一个整数："));
        add(t1);
        add(new JLabel("平方数："));
        add(t2);
        add(pfButton);
        pfButton.addActionListener(new ActionListener() {    //匿名内部类
            public void actionPerformed(ActionEvent e) {
                String str = t1.getText();
                int n = Integer.parseInt(str);
                t2.setText("" + (n * n));
            }
        });
        setDefaultCloseOperation(JFrame.EXIT_ON_CLOSE);
        Dimension screenSize = Toolkit.getDefaultToolkit().getScreenSize();
        Dimension frameSize = new Dimension(250, 130);
        if (frameSize.height > screenSize.height) {
            frameSize.height = screenSize.height;
        }
        if (frameSize.width > screenSize.width) {
            frameSize.width = screenSize.width;
        }
        setLocation(((screenSize.width - frameSize.width) / 2),
                ((screenSize.height - frameSize.height) / 2));
        setSize(frameSize);
        this.setResizable(false);
        this.setVisible(true);
    }
}
public class Exam3_1_7 {
    public static void main(String[] args) {
        Window3_1_7 win = new Window3_1_7();
    }
}
```

程序运行结果如图 3.1.8 所示。

【案例 3_1_8】命名外部类实例做监视器（一个简单的加法器）。

图 3.1.8　求一个数的平方

```
package pack3;
import java.awt.Dimension;
import java.awt.FlowLayout;
import java.awt.Toolkit;
import java.awt.event.ActionEvent;
import java.awt.event.ActionListener;
import javax.swing.JButton;
import javax.swing.JFrame;
import javax.swing.JLabel;
import javax.swing.JTextField;
class Window3_1_8 extends JFrame {
    JTextField t1 = new JTextField(6);
    JTextField t2 = new JTextField(6);
    JTextField t3 = new JTextField(6);
    JButton equButton = new JButton("=");
    public Window3_1_8() {
```

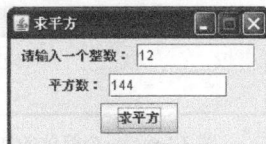

```
        super("加法计算器");
        setLayout(new FlowLayout());
        add(t1);
        add(new JLabel("+"));
        add(t2);
        add(equButton);
        add(t3);
        equButton.addActionListener(new EquActionListener(this)); // 命名外部类对象
        setDefaultCloseOperation(JFrame.EXIT_ON_CLOSE);
        Dimension screenSize = Toolkit.getDefaultToolkit().getScreenSize();
        Dimension frameSize = new Dimension(350, 100);
        if (frameSize.height > screenSize.height) {
            frameSize.height = screenSize.height;
        }
        if (frameSize.width > screenSize.width) {
            frameSize.width = screenSize.width;
        }
        setLocation(((screenSize.width - frameSize.width) / 2),
                ((screenSize.height - frameSize.height) / 2));
        setSize(frameSize);
        this.setResizable(false);
        this.setVisible(true);
    }
}
class EquActionListener implements ActionListener {
    Window3_1_8 win;
    public EquActionListener(Window3_1_8 win) {
        this.win = win;
    }
    public void actionPerformed(ActionEvent arg0) {
        int op1 = Integer.parseInt(win.t1.getText());
        int op2 = Integer.parseInt(win.t2.getText());
        win.t3.setText("" + (op1 + op2));
    }
}
```

```
public class Exam3_1_8 {
    public static void main(String[] args) {
        Window3_1_8 win = new Window3_1_8();
    }
}
```

图 3.1.9　一个简单的加法器

程序运行结果如图 3.1.9 所示。

（六）容器

1. 面板

java.awt.Panel 和 java.swintg.JPanel 都可以创建面板，Panel 类是 Container（容器）类的直接子类，JPanel 是间接子类，这里主要介绍 JPanel。

JPanel 是最简单的容器类，经常在一个面板中添加若干个组件后，再把面板放到另一个容器（比如窗口）中。

JPanel 的默认布局是 FlowLayout 型布局，构造方法和常用方法如表 3.1.10 所示。

表 3.1.10   JPanel 类的构造方法和常用方法

方 法 名	方法功能
JPanel()	创建一个使用默认布局管理器的面板
JPanel(LayoutManager layout)	创建一个使用指定布局管理器的面板
void setLayout(LayoutManager layout)	设置面板上组件的布局方式
void add(Component c)	将组件添加到面板上
void setBorder(Border border)	设置面板的边框样式

2. 滚动面板

java.awt.ScrollPane 和 java.swing.JScrollPane 都可以创建滚动面板。与 JPanel 不同的是，JScrollPane 创建的面板带有滚动条，而且只能向滚动面板中添加一个组件。

JScrollPane 类的构造方法和常用方法如表 3.1.11 所示。

表 3.1.11   JScrollPane 类的构造方法和常用方法

方 法 名	方法功能
JScrollPane ()	创建一个滚动面板
void add(Component c)	将组件添加到滚动面板上
void setBorder(Border border)	设置滚动面板的边框样式

3. 拆分面板

javax.swing.JSplitPane 可以创建一个拆分面板。

拆分面板就是被分成两部分的容器，拆分面板有两种类型：水平拆分和垂直拆分。水平拆分面板是用一条拆分线把容器分成左右两部分，左右各放置一个组件，拆分线可以水平移动；垂直拆分面板是用一条拆分线把容器分成上下两部分，上下各放置一个组件，拆分线可以垂直移动。

JSplitPane 类的构造方法和常用方法如表 3.1.12 所示。

（七）布局管理器

当把组件添加到容器中时，希望控制组件在容器中的位置，这就需要用到布局设计的知识。

Java 容器内的所有组件由一个称为布局管理器的类来负责管理,布局管理器控制组件的大小、位置、窗口移动或调整大小后组件变化等。不同的布局管理器使用不同的策略对组件进行管理。Java 中的各种容器组件都有一个默认的布局管理器。也可以通过调用 setLayout()方法改变布局。

Java 布局管理器主要包括 FlowLayout（流式布局）、BorderLayout（边界式布局）、GridLayout（网格式布局）、CardLayout（卡片式布局）和自定义布局（空布局）。布局管理器类是从 Object 类扩展而来的，由 java.awt 包提供。

表 3.1.12   JSplitPane 类的构造方法和常用方法

方 法 名	方法功能
JSplitPane()	创建一个水平拆分面板
JSplitPane(int o)	创建一个拆分面板，参数指定水平还是垂直拆分

续表

方 法 名	方法功能
void setBottomComponent(Component comp)	将组件添加到分隔线的下边或右边
void setLeftComponent(Component comp)	将组件添加到分隔线的左边或上边
void setRightComponent(Component comp)	将组件添加到分隔线的右边或下边
void setTopComponent(Component comp)	将组件添加到分隔线的上边或左边

1. FlowLayout 布局

由 FlowLayout 类创建的布局对象称为流式布局。

FlowLayout 布局是 Panel 类型容器的默认布局，即 Panel 及其子类创建的容器对象，如果不专门为其指定布局，它们的布局就是 FlowLayout。

FlowLayout 布局按加入到容器中的顺序，将组件按照从左到右、从上到下的方式排列，组件的排列会随容器的大小变化而变化，但组件大小保持不变。

FlowLayout 类的构造方法和常用方法如表 3.1.13 所示。

表 3.1.13　　　　　　　　　　FlowLayout 类的构造方法和常用方法

方 法 名	方法功能
FlowLayout()	创建一个居中对齐的流式布局对象，组件水平和垂直间距默认值为 5 像素
FlowLayout(int aligin)	创建一个指定对齐方式的流式布局对象，组件水平和垂直间距默认值为 5 像素
FlowLayout(int aligin,int hgap,int vgap)	创建一个指定对齐方式和水平垂直间距的流式布局对象
void setHgap(int hgap)	设置组件间的水平间距
void setVgap(int vgap)	设置组件间的垂直间距
void setAlignment(int align)	设置组件的对齐方式

【案例 3_1_9】FlowLayout 布局的应用。

```
package pack3;
import java.awt.Dimension;
import java.awt.FlowLayout;
import java.awt.Toolkit;
import javax.swing.JButton;
import javax.swing.JFrame;
class Window3_1_9 extends JFrame {
    JButton b[];
    public Window3_1_9() {
        super("FlowLayout演示");
        setLayout(new FlowLayout());
        b = new JButton[6];
        for (int i = 0; i < b.length; i++) {
            b[i] = new JButton("button " + (i + 1));
            add(b[i]);
        }
        setDefaultCloseOperation(JFrame.EXIT_ON_CLOSE);
        Dimension screenSize = Toolkit.getDefaultToolkit().getScreenSize();
```

```
        Dimension frameSize = new Dimension(400, 150);
        if (frameSize.height > screenSize.height) {
            frameSize.height = screenSize.height;
        }
        if (frameSize.width > screenSize.width) {
            frameSize.width = screenSize.width;
        }
        setLocation(((screenSize.width - frameSize.width) / 2),
                ((screenSize.height - frameSize.height) / 2));
        setSize(frameSize);
        this.setVisible(true);
    }
}
public class Exam3_1_9 {
    public static void main(String[] args) {
        Window3_1_9 win = new Window3_1_9();
    }
}
```

程序运行结果如图 3.1.10 所示。

当改变窗口大小时，会看到组件的大小不变，但是组件在窗口内的相对位置会发生变化。

图 3.1.10　流式布局

2. BorderLayout 布局

由 BorderLayout 类创建的布局对象称为边界式布局。

BorderLayout 布局是 Window 类型容器的默认布局，如 Frame，Dialog 等。

BorderLayout 布局将容器空间简单地划分为东、西、南、北、中 5 个区域，每个区域只能放置一个组件，中间的区域最大。每加入一个组件都应该指明把这个组件加在哪个区域中。区域是由 BorderLayout 中的静态常量 CENTER，NORTH，SOUTH，WEST，EAST 表示。当容器大小发生变化时，组件相对位置不变，大小发生变化。

BorderLayout 类的构造方法和常用方法如表 3.1.14 所示。

表 3.1.14　　　　　　　　BorderLayout 类的构造方法和常用方法

方　法　名	方法功能
BorderLayout()	创建一个边界布局对象，组件之间没有间距
BorderLayout(int hgap,int vgap)	创建一个指定水平和垂直间距的边界布局对象
void setHgap(int hgap)	设置组件间的水平间距
void setVgap(int vgap)	设置组件间的垂直间距

例如，一个使用 BorderLayout 布局的容器 con，可以使用 add 方法将一个组件 b 添加到中心区域：

```
con.add(b,BorderLayout.CENTER);
```

或

```
con.add(BorderLayout.CENTER,b);
```

【案例 3_1_10】BorderLayout 布局的应用。

```
package pack3;
import java.awt.BorderLayout;
```

```
import java.awt.Dimension;
import java.awt.Toolkit;
import javax.swing.JButton;
import javax.swing.JFrame;
import javax.swing.JLabel;
class Window3_1_10 extends JFrame {
    JButton bEast = new JButton("东边"), bWest = new JButton("西边"),
            bSouth = new JButton("南边"), bNorth = new JButton("北边");
    JLabel lblCenter = new JLabel("中心区域");
    public Window3_1_10() {
        super("BorderLayout 演示");
        setLayout(new BorderLayout());// 窗口的默认布局就是 BorderLayout
        add(bEast, BorderLayout.EAST);
        add(BorderLayout.WEST, bWest);
        add(bSouth, "South");
        add("North", bNorth);
        add(lblCenter); // 中心区域可以省略
        setDefaultCloseOperation(JFrame.EXIT_ON_CLOSE);
        Dimension screenSize = Toolkit.getDefaultToolkit().getScreenSize();
        Dimension frameSize = new Dimension(200, 150);
        if (frameSize.height > screenSize.height) {
            frameSize.height = screenSize.height;
        }
        if (frameSize.width > screenSize.width) {
            frameSize.width = screenSize.width;
        }
        setLocation(((screenSize.width - frameSize.width) / 2),
                ((screenSize.height - frameSize.height) / 2));
        setSize(frameSize);
        this.setVisible(true);
    }
}
public class Exam3_1_10 {
    public static void main(String[] args) {
        Window3_1_10 win = new Window3_1_10();
    }
}
```

图 3.1.11　边界式布局

程序运行结果如图 3.1.11 所示。

3. CardLayout 布局

由 CardLayout 类创建的布局对象称为卡片式布局。

使用 CardLayout 的容器可以容纳多个组件，但实际上同一时刻只能从这些组件中选出一个来显示，就像一副叠整齐的扑克牌一样，每次只能看见最上面的那一张牌，这个被显示的组件将占据所有的容器空间。

CardLayout 类的构造方法和常用方法如表 3.1.15 所示。

表 3.1.15　　　　　　　　　　　CardLayout 类的构造方法和常用方法

方 法 名	方法功能
CardLayout()	创建一个卡片布局对象
void first(Container con)	显示指定容器内的第一个组件

方 法 名	方法功能
void next(Container con)	显示指定容器内的下一个组件
void previous(Container con)	显示指定容器内的前一个组件
void last(Container con)	显示指定容器内的最后一个组件
void show(Container con,String name)	显示指定组件

假设有一个容器 con，使用 CardLayout 的一般步骤如下。

（1）创建布局对象。创建 CardLayout 对象作为布局，如 "CardLayout mycard=new CardLayout();"。

（2）容器设置布局。使用容器的 setLayout()方法为容器设置布局，如 "con.setLayout(card);"。

（3）容器添加组件。容器调用方法 add(String s,Complnnemt b)将组件 b 加入容器，并给出了显示该组件的代号 s。组件的代号是另外给的，和组件的名字没有必然联系。不同的组件代号互不相同。最先加入 con 的是第一张，依次排序。

（4）显示容器内的组件。可以使用表 3.1.15 中的方法显示添加到容器内的组件。如 "mycard.show(con,s);"也可以按组件加入容器的顺序显示组件，如 "card.first(con);"显示加入容器的第一个组件；"card.next(con);"显示加入的下一个组件。

【案例 3_1_11】CardLayout 式布局的应用。

```java
package pack3;
import java.awt.CardLayout;
import java.awt.Dimension;
import java.awt.Toolkit;
import java.awt.event.ActionEvent;
import java.awt.event.ActionListener;
import javax.swing.JButton;
import javax.swing.JFrame;
import javax.swing.JLabel;
import javax.swing.JPanel;
class Window3_1_11 extends JFrame implements ActionListener {
    JButton btnChinese = new JButton("中文"), btnEnglish = new JButton("英文"),
            btnJapanese = new JButton("日文"), btnFrench = new JButton("法文");
    JLabel lblChinese = new JLabel("你好", JLabel.CENTER),
            lblEnglish = new JLabel("Hello", JLabel.CENTER),
            lblJapanese = new JLabel("こんにちは", JLabel.CENTER),
            lblFrench = new JLabel("bonjour", JLabel.CENTER);
    JPanel pNorth, pCenter;
    CardLayout mycard;
    public Window3_1_11() {
        super("CardLayout演示");
        pNorth = new JPanel();
        pNorth.add(btnChinese);
        pNorth.add(btnEnglish);
        pNorth.add(btnJapanese);
        pNorth.add(btnFrench);
        pCenter = new JPanel();
        mycard = new CardLayout();
        pCenter.setLayout(mycard);
        pCenter.add(lblChinese, "ch");
        pCenter.add(lblEnglish, "en");
```

```
                pCenter.add(lblJapanese, "ja");
                pCenter.add(lblFrench, "fr");
                add(pNorth, "North");
                add(pCenter);
                btnChinese.addActionListener(this);
                btnEnglish.addActionListener(this);
                btnJapanese.addActionListener(this);
                btnFrench.addActionListener(this);
                setDefaultCloseOperation(JFrame.EXIT_ON_CLOSE);
                Dimension screenSize = Toolkit.getDefaultToolkit().getScreenSize();
                Dimension frameSize = new Dimension(300, 150);
                if (frameSize.height > screenSize.height) {
                    frameSize.height = screenSize.height;
                }
                if (frameSize.width > screenSize.width) {
                    frameSize.width = screenSize.width;
                }
                setLocation(((screenSize.width - frameSize.width) / 2),
                        ((screenSize.height - frameSize.height) / 2));
                setSize(frameSize);
                this.setVisible(true);
            }
        public void actionPerformed(ActionEvent e) {
                if (e.getSource() == btnChinese) {
                    mycard.show(pCenter, "ch");
                } else if (e.getSource() == btnEnglish) {
                    mycard.show(pCenter, "en");
                } else if (e.getSource() == btnJapanese) {
                    mycard.show(pCenter, "ja");
                } else if (e.getSource() == btnFrench) {
                    mycard.show(pCenter, "fr");
                }
            }
        }
        public class Exam3_1_11 {
                                        public static void main(String[] args) {
                                            Window3_1_11 win = new Window3_1_11();
                                        }
                                    }
```

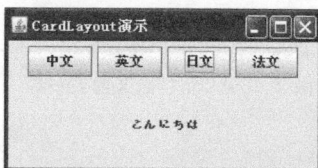

程序运行结果如图 3.1.12 所示。

图 3.1.12　卡片式布局

4. GridLayout 布局

由 GridLayout 类创建的布局对象称为网格式布局。

GridLayout 是使用较多的布局编辑器，基本策略是把容器划分成若干行若干列的网格区域，组件就位于这些划分出来的小格中，按照添加的顺序从左到右排满第一行之后，再排第二行，以此类推。

GridLayout 布局中每个网格都是相同大小，并且强制组件与网格的大小相同。

GridLayout 类的构造方法和常用方法如表 3.1.16 所示。

表 3.1.16　　　　　　　　　　　GridLayout 类的构造方法和常用方法

方 法 名	方法功能
GridLayout()	创建一个默认的网格布局对象
GridLayout(int rows,int cols)	创建一个指定行数和列数的网格布局对象

方　法　名	方法功能
void setRows(int rows)	设置网格布局的行数
void setCols(int cols)	设置网格布局的列数

【案例 3_1_12】GridLayout 布局的应用。

```
package pack3;
import java.awt.Dimension;
import java.awt.GridLayout;
import java.awt.Toolkit;
import javax.swing.JButton;
import javax.swing.JFrame;
class Window3_1_12 extends JFrame {
    public Window3_1_12() {
        super("GridLayout 演示");
        setLayout(new GridLayout(3, 2));
        JButton b[] = new JButton[6];
        for (int i = 0; i < b.length; i++) {
            b[i] = new JButton("button " + (i + 1));
            add(b[i]);
        }
        setDefaultCloseOperation(JFrame.EXIT_ON_CLOSE);
        Dimension screenSize = Toolkit.getDefaultToolkit().getScreenSize();
        Dimension frameSize = new Dimension(300, 150);
        if (frameSize.height > screenSize.height) {
            frameSize.height = screenSize.height;
        }
        if (frameSize.width > screenSize.width) {
            frameSize.width = screenSize.width;
        }
        setLocation(((screenSize.width - frameSize.width) / 2),
                ((screenSize.height - frameSize.height) / 2));
        setSize(frameSize);
        this.setVisible(true);
    }
}
public class Exam3_1_12 {
    public static void main(String[] args) {
        Window3_1_12 win = new Window3_1_12();
    }
}
```

程序运行结果如图 3.1.13 所示。

5. 空布局

可以把一个容器的布局设置为 null，即空布局。

空布局容器可以准确地定位组件在容器中的位置和大小。容
器通过调用 setLayout(null)方法设置为空布局，添加到容器中的组

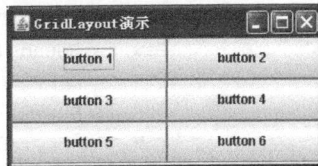

图 3.1.13　网格式布局

件通过调用 setBounds(int x,int y,int width,int height)方法设置在容器中的位置和大小。

三、任务实现

完善案例 3_1_5 的登录界面，重新布局组件，添加组件的验证功能，即用户名和密码不能为空。当用户名和密码输入正确，执行"任务一"中的学生管理系统的主窗口界面。

```java
package pack3.task1;
import java.awt.Dimension;
import java.awt.Rectangle;
import java.awt.Toolkit;
import java.awt.event.ActionEvent;
import java.awt.event.ActionListener;
import javax.swing.JButton;
import javax.swing.JFrame;
import javax.swing.JLabel;
import javax.swing.JOptionPane;
import javax.swing.JPasswordField;
import javax.swing.JTextField;
import pack3.task1.MainFrame;
/**
 * 用户登录界面
 *
 */
public class LoginFrame extends JFrame implements ActionListener {
    private JTextField tName = new JTextField();            // 用户名文本组件
    private JPasswordField tPsw = new JPasswordField();   // 密码文本组件
    private JLabel lName = new JLabel();                    // 用户名标签组件
    private JLabel lPsw = new JLabel();                     // 密码标签组件
    private JButton bOk = new JButton("登录");            // 定义 按钮对象
    private JButton bReset = new JButton("重置");         // 定义 按钮对象
    public static MainFrame mainFrame;
    /**
     * 构造方法
     *
     */
    public LoginFrame() {
        setTitle("登录");
        this.setIconImage(Toolkit.getDefaultToolkit().getImage(
                "images/title/login.png"));
        setLayout(null);
        lName.setText("用户名: ");
        lName.setBounds(new Rectangle(16, 14, 54, 24));
        tName.setBounds(new Rectangle(72, 14, 150, 24));
        tName.setToolTipText("输入登录系统的用户名");
        lPsw.setText("密    码: ");
        lPsw.setBounds(new Rectangle(16, 50, 54, 24));
        tPsw.setEchoChar('●');
        tPsw.setBounds(new Rectangle(72, 50, 150, 24));
        tPsw.setToolTipText("输入登录系统的用户名对应的密码");
        bOk.setBounds(new Rectangle(65, 90, 60, 24));
        bOk.setToolTipText("用户名和密码都正确, 可以进入系统");
        bReset.setBounds(new Rectangle(140, 90, 60, 24));
        bReset.setToolTipText("清除用户名和密码信息");
        tName.addActionListener(this);
```

```
        tPsw.addActionListener(this);
        bOk.addActionListener(this);
        bReset.addActionListener(this);
        add(lName);
        add(tName);
        add(lPsw);
        add(tPsw);
        add(bOk);
        add(bReset);
        this.setDefaultCloseOperation(JFrame.EXIT_ON_CLOSE);
        Dimension screenSize = Toolkit.getDefaultToolkit().getScreenSize();
        Dimension frameSize = new Dimension(250, 170);
        if (frameSize.height > screenSize.height) {
            frameSize.height = screenSize.height;
        }
        if (frameSize.width > screenSize.width) {
            frameSize.width = screenSize.width;
        }
        setLocation(((screenSize.width - frameSize.width) / 2),
                ((screenSize.height - frameSize.height) / 2));
        setSize(frameSize);
        this.setResizable(false);
        this.setVisible(true);
    }
    /**
     * 在文本框上回车、单击按钮激发的事件
     *
     * @param curr
     */
    public void actionPerformed(ActionEvent e) {
        if (e.getSource() == tName || e.getSource() == tPsw
                || e.getSource() == bOk) {
            // (1)判断登录名和密码不能为空
            if (isFormNull()) {
                return;
            }
            // (2)判断登录名和密码是否正确
            String username = tName.getText();
            String password = new String(tPsw.getPassword());
            if (username.equals("lgl") && password.equals("123")) {
                mainFrame = new MainFrame();
                this.dispose();
            } else {
                JOptionPane.showMessageDialog(this, "用户名和密码不存在,请重新输入!");
                tName.setText("");
                tPsw.setText("");
                return;
            }
        } else {// 重置按钮
            tName.setText("");
            tPsw.setText("");
        }
    }
    /**
     * 判断组件内容是否为空
     *
```

```
     * @return 登录名和密码有一个组件内容为空，返回 true，不空返回 false
     */
    private boolean isFormNull() {
        String name = tName.getText().trim();
        if (name.length() == 0) {
            JOptionPane.showMessageDialog(this, "登录名不能为空");
            tName.requestFocus(true);
            return true;
        }
        String password = new String(tPsw.getPassword());
        if (password.length() == 0) {
            JOptionPane.showMessageDialog(this, "密码不能为空");
            return true;
        }
        return false;
    }
    /**
     * 主函数
     *
     * @param args
     */
    public static void main(String[] args) {
        new LoginFrame();
    }
}
```

四、任务小结

通过本任务的实现，主要带领读者学习了以下内容。

- 几个常用的组件：

标签（JLabel）主要用来显示静态文本；

文本框（JTextField）主要用来输入单行文本；

密码输入框（JPasswordField）主要用来输入密码；

按钮（JButton）主要用来触发事件。

- 事件处理机制：事件源、监听器、处理事件的接口和相关方法。
- 容器：主要介绍了面板（JPanel）。
- 布局管理器：主要有流式布局（FlowLayout）、边界式布局（BorderLayout）、网格式布局（GridLayout）、卡片式布局（CardLayout）。

五、上机实训

【实训目的】

1. 掌握文本框和按钮的用法。
2. 掌握 Java 的事件处理机制。
3. 掌握按钮的单击事件的处理方法。
4. 掌握布局管理器的概念及容器的布局策略。

【实训内容】

1. 设计一个简单的计算器（能实现加减乘除运算）。

2．设计一个改变窗口颜色的应用程序，菜单标题为"改变颜色"，有 4 个选项："红色"、"绿色"、"蓝色"和"退出"，在"蓝色"和"退出"之间加一条分隔线，并处理菜单事件。

3．仿照 Windows 计算器，设计并实现计算器的功能。

习 题

（一）填空题

1．假若一个按钮 btn 要产生一个 ActionEvent 事件，则使用（ ）方法来注册监听器。

2．处理按钮的单击事件涉及的接口是（ ），该接口中只有一个方法是（ ）。

3．要设置按钮 bt1 的可用状态用方法（ ）。

4．要设置文本框 tf 不可编辑（ ）。

5．获取文本框 tf 中的文本用的方法是（ ）。

（二）选择题

1．JPanel 和 JApplet 的默认布局管理器是（ ）。

（A）CardLayout   （B）FlowLayout

（C）BorderLayout   （D）GridLayout

2．JFrame 的默认布局管理器是下列哪一个（ ）。

（A）CardLayout   （B）FlowLayout

（C）BorderLayout   （D）GridLayout

3．按钮可以产生 ActionEvent 事件，实现哪个接口可处理此事件（ ）。

（A）FocusListener   （B）ComponentListener

（C）ActionListener   （D）WindowListener

4．容器使用（ ）方法设置布局管理器。

（A）BorderLayout   （B）setLayout   （C）Container   （D）Component

5．可以使用（ ）方法将组件添加到容器中。

（A）addComponent()   （B）add()   （C）setComponent()   （D）Add()

（三）编程题

1．设计一个图形界面的猜数游戏程序。

2．设计一个窗口，里面有两个文本框和一个按钮，在第一个文本框中输入一个数，当单击按钮时，在另一个文本框显示该数字的平方根，要求能处理异常。

子任务三　信息录入界面

【技能目标】

1．能熟练使用复选框、单选按钮、组合框等组件设计界面程序。

2．能正确处理相关组件的事件。

【知识目标】

1. 熟练掌握复选框、单选按钮、组合框等组件的创建和常用属性的设置。
2. 熟练掌握复选框、单选按钮、组合框等组件的常用事件处理方法。

一、任务分析

本任务完成如图 3.1.14 所示的学生信息管理系统的学生信息录入界面设计。通过完成本任务，主要带领读者学习复选框、单选按钮、组合框、列表框、多行文本框等组件的使用以及事件处理方法。

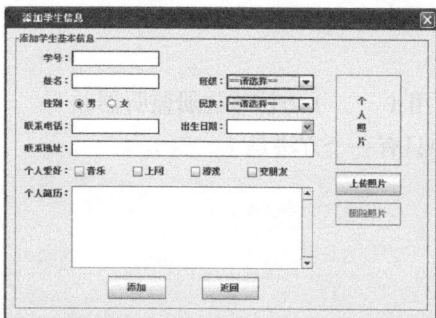

图 3.1.14 学生信息管理系统的信息录入界面

二、相关知识

（一）复选框和单选按钮

java.awt.Checkbox 类可以用来创建选择框。当把每个 Checkbox 类的对象作为单个对象创建时，便是通常所说的复选框；当把一些 Checkbox 对象组成一组，作为单个对象来控制，便是通常所说的单选按钮，在一个单选按钮组中，在任何给定时间，最多只能有一个按钮处于选中状态。

而在 javax.swing 包中，复选框和单选按钮用不同的类来创建。

1. 复选框

javax.swing.JCheckBox 类可以用来创建复选框，复选框通常是一个小框，当选择某个复选框后，里面就有一个小对勾。与 Checkbox 不同的是，JCheckBox 的名字不仅可以是一个字符串，也可以是一个图标。

JCheckBox 类的构造方法和常用方法如表 3.1.17 所示。

表 3.1.17   JCheckBox 类的构造方法和常用方法

方 法 名	方法功能
JCheckBox()	创建一个没有内容、没有图标的复选框
JCheckBox(String text)	创建一个指定内容的复选框
JCheckBox(String text,boolean selected)	创建一个指定内容的复选框，第 2 个参数决定复选框的状态
JCheckBox(Icon icon)	创建一个指定图标的复选框
JCheckBox(Icon icon,boolean selected)	创建一个指定图标的复选框，第 2 个参数决定复选框的状态
JCheckBox(String text,Icon icon)	创建一个指定内容和图标的复选框
JCheckBox(String text,Icon icon,boolean selected)	创建一个指定内容和图标的复选框，第 3 个参数决定复选框的状态
String getLabel()	获取复选框的内容
boolean isSelected()	获取复选框的状态
void setLabel(String label)	设置复选框的内容
void setSelected(boolean state)	设置复选框的状态
void addItemListener(ItemListener l)	添加复选框的选择事件

【案例 3_1_13】 JCheckBox 的应用。

```java
package pack3;
import java.awt.Color;
import java.awt.Dimension;
import java.awt.GridLayout;
import java.awt.Toolkit;
import java.awt.event.ActionEvent;
import java.awt.event.ActionListener;
import javax.swing.JButton;
import javax.swing.JCheckBox;
import javax.swing.JFrame;
import javax.swing.JLabel;
import javax.swing.JPanel;
class Window3_1_13 extends JFrame implements ActionListener {
    JCheckBox chkA, chkB, chkC, chkD;
    JButton ok;
    JLabel lblResult;
    public Window3_1_13() {
        super("JCheckBox 应用");
        setLayout(null);
        JPanel jp = new JPanel();
        jp.setLayout(new GridLayout(5, 1));
        jp.add(new JLabel("Java 运行平台有 3 个版本，它们是（ ）"));
        chkA = new JCheckBox("Java EE");
        chkB = new JCheckBox("Java ME");
        chkC = new JCheckBox("Java SE");
        chkD = new JCheckBox("JDK");
        ok = new JButton("确定");
        lblResult = new JLabel();
        lblResult.setForeground(Color.red);
        jp.add(chkA);
        jp.add(chkB);
        jp.add(chkC);
        jp.add(chkD);
        add(jp);
        add(lblResult);
        add(ok);
        jp.setBounds(10, 5, 300, 120);
        lblResult.setBounds(10, 130, 150, 20);
        ok.setBounds(200, 130, 60, 20);
        ok.addActionListener(this);
        setDefaultCloseOperation(JFrame.EXIT_ON_CLOSE);
        Dimension screenSize = Toolkit.getDefaultToolkit().getScreenSize();
        Dimension frameSize = new Dimension(300, 200);
        if (frameSize.height > screenSize.height) {
            frameSize.height = screenSize.height;
        }
        if (frameSize.width > screenSize.width) {
            frameSize.width = screenSize.width;
        }
        setLocation(((screenSize.width - frameSize.width) / 2),
                ((screenSize.height - frameSize.height) / 2));
        setSize(frameSize);
        this.setVisible(true);
    }
    public void actionPerformed(ActionEvent arg0) {
```

```
            if (chkA.isSelected() && chkB.isSelected() && chkC.isSelected()
                && !chkD.isSelected()) {
                lblResult.setText("你的回答是正确的");
            } else {
                lblResult.setText("你的回答是错误的");
            }
        }
    }
    public class Exam3_1_13 {
                                public static void main(String[] args) {
                                    Window3_1_13 win = new Window3_1_13();
                                }
    }
```

程序运行结果如图 3.1.15 所示。

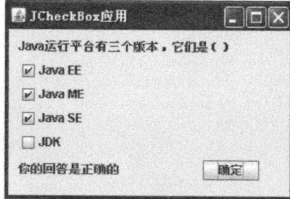

图 3.1.15 复选框的应用

2. 单选按钮

javax.swing.JRadioButton 类可以用来创建单选按钮。

JRadioButton 与 ButtonGroup 配合使用，可以创建一组单选按钮，一次只能选择其中的一个按钮，这就是单选按钮组。

JRadioButton 类的构造方法和常用方法如表 3.1.18 所示。

表 3.1.18　　　　　　　　　JRadioButton 类的构造方法和常用方法

方 法 名	方法功能
JRadioButton()	创建一个没有内容、没有图标的单选按钮
JRadioButton(String text)	创建一个指定内容的单选按钮
JRadioButton(String text,boolean selected)	创建一个指定内容的单选按钮，第二个参数决定单选按钮的状态
JRadioButton(Icon icon)	创建一个指定图标的单选按钮
JRadioButton(Icon icon,boolean selected)	创建一个指定图标的单选按钮，第二个参数决定单选按钮的状态
JRadioButton(String text,Icon icon)	创建一个指定内容和图标的单选按钮
JRadioButton(String text,Icon icon,boolean selected)	创建一个指定内容和图标的单选按钮，第三个参数决定复选框的状态
String getLabel()	获取单选按钮的内容
boolean isSelected()	获取单选按钮的状态
void setLabel(String label)	设置单选按钮的内容
void setSelected(boolean state)	设置单选按钮的状态
void addItemListener(ItemListener l)	添加单选按钮选择事件

复选框和单选按钮上都可以发生 ItemEvent 事件，当复选框或单选按钮的状态发生变化的时候发生 ItemEvent 事件，处理该事件的接口是 ItemListener，该接口中只有一个方法 public void itemStateChanged(ItemEvent e)。

【案例 3_1_14】JRadioButton 的应用。

```
package pack3;
import java.awt.Color;
import java.awt.Dimension;
```

```
import java.awt.GridLayout;
import java.awt.Toolkit;
import java.awt.event.ItemEvent;
import java.awt.event.ItemListener;
import javax.swing.ButtonGroup;
import javax.swing.JFrame;
import javax.swing.JLabel;
import javax.swing.JPanel;
import javax.swing.JRadioButton;
class Window3_1_14 extends JFrame implements ItemListener {
    JRadioButton rbtnA, rbtnB, rbtnC, rbtnD;
    JLabel lblResult;
    public Window3_1_14() {
        super("JRadioButton 应用");
        JPanel jp = new JPanel();
        jp.setLayout(new GridLayout(6, 1));
        jp.add(new JLabel("Java 源程序文件的扩展名是（ ）"));
        ButtonGroup bg = new ButtonGroup();
        rbtnA = new JRadioButton(".txt");
        rbtnB = new JRadioButton(".java");
        rbtnC = new JRadioButton(".class");
        rbtnD = new JRadioButton(".exe");
        bg.add(rbtnA);
        bg.add(rbtnB);
        bg.add(rbtnC);
        bg.add(rbtnD); // 放在一组
        jp.add(rbtnA);
        jp.add(rbtnB);
        jp.add(rbtnC);
        jp.add(rbtnD); // 放置在面板中
        lblResult = new JLabel();
        lblResult.setForeground(Color.red);
        jp.add(lblResult);
        add(jp);
        rbtnA.addItemListener(this);
        rbtnB.addItemListener(this);
        rbtnC.addItemListener(this);
        rbtnD.addItemListener(this);
        setDefaultCloseOperation(JFrame.EXIT_ON_CLOSE);
        Dimension screenSize = Toolkit.getDefaultToolkit().getScreenSize();
        Dimension frameSize = new Dimension(300, 200);
        if (frameSize.height > screenSize.height) {
            frameSize.height = screenSize.height;
        }
        if (frameSize.width > screenSize.width) {
            frameSize.width = screenSize.width;
        }
        setLocation(((screenSize.width - frameSize.width) / 2),
                ((screenSize.height - frameSize.height) / 2));
        setSize(frameSize);
        this.setVisible(true);
    }
    public void itemStateChanged(ItemEvent e) {
        if (e.getSource() == rbtnA) {
            lblResult.setText("你的答案是错误的");
        } else if (e.getSource() == rbtnB) {
```

```
                lblResult.setText("你的答案是正确的");
        } else if (e.getSource() == rbtnC) {
                lblResult.setText("你的答案是错误的");
        } else if (e.getSource() == rbtnD) {
                lblResult.setText("你的答案是错误的");
                                        }
                                }
                        }
                public class Exam3_1_14 {
                        public static void main(String[] args) {
                                Window3_1_14 win = new Window3_1_14();
                        }
                }
```

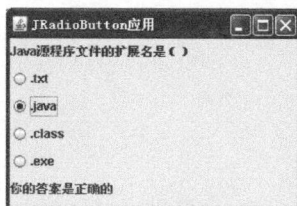

图 3.1.16　单选按钮的应用　　程序运行结果如图 3.1.16 所示。

（二）组合框和列表框

1.　组合框

java.awt.Choice 和 javax.swing.JComboBox 都可以创建组合框，这里主要介绍 JComboBox。
组合框是用户十分熟悉的一个组件，用户可以在组合框中看到第一个选项和旁边的三角按钮。
默认情况下，组合框是不可编辑的，用户只能选择一个选项；如果将组合框设置为可编辑的话，
用户也可以在组合框中直接输入自己的数据。

JComboBox 类的构造方法和常用方法如表 3.1.19 所示。

表 3.1.19　　　　　　　　　　JComboBox 类的构造方法和常用方法

方 法 名	方法功能
JComboBox()	创建一个默认模式的组合框
JComboBox(Object[] items)	创建一个包含指定数组中的元素的组合框
void addItem(Object anObject)	向组合框中添加列表项
int getItemCount()	获取组合框中列表项的个数
int getItemSelectedIndex()	获取组合框中选择的列表项的索引
Object getItemSelectedItem()	获取组合框中选择的列表项的值
void removeAllItems()	移动组合框中所有的列表项
void removeItem(Object anObject)	移动组合框中指定值的列表项
void setEditable(boolean aFlag)	设置组合框是否可编辑
void addItemListener(ItemListener l)	添加组合框的选择事件

【案例 3_1_15】JComboBox 的应用。（用组合框实现案例 3_1_11 的功能。）

```
package pack3;
import java.awt.CardLayout;
import java.awt.Dimension;
import java.awt.Toolkit;
import java.awt.event.ItemEvent;
import java.awt.event.ItemListener;
import javax.swing.JComboBox;
import javax.swing.JFrame;
```

```
import javax.swing.JLabel;
import javax.swing.JPanel;
class Window3_1_15 extends JFrame implements ItemListener {
    String strLanguage[] = { "中文", "英文", "日文", "法文" };
    JComboBox cboLanguage = new JComboBox(strLanguage);
    JLabel lblChinese = new JLabel("你好", JLabel.CENTER),
            lblEnglish = new JLabel("Hello", JLabel.CENTER),
            lblJapanese = new JLabel("こんにちは", JLabel.CENTER),
            lblFrench = new JLabel("bonjour", JLabel.CENTER);
    JPanel pNorth, pCenter;
    CardLayout mycard;
    public Window3_1_15() {
        super("JComboBox 应用");
        pNorth = new JPanel();
        pNorth.add(new JLabel("请选择语言："));
        pNorth.add(cboLanguage);
        pCenter = new JPanel();
        mycard = new CardLayout();
        pCenter.setLayout(mycard);
        pCenter.add(lblChinese, "ch");
        pCenter.add(lblEnglish, "en");
        pCenter.add(lblJapanese, "ja");
        pCenter.add(lblFrench, "fr");
        add(pNorth, "North");
        add(pCenter);
        cboLanguage.addItemListener(this);
        setDefaultCloseOperation(JFrame.EXIT_ON_CLOSE);
        Dimension screenSize = Toolkit.getDefaultToolkit().getScreenSize();
        Dimension frameSize = new Dimension(300, 150);
        if (frameSize.height > screenSize.height) {
            frameSize.height = screenSize.height;
        }
        if (frameSize.width > screenSize.width) {
            frameSize.width = screenSize.width;
        }
        setLocation(((screenSize.width - frameSize.width) / 2),
                ((screenSize.height - frameSize.height) / 2));
        setSize(frameSize);
        this.setVisible(true);
    }
    public void itemStateChanged(ItemEvent arg0) {
        String strSel = (String) cboLanguage.getSelectedItem();
        if (strSel.equals("中文")) {
            mycard.show(pCenter, "ch");
        } else if (strSel.equals("英文")) {
            mycard.show(pCenter, "en");
        } else if (strSel.equals("日文")) {
            mycard.show(pCenter, "ja");
        } else if (strSel.equals("法文")) {
            mycard.show(pCenter, "fr");
        }
    }
}
public class Exam3_1_15 {
    public static void main(String[] args) {
```

```
        Window3_1_15 win = new Window3_1_15();
    }
}
```

2. 列表框

java.awt.List 和 javax.swing.JList 都可以用来创建列表框，不同的是 JList 不支持滚动条。这里主要介绍 JList。

列表框和组合框类似，不同的是，列表框允许选择多个列表项，另外由于 JList 不支持滚动条，因此要创建滚动列表，需要将 JList 放置到滚动面板（JScrollPane）中。如：

```
    JScrollPane scrollPane = new JScrollPane(dataList);
```
或者
```
    JScrollPane scrollPane = new JScrollPane();
    scrollPane.getViewport().setView(dataList);
```

JList 类的构造方法和常用方法如表 3.1.20 所示。

表 3.1.20　　　　　　　　　　　JList 类的构造方法和常用方法

方 法 名	方法功能
JList()	创建一个默认模式的列表框
JList(Object[] items)	创建一个包含指定数组中的元素的列表框
void addItem(Object anObject)	向列表框中添加列表项
int getItemSelectedIndex()	获取列表框中选择的第一个列表项的索引
int[] getItemSelectedIndicex()	获取列表框中选择的所有列表项的索引数组
Object getItemSelectedValue()	获取列表框中选择的第一个列表项的值
Object[] getItemSelectedValues()	获取列表框中选择的所有列表项的值数组
void setSelectionMode(int mode)	设置列表框是否允许多选
void setVisibleRowCount(int n)	设置列表框的可见行数
void addListSelectionListener (ListSelectionListener l)	添加列表框的选择事件

思考：如何使用 JList 完成案例 3_1_15 的功能？

（三）多行文本框

java.awt.TextArea 和 javax.swing.JTextArea 都可以用来创建多行文本框，不同的是，JTextArea 创建的文本框不支持滚动条，这里主要介绍 JTextArea。

由于 JTextArea 不支持滚动条，如果想要达到滚动效果，可以将 JTextArea 放置到滚动面板（JScrollPane）中。

对于 TextArea，可以通过添加一个 TextEvent 的 TextListener 来对多行文本框内容的更改进行监视。在基于 JTextComponent 的组件中，更改通过 DocumentEvent 从模型传播到 DocumentListeners。DocumentEvent 给出了更改的位置和更改种类（如果需要）。代码片段如下所示：

```
DocumentListener myListener = new DocumentListener();
JTextArea myArea = new JTextArea();
myArea.getDocument().addDocumentListener(myListener);
```

JTextArea 类的构造方法和常用方法如表 3.1.21 所示。

表 3.1.21 　　　　　　　　　　　　　JTextArea 类的构造方法和常用方法

方 法 名	方 法 功 能
JTextArea()	创建一个没有初始值的多行文本框
JTextArea(String text)	创建一个指定文本作为初始值的多行文本框
JTextArea(int rows,int cols)	创建一个指定行数和列数的多行文本框
JTextArea(String text,int rows,int cols)	创建一个指定文本、指定行数和列数的多行文本框
void append(String str)	将指定文本追加到末尾
void insert(String str,int pos)	将指定文本插入到指定位置
void replaceRange(String str,int start,int end)	用指定的新文本替换从指定开始位置和结束位置的文本
int getCaretPosition()	获取当前光标的位置
String getSelectedText()	获取选中的文本
int getSelectionStart()	获取选中文本的开始位置
int getSelectionEnd()	获取选中文本的结束位置

【案例 3_1_16】模仿 Windows 的记事本，设计一个简单的记事本。

在本例中，实现了文本的基本编辑功能，如剪切、复制、粘贴、删除等，关于文件的打开、保存等功能，可以作为拓展任务由读者自己实现。

```java
package pack3;
import java.awt.datatransfer.Clipboard;
import java.awt.datatransfer.DataFlavor;
import java.awt.datatransfer.StringSelection;
import java.awt.datatransfer.Transferable;
import java.awt.event.ActionEvent;
import java.awt.event.ActionListener;
import java.awt.event.MouseAdapter;
import java.awt.event.MouseEvent;
import java.awt.event.WindowAdapter;
import java.awt.event.WindowEvent;
import javax.swing.JCheckBoxMenuItem;
import javax.swing.JFrame;
import javax.swing.JMenu;
import javax.swing.JMenuBar;
import javax.swing.JMenuItem;
import javax.swing.JOptionPane;
import javax.swing.JPopupMenu;
import javax.swing.JScrollPane;
import javax.swing.JTextArea;
import javax.swing.event.DocumentEvent;
import javax.swing.event.DocumentListener;
class Window3_1_16 extends JFrame implements DocumentListener, ActionListener {
    JTextArea ta = new JTextArea();
    JMenuBar bar = new JMenuBar();
    JMenu fileMenu, editMenu, formatMenu;
    JMenuItem newfileItem, openfileItem, savefileItem, saveasfileItem,
            exitItem, cutItem, copyItem, pasteItem, deleteItem, findItem,
            replaceItem, selectallItem, linewrapItem, fontItem;
    Clipboard clipboard = null;                           // 剪贴板对象
    JPopupMenu popMain;
    public Window3_1_16() {
```

```
        super("我的记事本");
        clipboard = getToolkit().getSystemClipboard();        // 获取系统剪贴板
        // **********添加菜单**********
        fileMenu = new JMenu("文件");
        editMenu = new JMenu("编辑");
        formatMenu = new JMenu("格式");
        newfileItem = new JMenuItem("新建");
        openfileItem = new JMenuItem("打开");
        savefileItem = new JMenuItem("保存");
        saveasfileItem = new JMenuItem("另存为");
        exitItem = new JMenuItem("退出");
        cutItem = new JMenuItem("剪切");
        copyItem = new JMenuItem("复制");
        pasteItem = new JMenuItem("粘贴");
        deleteItem = new JMenuItem("删除");
        findItem = new JMenuItem("查找");
        replaceItem = new JMenuItem("替换");
        selectallItem = new JMenuItem("全选");
        linewrapItem = new JCheckBoxMenuItem("自动换行");
        fontItem = new JMenuItem("字体");
        fileMenu.add(newfileItem);
        fileMenu.add(openfileItem);
        fileMenu.add(savefileItem);
        fileMenu.add(saveasfileItem);
        fileMenu.addSeparator();
        fileMenu.add(exitItem);
        editMenu.add(cutItem);
        editMenu.add(copyItem);
        editMenu.add(pasteItem);
        editMenu.add(deleteItem);
        editMenu.addSeparator();
        editMenu.add(findItem);
        editMenu.add(replaceItem);
        formatMenu.add(linewrapItem);
        formatMenu.add(fontItem);
        bar.add(fileMenu);
        bar.add(editMenu);
        bar.add(formatMenu);
        setJMenuBar(bar);
        // 快捷菜单
        popMain = new JPopupMenu();
        popMain.add(cutItem);
        popMain.add(copyItem);
        popMain.add(pasteItem);
        popMain.add(deleteItem);
        // **********添加多行文本框**********
        JScrollPane jsp = new JScrollPane(ta);
        add(jsp);
        // **********菜单和多行文本框注册监视器**********
        ta.addMouseListener(new PopupListener());
        ta.getDocument().addDocumentListener(this);
        newfileItem.addActionListener(this);
```

```java
        openfileItem.addActionListener(this);
        savefileItem.addActionListener(this);
        saveasfileItem.addActionListener(this);
        exitItem.addActionListener(this);
        cutItem.addActionListener(this);
        copyItem.addActionListener(this);
        pasteItem.addActionListener(this);
        deleteItem.addActionListener(this);
        findItem.addActionListener(this);
        replaceItem.addActionListener(this);
        selectallItem.addActionListener(this);
        linewrapItem.addActionListener(this);
        fontItem.addActionListener(this);
        // **********关闭窗口时**********
        addWindowListener(new WindowAdapter() {
            public void windowClosing(WindowEvent e) {
                int op = JOptionPane.showConfirmDialog(null, "文件已经修改，是否保存",
                        "我的记事本", JOptionPane.YES_NO_CANCEL_OPTION);
                if (op == JOptionPane.YES_OPTION) {
                    // 保存文件，退出
                    System.exit(0);
                } else if (op == JOptionPane.NO_OPTION) {
                    // 不保存文件，退出
                    System.exit(0);
                } else {
                    // 取消操作
                }
            }
        });
        setExtendedState(JFrame.MAXIMIZED_BOTH); // 窗口最大化
        setDefaultCloseOperation(JFrame.EXIT_ON_CLOSE);
        this.setVisible(true);
    }
    public void changedUpdate(DocumentEvent e) {
        System.out.println("changUpdate");
    }
    public void insertUpdate(DocumentEvent e) {
        System.out.println("insertUpdate");
    }
    public void removeUpdate(DocumentEvent e) {
        System.out.println("removeUpdate");
    }
    public void actionPerformed(ActionEvent e) {
        if (e.getSource() == newfileItem) {// 新建文件
        } else if (e.getSource() == openfileItem) {// 打开文件
        } else if (e.getSource() == savefileItem) { // 保存文件
        } else if (e.getSource() == saveasfileItem) {// 另存为
        } else if (e.getSource() == cutItem) {// 剪切
            String temp = ta.getSelectedText();
            StringSelection t = new StringSelection(temp);
            clipboard.setContents(t, null);
            int start = ta.getSelectionStart();
            int end = ta.getSelectionEnd();
            ta.replaceRange("", start, end);
```

```
        } else if (e.getSource() == copyItem) {// 复制
            String temp = ta.getSelectedText();// 获取文本区中选中的文本
            StringSelection t = new StringSelection(temp); // StringSelection 创建一个
            能以无格式文本格式传送指定字符串的可传送对象
            clipboard.setContents(t, null); // 将 t 放入剪贴板
        } else if (e.getSource() == pasteItem) {// 粘贴
            Transferable contents = clipboard.getContents(this);
            // 接口类型 Transferable：为用来为传送操作提供数据的类定义接口
            // getContents():返回一个表示剪贴板的当前内容的可传输对象
            DataFlavor flavor = DataFlavor.stringFlavor;
            if (contents.isDataFlavorSupported(flavor))
                try {
                    String str;
                    str = (String) contents.getTransferData(flavor);
                    int pos = ta.getCaretPosition();
                    ta.insert(str, pos);
                } catch (Exception ee) {
                }
        } else if (e.getSource() == deleteItem) {// 删除
            int start = ta.getSelectionStart();
            int end = ta.getSelectionEnd();
            ta.replaceRange("", start, end);
        } else if (e.getSource() == findItem) {// 查找
        } else if (e.getSource() == replaceItem) {// 替换
        } else if (e.getSource() == linewrapItem) {// 自动换行
            ta.setLineWrap(true);
        } else if (e.getSource() == exitItem) { // 退出
            int op = JOptionPane.showConfirmDialog(this, "文件已经修改,是否保存",
                    "我的记事本", JOptionPane.YES_NO_CANCEL_OPTION);
            if (op == JOptionPane.YES_OPTION) {
                // 保存文件, 退出
                System.exit(0);
            } else if (op == JOptionPane.NO_OPTION) {
                // 不保存文件, 退出
                System.exit(0);
            } else {
                // 取消操作
            }
        }
    }

    class PopupListener extends MouseAdapter {
        public void mousePressed(MouseEvent e) {
            System.out.println("按下鼠标键"+e.getModifiers()+" "+e.getButton());
            if (e.getButton() == MouseEvent.BUTTON3 && !e.isPopupTrigger()) {
                popMain.show(e.getComponent(), e.getX(), e.getY());
            }
        }
    }
}
public class Exam3_1_16 {
    public static void main(String[] args) {
        Window3_1_16 win = new Window3_1_16();
```

```
        }
    }
```

三、任务实现

实现学生信息管理系统的信息录入界面，在单击"添加"按钮后，系统首先判断各组件内容是否为空，如果为空，不能实现添加功能（具体添加功能的实现在"任务二"中完成）。

```java
package pack3.task1;
import java.awt.Color;
import java.awt.Dimension;
import java.awt.Toolkit;
import java.awt.event.ActionEvent;
import java.awt.event.ActionListener;
import java.awt.event.WindowAdapter;
import java.awt.event.WindowEvent;
import javax.swing.ButtonGroup;
import javax.swing.JButton;
import javax.swing.JCheckBox;
import javax.swing.JComboBox;
import javax.swing.JFrame;
import javax.swing.JLabel;
import javax.swing.JOptionPane;
import javax.swing.JPanel;
import javax.swing.JRadioButton;
import javax.swing.JScrollPane;
import javax.swing.JTextArea;
import javax.swing.JTextField;
import javax.swing.border.LineBorder;
import javax.swing.border.TitledBorder;

/**
 * 添加信息界面
 *
 * @author Administrator
 *
 */
public class AddFrame extends JFrame implements ActionListener {
    private static final long serialVersionUID = 1L;
    private JPanel jp;
    private JLabel lblNo;              // 学号
    private JTextField txtNo;          // 学号
    private JLabel lblClass;           // 班级
    private JComboBox cboClass;        // 班级
    private JLabel lblName;            // 姓名
    private JTextField txtName;        // 姓名
    private JLabel lblSex;             // 性别
    private JRadioButton rdbSex[];     // 性别
    private JLabel lblMinZu;           // 民族
    private JComboBox cboMinZu;        // 民族
    String strMinzu = "==请选择==,汉族,少数民族";
    private JLabel lblPhone;           // 联系电话
    private JTextField txtPhone;       // 联系电话
    private JLabel lblBirthday;        // 出生日期
```

```java
    private JTextField txtBirthday;  // 出生日期
    private JLabel lblAddress;
    private JTextField txtAddress;  // 联系地址
    private JLabel lblHappy;
    private JCheckBox chkHappy[];    // 个人爱好
    private JLabel lblJianLi;
    private JTextArea txtJianLi;     // 个人简历
    private JLabel lblPicture;       // 个人照片
    private JButton btnUpload;       // 上传照片
    private JButton btnAdd;          // 添加
    private JButton btnBack;         // 返回

    public AddFrame() {
        this.setTitle("添加学生信息");
        this.setIconImage(Toolkit.getDefaultToolkit().getImage(
                "images/title/add.png"));
        this.setLayout(null);
        jp = new JPanel(null);       // 使用空布局

        TitledBorder tb = new TitledBorder("添加学生基本信息");  // 标题
        tb.setTitleColor(Color.red);      // 标题颜色

        tb.setBorder(new LineBorder(Color.gray, 1, false));
        jp.setBorder(tb);
        jp.setBounds(10, 5, 575, 370);
        this.add(jp);
        // 添加一些组件，添加到 jp 上
        int x0 = 15, y0 = 55, w0 = 65, h0 = 20;
        int w1 = 120, ww = 30, hh = 10;

        // 第一行
        lblNo = new JLabel("学号: ");
        lblNo.setHorizontalAlignment(JLabel.RIGHT);
        lblNo.setBounds(x0, 25, w0, h0);
        jp.add(lblNo);

        txtNo = new JTextField();
        txtNo.setBounds(x0 + w0, 25, w1, h0);
        txtNo.setBorder(new LineBorder(Color.black, 1, false));
        jp.add(txtNo);

        lblName = new JLabel("姓名: ");
        lblName.setHorizontalAlignment(JLabel.RIGHT);
        lblName.setBounds(x0, y0, w0, h0);
        jp.add(lblName);

        txtName = new JTextField();
        txtName.setBounds(x0 + w0, y0, w1, h0);
        txtName.setBorder(new LineBorder(Color.black, 1, false));
        jp.add(txtName);

        lblClass = new JLabel("班级: ");
        lblClass.setHorizontalAlignment(JLabel.RIGHT);
```

```
lblClass.setBounds(txtName.getX() + w1 + ww, y0, w0, h0);
jp.add(lblClass);

cboClass = new JComboBox();
cboClass.addItem("==请选择==");
        cboClass.setBounds(lblClass.getX() + w0, y0, w1, h0);
cboClass.setBorder(new LineBorder(Color.black, 1, false));
jp.add(cboClass);

// 第二行
lblSex = new JLabel("性别：");
lblSex.setHorizontalAlignment(JLabel.RIGHT);
lblSex.setBounds(x0, lblName.getY() + h0 + hh, w0, h0);
jp.add(lblSex);

String[] strSex = { "男", "女" };
rdbSex = new JRadioButton[strSex.length];
ButtonGroup bg = new ButtonGroup();// 按钮组
for (int i = 0; i < strSex.length; i++) {
    rdbSex[i] = new JRadioButton(strSex[i]);
    bg.add(rdbSex[i]);
    jp.add(rdbSex[i]);
    rdbSex[i].setBounds(lblSex.getX() + w0 + 45 * i, lblSex.getY(), 45,
            h0);
}
rdbSex[0].setSelected(true);      // 被选择

lblMinZu = new JLabel("民族：");
lblMinZu.setHorizontalAlignment(JLabel.RIGHT);
    lblMinZu.setBounds(lblClass.getX(), lblSex.getY(), w0, h0);
jp.add(lblMinZu);

// 将字符串分割成字符串数组 split
String[] minZuArray = strMinzu.split(",");
cboMinZu = new JComboBox();
for (int i = 0; i < minZuArray.length; i++) {
    cboMinZu.addItem(minZuArray[i]);
}
cboMinZu.setBounds(cboClass.getX(), lblMinZu.getY(), w1, h0);
cboMinZu.setBorder(new LineBorder(Color.black, 1, false));
jp.add(cboMinZu);

// 第三行
lblPhone = new JLabel("联系电话：");
lblPhone.setHorizontalAlignment(JLabel.RIGHT);
lblPhone.setBounds(x0, lblSex.getY() + h0 + hh, w0, h0);
jp.add(lblPhone);

txtPhone = new JTextField();
txtPhone.setBounds(txtNo.getX(), lblPhone.getY(), w1, h0);
txtPhone.setBorder(new LineBorder(Color.black, 1, false));
jp.add(txtPhone);

lblBirthday = new JLabel("出生日期：");
```

```
lblBirthday.setHorizontalAlignment(JLabel.RIGHT);
lblBirthday.setBounds(lblClass.getX(), lblPhone.getY(), w0, h0);
jp.add(lblBirthday);

txtBirthday = new JTextField();
txtBirthday.setBounds(cboClass.getX(), lblPhone.getY(), w1, h0);
txtBirthday.setBorder(new LineBorder(Color.black, 1, false));
jp.add(txtBirthday);
// 第四行
lblAddress = new JLabel("联系地址: ");
lblAddress.setHorizontalAlignment(JLabel.RIGHT);
lblAddress.setBounds(x0, lblPhone.getY() + h0 + hh, w0, h0);
jp.add(lblAddress);

txtAddress = new JTextField();
txtAddress.setBounds(txtNo.getX(), lblAddress.getY(),
        w1 + ww + w0 + w1, h0);
txtAddress.setBorder(new LineBorder(Color.black, 1, false));
jp.add(txtAddress);

// 第五行
lblHappy = new JLabel("个人爱好: ");
lblHappy.setHorizontalAlignment(JLabel.RIGHT);
lblHappy.setBounds(x0, lblAddress.getY() + h0 + hh, w0, h0);
jp.add(lblHappy);

String strHappy[] = { "音乐", "上网", "游戏", "交朋友" };
chkHappy = new JCheckBox[strHappy.length];
for (int i = 0; i < strHappy.length; i++) {
    chkHappy[i] = new JCheckBox(strHappy[i]);
    chkHappy[i].setBounds(txtNo.getX() + 80 * i, lblHappy.getY(), 80,
            h0);
    jp.add(chkHappy[i]);
}

// 第六行
lblJianLi = new JLabel("个人简历: ");
lblJianLi.setHorizontalAlignment(JLabel.RIGHT);
lblJianLi.setBounds(x0, lblHappy.getY() + h0 + hh, w0, h0);
jp.add(lblJianLi);

txtJianLi = new JTextArea();
txtJianLi.setLineWrap(true);// 自动换行
JScrollPane jsp = new JScrollPane(txtJianLi,
        JScrollPane.VERTICAL_SCROLLBAR_ALWAYS,
        JScrollPane.HORIZONTAL_SCROLLBAR_NEVER);
jsp.setBounds(txtNo.getX(), lblJianLi.getY(), w1 + ww + w0 + w1, 110);
jp.add(jsp);

// 第七行
btnAdd = new JButton("添加");
btnAdd.setBounds(130, jsp.getY() + jsp.getHeight() + hh, 80, 30);
btnAdd.addActionListener(this);
jp.add(btnAdd);
```

```
        btnBack = new JButton("返回");
        btnBack.setBounds(btnAdd.getX() + btnAdd.getWidth() + 50,
                btnAdd.getY(), btnAdd.getWidth(), btnAdd.getHeight());
        btnBack.addActionListener(this);
        jp.add(btnBack);

        // 设置图片的位置
        lblPicture = new JLabel(
                "<html>      个<br>      人<br>      照<br>      片<br></html>");
        lblPicture.setBorder(new LineBorder(Color.gray, 1, true));
        lblPicture.setBounds(x0 + w0 + w1 + ww + w0 + w1 + ww, y0, 90, 120);
        jp.add(lblPicture);

        btnUpload = new JButton("上传照片");
        btnUpload.setBounds(lblPicture.getX(), lblPicture.getY()
                + lblPicture.getHeight() + hh, 90, 30);
        btnUpload.addActionListener(this);
        jp.add(btnUpload);
        // this.setModal(true);// 窗口独占模式
        this.setDefaultCloseOperation(JFrame.DO_NOTHING_ON_CLOSE);
        // 匿名内部类
        this.addWindowListener(new WindowAdapter() {
            public void windowClosing(WindowEvent arg0) {
                closeWindow();
            }
        });
        Dimension screenSize = Toolkit.getDefaultToolkit().getScreenSize();
        Dimension frameSize = new Dimension(600, 420);
        if (frameSize.height > screenSize.height) {
            frameSize.height = screenSize.height;
        }
        if (frameSize.width > screenSize.width) {
            frameSize.width = screenSize.width;
        }
        setLocation(((screenSize.width - frameSize.width) / 2),
                ((screenSize.height - frameSize.height) / 2));
        // 设置窗口的大小
        setSize(frameSize);
        this.setResizable(false);
        this.setVisible(true);
    }

    protected void closeWindow() {
        // 关闭窗口
        this.dispose();// 释放本窗口资源
    }

    public void actionPerformed(ActionEvent e) {
        if (e.getSource() == btnAdd) {// 添加按钮
            // （1）判断组件内容不允许为空
            if (isNullForm()) {
                return;
            }
            // （2）添加学生信息
```

```
        }
    }

    /**
     * 判断组件的内容是否为空
     *
     * @return
     */
    private boolean isNullForm() {
        if (txtNo.getText().trim().length() == 0) {
            JOptionPane.showMessageDialog(this, "【学号】不能为空！");
            txtNo.requestFocus(true);
            return true;
        }

        if (txtName.getText().trim().length() == 0) {
            JOptionPane.showMessageDialog(this, "【姓名】不能为空！");
            txtName.requestFocus(true);
            return true;
        }
        if (cboClass.getSelectedIndex() == 0) {
            JOptionPane.showMessageDialog(this, "请选择【班级】！");
            cboClass.requestFocus(true);
            return true;
        }
        if (cboMinZu.getSelectedIndex() == 0) {
            JOptionPane.showMessageDialog(this, "请选择【民族】！");
            cboMinZu.requestFocus(true);
            return true;
        }

        if (txtBirthday.getText().trim().length() == 0) {
            JOptionPane.showMessageDialog(this, "【出生日期】不能为空！");
            txtBirthday.requestFocus(true);
            return true;
        }

        if (txtAddress.getText().trim().length() == 0) {
            JOptionPane.showMessageDialog(this, "【联系地址】不能为空！");
            txtAddress.requestFocus(true);
            return true;
        }
        return false;
    }
    public static void main(String a[]) {
        new AddFrame();
    }
}
```

四、任务小结

通过本任务的实现，主要带领读者学习了以下内容。

● 几种常用的组件。

复选框（JCheckBox）主要用于多个选项同时选择的情形；

单选按钮（JRadioButton）主要用于多个选项任选其一的情形；

组合框（JComboBoxz）和列表框（JList）都用于选择给定列表中的一项或多项；

多行文本框（JTextArea）主要用于输入多行文本。

- 这几种组件的基本事件处理方法。

五、上机实训

【实训目的】

1．掌握复选框和单选按钮的用法。

2．掌握组合框和列表框的用法。

3．掌握多行文本框的用法。

4．掌握 ItemEvent 事件的处理方法。

【实训内容】

1．设计一个简单的标准化考试窗口，题型有单选题和多选题，可以连续答题，最后给出成绩。

2．设计一个用户注册窗口，能够输入用户的基本信息，如姓名、性别、年龄、民族、政治面貌、家庭住址、个人说明等。

习 题

（一）填空题

1．向组合框 JComboBox 添加列表项的方法是（　　　）。

2．获取组合框 JComboBox 中选择项的方法是（　　　）。

3．设置多行文本框 JTextArea 中的文本自动换行的方法是（　　　）。

4．试说明组合框 JComboBox 和 JList 的区别。

（二）选择题

1．向 JTextArea 的（　　）方法传递 false 参数可以防止用户修改文本。

（A）setEditable 　　　（B）ChangeListener 　　（C）add 　　　　　（D）addSeparator

2．为了能够通过选择输入学生性别，使用组件的最佳选择是（　　）。

（A）JCheckBox 　　　（B）JRadioButton 　　　（C）JCobmoBox 　　（D）JList

3．当选中一个复选框，即在前面的方框上打上对勾，引发的事件是（　　）。

（A）ActiohEvent 　　　（B）ItemEvent 　　　（C）SelectEvent 　　　（D）ChangeEvent

（三）编程题

1．设计一个模拟交通信号灯的窗口。窗口内包含表示红、绿、黄 3 种颜色信号灯的图标标签，3 个对应的单选按钮（标题为红灯、绿灯、黄灯），每当一个按钮被选中，则与之相对应的信号灯亮（即可见）。

2．设计一个窗口，窗口上方是一个组合框，组合框中的列表项有：北京、天津、上海、重庆等城市的名称，窗口下方是一个文本区，当选择某一个城市名称时，在下方的文本区中显示该城市的介绍信息。

3. 用列表框完成上题。

子任务四　信息查询界面

【技能目标】

1. 能熟练使用对话框设计界面程序。

2. 能正确处理窗口事件、鼠标事件、键盘事件、焦点事件等常用事件。

【知识目标】

1. 了解对话框的特点及对话框与窗口的区别。

2. 掌握常用对话框的使用方法。

3. 熟练掌握 Java 中的常用事件处理方法。

一、任务分析

本任务完成如图 3.1.17 和图 3.1.18 所示的学生信息管理系统的学生信息查询界面设计，通过完成该任务，主要带领读者学习对话框的创建方法、与框架窗口的区别以及常用组件事件如鼠标事件、键盘事件等事件的处理方法。

1. 学号录入界面

2. 查询结果界面

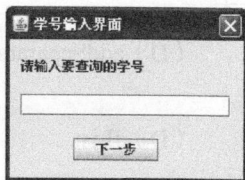

图 3.1.17　学号输入界面

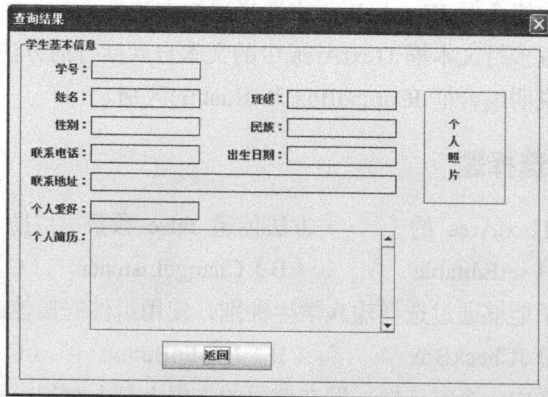

图 3.1.18　"查询结果"界面

二、相关知识

（一）对话框

Dialog 类和 Frame 都是 Window 的子类，不同的是 Dialog 不能添加菜单，而且 Dialog 对话框必须依附于某个窗口或组件，当它所依赖的窗口或组件消失，对话框也将消失；而当它所依赖的窗口或组件可见时，对话框又会自动恢复。

javax.swing.JDialog 是 java.awt.Dialog 的子类，都可以用来创建对话框。这里主要介绍JDialog 类。

对话框具有两种形式：有模式对话框和无模式对话框。

如果一个对话框是有模式的，那么当这个对话框处于激活状态时，只让程序响应对话框内部的事件，程序不能再激活它所依赖的窗口，而且它将堵塞当前线程的执行，即堵塞使得对话框处于激活状态的线程，直到该对话框消失不可见。

如果一个对话框是无模式的，当它处于激活状态时，程序仍能激活它所依赖的窗口或组件，它也不堵塞线程的执行。

1. JDialog 类

JDialog 类的构造方法和常用方法如表 3.1.22 所示。

表 3.1.22　　　　　　　　　　　JDialog 类的构造方法和常用方法

方 法 名	方法功能
JDialog()	创建一个没有标题并且没有指定所有者的无模式对话框
JDialog(Frame owner)	创建一个没有标题、指定所有者窗体的无模式对话框
JDialog(Frame owner,String title)	创建一个指定标题、指定所有者窗体的无模式对话框
JDialog(Frame owner,boolean modal)	创建一个没有标题、指定所有者窗体的有模式或无模式对话框
JDialog(Frame owner,String title,boolean modal)	创建一个指定标题、指定所有者窗体的有模式或无模式对话框
void setTitle(String title)	设置对话框的标题
void setModal(boolean modal)	设置对话框的模式
setVisible(boolean b)	设置对话框的可见性

在创建对话框时，对话框的所有者也可以是 Dialog 对象，由于对话框是 Window 类的子类，所以对话框和窗体一样，在创建之后默认是不可见的。

【案例 3_1_17】设计两个对话框，一个用来求三角形的面积，一个用来求圆的面积。主窗口有两个菜单项"三角形面积计算"和"圆面积计算"。

```
package pack3;
import javax.swing.*;
import java.awt.FlowLayout;
import java.awt.event.*;
// 计算圆面积的对话框
class Circle extends JDialog implements ActionListener{
    double r, area;
    JTextField txtR = null, txtResult = null;
    JButton b = null;
    Circle(JFrame f, String s, boolean mode) {
        super(f, s, mode);
        setLayout(new FlowLayout());
        txtR = new JTextField(10);
        txtResult = new JTextField(10);
        b = new JButton("求面积");
        add(new JLabel("输入半径"));
```

```java
            add(txtR);
            add(b);
            add(new JLabel("面积是:"));
            add(txtResult);
            validate();
            b.addActionListener(this);
            setResizable(false);
            setBounds(60, 60, 260, 100);
            addWindowListener(new WindowAdapter() {
                public void windowClosing(WindowEvent e) {
                    setVisible(false);
                }
            });
        }
        public void actionPerformed(ActionEvent e) {
            try {
                r = Double.parseDouble(txtR.getText());
                area = Math.PI * r * r;
                txtResult.setText("" + area);
            } catch (Exception ee) {
                txtR.setText("请输入数字字符");
            }
        }
    }
    // 计算三角形面积的对话框
    class Trangle extends JDialog implements ActionListener{
        double a = 0, b = 0, c = 0, area;
        JTextField txtA = new JTextField(6), txtB = new JTextField(6),
                txtC = new JTextField(6), txtResult = new JTextField(8);
        JButton JButton = new JButton("求面积");
        Trangle(JFrame f, String s, boolean mode) {
            super(f, s, mode);
            setLayout(new FlowLayout());
            add(new JLabel("输入三边的长度:"));
            add(txtA);
            add(txtB);
            add(txtC);
            add(JButton);
            add(new JLabel("面积是:"));
            add(txtResult);
            validate();
            JButton.addActionListener(this);
            setResizable(false);
            setBounds(60, 60, 360, 100);
            addWindowListener(new WindowAdapter() {
                public void windowClosing(WindowEvent e) {
                    setVisible(false);
                }
            });
        }
        public void actionPerformed(ActionEvent e)
        {
            try {
                a = Double.parseDouble(txtA.getText());
                b = Double.parseDouble(txtB.getText());
                c = Double.parseDouble(txtC.getText());
```

```
            if (a + b > c && a + c > b && c + b > a) {
                double p = (a + b + c) / 2;
                area = Math.sqrt(p * (p - a) * (p - b) * (p - c));
                txtResult.setText("" + area);
            } else {
                txtResult.setText("您输入的数字不能形成三角形");
            }
        } catch (Exception ee) {
            txtResult.setText("请输入数字字符");
        }
    }
}
class Window3_1_17 extends JFrame implements ActionListener {
    JMenuBar bar = null;
    JMenu menu = null;
    JMenuItem item1, item2;
    Circle circle;
    Trangle trangle;
    Window3_1_17() {
        super("对话框应用");
        bar = new JMenuBar();
        menu = new JMenu("面积计算");
        item1 = new JMenuItem("圆面积计算");
        item2 = new JMenuItem("三角形面积计算");
        menu.add(item1);
        menu.add(item2);
        bar.add(menu);
        setJMenuBar(bar);
        circle = new Circle(this, "计算圆的面积", false);
        trangle = new Trangle(this, "计算三角形的面积", false);
        item1.addActionListener(this);
        item2.addActionListener(this);
        setVisible(true);
        setBounds(100, 120, 200, 190);
        addWindowListener(new WindowAdapter() {
            public void windowClosing(WindowEvent e) {
                System.exit(0);
            }
        });
    }
    public void actionPerformed(ActionEvent e) {
        if (e.getSource() == item1) {
            circle.setVisible(true);
        } else if (e.getSource() == item2) {
            trangle.setVisible(true);
        }
    }
}
public class Exam3_1_17 {
    public static void main(String args[]) {
        Window3_1_17 win = new Window3_1_17();
    }
}
```

2. JOptionPane 类

Swing 包中的 JOptionPane 提供了数量众多的静态方法，能够为用户显示提示信息或接受用户的信息输入。

JOptionPane 提供的对话框都是有模式对话框，即用户必须关闭它们，才能继续操作程序的其他部分。

（1）消息对话框。

```
public static void showMessageDialog(
    Component parentComponent,
    String maeeage,
    String title,
    int messageType)
```

参数 parentComponent 指定消息对话框所依赖的组件，消息对话框会在该组件的正前方显示出来，如果 parentComponent 为 null，则消息对话框会在桌面的正前方显示出来。

message 指定对话框上显示的消息。

title 指定对话框的标题。

参数 messageType 指定对话框的外观，可以取值：

JOptionPane.INFORMATION_MESSAGE；

JOPtionPane.WARNING_MESSAGE；

JOPtionPane.ERROR_MESSAGE；

JOPtionPane.QUESTION_MESSAGE；

JOptionPane.PLAIN_MESSAGE。

例如，在案例 3_1_17 中，当用户输入的半径或三角形的边长不满足条件时，可以通过消息对话框提示用户"请输入数字字符"。代码如下所示。

```
JOptionPane.showMessageDialog(this, "请输入数字字符", "提示",
                JOptionPane.INFORMATION_MESSAGE);
```

若输入半径为非数字字符，程序运行结果如图 3.1.19 所示。

（2）确认对话框。

```
public static int showConfirmdialog(
    Component parentComponent,
    object message,
    String title,
    int optionTyue)
```

参数 parentComponent 指定确认对话框所依赖的组件。

参数 message 指定确认对话框上显示的信息。

参数 title 指定确认对话框的标题。

参数 optionTyue 指定确认对话框的外观，可以取值：

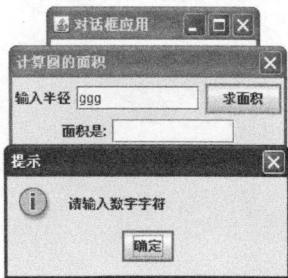

图 3.1.19　消息对话框

JOptionPane.YES_NO_OPTION；

JOptionPane.YES_NO_CANCEL_OPTION；

JOptionPane.OK_CANCEL_OPTION。

当对话框消失后，确认对话框会返回下列整数值之一：

JOptionPane.YES_OPTION；

JOptionPane.NO_OPTION；

JOptionPane.CANCEL_OPTION；

JOptionPane.OK_OPTION；

JOptionPane.CLOSED_OPTION。

例如：在案例 3_1_16 的记事本程序中，当选择"文件"菜单下的"退出"命令时，如果文本发生变化后没有保存的话，需要询问用户是否保存文件，代码如下。

```
if (e.getSource() == exitItem) { // 退出
    int op = JOptionPane.showConfirmDialog(this, "文件已经修改,是否保存",
                "我的记事本", JOptionPane.YES_NO_CANCEL_OPTION);
    if (op == JOptionPane.YES_OPTION) {
            // 保存文件, 退出
        System.exit(0);
    } else if (op == JOptionPane.NO_OPTION) {
        // 不保存文件, 退出
        System.exit(0);
    } else {
        // 取消操作, 不退出
    }
```

程序运行时，若选择"退出"命令，则会弹出确认对话框，如图 3.1.20 所示。

（3）输入对话框。

```
public static String showInputDialog(
    Compontent parentComponent,
    object message,
    String title,
    int messageType)
```

图 3.1.20　确认对话框

参数与显示消息对话框的方法 showMessageDialog 完全相同，不同的是该方法有返回值。

> 在前面我们只给出了这 3 种对话框的常用形式，对应的方法还有其他调用形式，具体形式读者可以参考 JDK 帮助文档。

（二）常用事件处理

1. 窗口事件

凡是 Window 的子类创建的对象都可以发生窗口事件，即 WindowEvent 事件。

当一个窗口被激活、撤销激活、打开、关闭、图标化或撤销图标化时，就触发了窗口事件，此时系统会自动创建一个窗口事件（WindowEvent）对象，该对象调用 getWindow() 方法，可以获取发生窗口事件的窗口对象，窗口对象使用 addWindowListener 方法注册监视器，创建监视器对象的类必须实现 WindowListener 接口。

（1）WindowListener 接口。WindowListener 接口中有 7 个方法，如表 3.1.23 所示。

表 3.1.23   WindowListener 接口方法

方 法 名	方法功能
public void windowActivated(WindowEvent e)	窗口从非激活状态到激活状态时调用
public void windowActivated(WindowEvent e)	窗口从激活状态到非激活状态时调用
public void windowClosing(WindowEvent e)	窗口正在关闭时调用
public void windowClosed(WindowEvent e)	窗口关闭后调用
public void windowIconified(WindowEvent e)	窗口图标化时调用
public void windowDeiconified(WindowEvent e)	窗口撤销图标化时调用
public void windowOpened(WindowEvent e)	窗口打开时调用

【案例 3_1_18】窗口事件的使用。

```
package pack3;
import java.awt.event.*;
import javax.swing.*;
class Window3_1_18 extends JFrame implements WindowListener {
    JTextArea text;
    Window3_1_18 () {
        super("窗口事件应用");
        text = new JTextArea();
        add(text);
        addWindowListener(this);
        validate();
        setBounds(100, 100, 200, 300);
        setVisible(true);
    }
    public void windowActivated(WindowEvent e) {
        text.append("\n 窗口激活了");
    }
    public void windowDeactivated(WindowEvent e) {
        text.append("\n 窗口不是激活状态了");
    }
    public void windowClosing(WindowEvent e) {
        text.append("\n 窗口正在关闭");
        dispose();
    }
    public void windowClosed(WindowEvent e) {
        System.out.println("程序结束运行");
        System.exit(0);
    }
    public void windowIconified(WindowEvent e) {
        text.append("\n 窗口图标化了");
    }
    public void windowDeiconified(WindowEvent e) {
        text.append("\n 窗口撤销了图标化");
    }
    public void windowOpened(WindowEvent e) {
        text.append("\n 窗口打开了");
    }
```

```
    }
public class Exam3_1_18 {
    public static void main(String[] args) {
        new Window3_1_18 ();
    }
}
```

程序运行结果如图 3.1.21 所示。

（2）WindowAdapter 适配器。适配器可以代替接口来处理事件。

我们知道，在 Java 中，当一个类实现一个接口时，即使不准备处理某个方法，也必须给出接口中所有方法的实现。比如要处理窗口事件，如果使用 WindowListener 接口，即使我们只想处理窗口的关闭事件，也必须要实现该接口中的 7 个方法。为了解决这个问题，当 Java 提供处理事件的接口中多于一个方法时，Java 相应地就提供了一个适配器类，如 WindowAdapter，适配器类已经实现了相应的接口，如 WindowAdapter 类实现了 WindowListener 接口。因此，可以使用适配器类的子类创建的对象作监视器，在子类中重写所需要的接口方法即可。

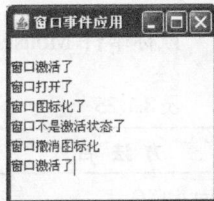

图 3.1.21 处理窗口事件

例如：在案例 3_1_16 的记事本程序中，当选择"文件"→"退出"命令或单击窗口右上角的"关闭"按钮时，如果文本发生变化，需要询问用户是否保存文件，窗口关闭事件代码如下。

```
addWindowListener(new WindowAdapter() {
    public void windowClosing(WindowEvent e) {
    int op = JOptionPane.showConfirmDialog(null, "文件已经修改,是否保存",
                        "我的记事本", JOptionPane.YES_NO_CANCEL_OPTION);
    if (op == JOptionPane.YES_OPTION) {
            // 保存文件, 退出
    System.exit(0);
    } else if (op == JOptionPane.NO_OPTION) {
    // 不保存文件, 退出
    System.exit(0);
    } else {
        // 取消操作
    }
    }
});
```

2. 鼠标事件

在任何组件上都可以发生鼠标事件（MouseEvent），如鼠标进入组件、退出组件、在组件上单击、拖动鼠标等都触发组件发生鼠标事件。

（1）MouseListener 接口。MouseListener 接口中有 5 个方法，用来处理 5 种操作触发的鼠标事件，对于这 5 种鼠标事件，事件源使用 addMouseListener 方法注册监视器。

MouseListener 接口中的方法如表 3.1.24 所示。

表 3.1.24　　　　　　　　　　　　　MouseListener 接口方法

方 法 名	方法功能
public void mousePressed(MouseEvent e)	在组件上按下鼠标键时调用
public void mouseReleased(MouseEvent e)	在组件上释放鼠标键时调用

续表

方 法 名	方法功能
public void mouseEntered(MouseEvent e)	鼠标进入组件时调用
public void mouseExited(mouseEvent e)	鼠标退出组件时调用
public void mouseClicked(MouseEvent e)	在组件上单击鼠标键时调用

鼠标事件 MouseEvent 类中常用方法，如表 3.1.25 所示。

表 3.1.25　　　　　　　　　　　　MouseEvent 类中的常用方法

方 法 名	方法功能
int getX()	获取鼠标在事件源上的 X 坐标
int getY()	获取鼠标在事件源上的 Y 坐标
int getModifiers()	获取鼠标的左键或右键。分别用 InputEvent 类的常量 BUTTON1_MASK 和 BUTTON2_MASK 来表示
int getButton()	获取鼠标的左键或右键。分别用 MouseEvent 类的常量 BUTTON2 和 BUTTON3 来表示
int getClickcount()	获取鼠标单击的次数
Object getSource()	获取鼠标事件源

（2）MouseMotionListener 接口。MouseMotionListener 接口有两个方法，用来处理两种操作触发的鼠标事件，对于这两种鼠标事件，事件源使用 addMouseMontionListener 方法注册监视器。

MouseMotionListener 接口中的方法如表 3.1.26 所示。

相应地，对于鼠标事件也可以通过适配器来处理，这两个接口对应适配器 MouseAdapter 和 MouseMotionAdapter。

表 3.1.26　　　　　　　　　　　　MouseListener 接口方法

方 法 名	方法功能
public void mouseDragged(MouseEvent e)	在组件上拖曳鼠标时调用
public void mouseMoved(MouseEvent e)	在组件上移动鼠标时调用

【案例 3_1_19】鼠标事件和右键菜单的使用：为记事本添加快捷菜单。

```
package pack3;
import java.awt.datatransfer.Clipboard;
import java.awt.datatransfer.DataFlavor;
import java.awt.datatransfer.StringSelection;
import java.awt.datatransfer.Transferable;
import java.awt.event.ActionEvent;
import java.awt.event.ActionListener;
import java.awt.event.MouseAdapter;
import java.awt.event.MouseEvent;
import java.awt.event.WindowAdapter;
import java.awt.event.WindowEvent;
import javax.swing.JFrame;
import javax.swing.JMenuItem;
import javax.swing.JPopupMenu;
import javax.swing.JScrollPane;
import javax.swing.JTextArea;
```

```java
class Window3_1_19 extends JFrame implements ActionListener {
    JTextArea ta = new JTextArea();
    JMenuItem cutItem, copyItem, pasteItem, deleteItem;
    Clipboard clipboard = null; // 剪贴板对象
    JPopupMenu popMain;
    public Window3_1_19 () {
        super("我的记事本");
        clipboard = getToolkit().getSystemClipboard(); // 获取系统剪贴板
        // **********添加菜单**********
        cutItem = new JMenuItem("剪切");
        copyItem = new JMenuItem("复制");
        pasteItem = new JMenuItem("粘贴");
        deleteItem = new JMenuItem("删除");
        // 快捷菜单
        popMain = new JPopupMenu();
        popMain.add(cutItem);
        popMain.add(copyItem);
        popMain.add(pasteItem);
        popMain.add(deleteItem);
        // **********添加多行文本框**********
        JScrollPane jsp = new JScrollPane(ta);
        add(jsp);
        // **********菜单和多行文本框注册监视器**********
        ta.addMouseListener(new PopupListener());
        cutItem.addActionListener(this);
        copyItem.addActionListener(this);
        pasteItem.addActionListener(this);
        deleteItem.addActionListener(this);
        // **********关闭窗口时**********
        addWindowListener(new WindowAdapter() {
            public void windowClosing(WindowEvent e) {
                System.exit(0);
            }
        });
        setBounds(100, 100, 300, 200);
        setDefaultCloseOperation(JFrame.EXIT_ON_CLOSE);
        this.setVisible(true);
    }
    public void actionPerformed(ActionEvent e) {
        if (e.getSource() == cutItem) {// 剪切，代码参照案例 3_1_16
        } else if (e.getSource() == copyItem) {// 复制
        } else if (e.getSource() == pasteItem) {// 粘贴
        } else if (e.getSource() == deleteItem) {// 删除
        }
    }
    class PopupListener extends MouseAdapter {
        public void mousePressed(MouseEvent e) {
            if (e.getButton() == MouseEvent.BUTTON3 && !e.isPopupTrigger()) {
                popMain.show(e.getComponent(), e.getX(), e.getY());
            }
        }
    }
}
public class Exam3_1_19 {
```

```
        public static void main(String[] args) {
            Window3_1_19 win = new Window3_1_19();
        }
}
```

【拓展知识】弹出式菜单（快捷菜单）

javax.swing.JPopupMenu 类可以用来创建弹出式菜单，也叫快捷菜单，它是一个能够弹出并显示一系列选项的小窗口容器，该对象中可以包含多个 JMenu 或 JMenuItem 对象。通常是当用户在指定区域中用鼠标右键单击鼠标键时，在鼠标当前位置显示出来的菜单。

弹出式菜单的创建步骤和下拉式菜单的创建步骤基本相同，具体如下所述。

（1）新建一个 JPopupMenu 对象。

（2）建立各个菜单选项。

（3）使用 add()方法将菜单选项加入到 JPopuMenu 对象中。

（4）将弹出式菜单与相应组件关联，即为关联的组件注册鼠标监听器，并在实现鼠标事件的方法中，检测弹出式菜单的触发条件是否满足，如果满足，便使用 JPopupMenu 类的 show()方法将弹出式菜单显示出来。

通常情况下，弹出式菜单的触发条件是单击鼠标右键。

JPopupMenu 类的构造方法和常用方法请读者自行查看 JDK 帮助文档学习。

【案例 3_1_20】一个简单的画图程序。

```
package pack3;
import java.awt.BorderLayout;
import java.awt.Canvas;
import java.awt.Color;
import java.awt.Dimension;
import java.awt.Graphics;
import java.awt.Toolkit;
import java.awt.event.ActionEvent;
import java.awt.event.ActionListener;
import java.awt.event.MouseAdapter;
import java.awt.event.MouseEvent;
import java.awt.event.MouseMotionAdapter;
import javax.swing.JButton;
import javax.swing.JFrame;
import javax.swing.JPanel;
class Window3_1_20 extends JFrame implements ActionListener {
    int startX, startY, endX, endY, oldX, oldY, newX, newY;
    String op = "";
    MyCanvas canvas = new MyCanvas();
    JButton btnCircle, btnRect, btnLine;
    Window3_1_20() {
        super("画图");
        JPanel jp1;
        jp1 = new JPanel();
        btnCircle = new JButton("画圆");
        btnRect = new JButton("画矩形");
        btnLine = new JButton("画线");
        jp1.add(btnCircle);
        jp1.add(btnRect);
        jp1.add(btnLine);
        add(jp1, BorderLayout.NORTH);
        add(canvas, BorderLayout.CENTER);
```

```
            btnCircle.addActionListener(this);
            btnRect.addActionListener(this);
            btnLine.addActionListener(this);
            canvas.addMouseListener(new MousePressAdapter());
            canvas.addMouseMotionListener(new MouseDrapAdapter());
            setSize(500, 500);
            setVisible(true);
            setDefaultCloseOperation(JFrame.EXIT_ON_CLOSE);
        }
        public void actionPerformed(ActionEvent e) {
            op = e.getActionCommand();
        }
        class MousePressAdapter extends MouseAdapter {
            public void mousePressed(MouseEvent e) {
                startX = e.getX();
                startY = e.getY();
            }
        }
        class MouseDrapAdapter extends MouseMotionAdapter {
            public void mouseDragged(MouseEvent e) {
                endX = e.getX();
                endY = e.getY();
                canvas.repaint();
            }
        }
        class MyCanvas extends Canvas {
            MyCanvas() {
                setBackground(Color.white);
            }
            public void paint(Graphics g) {
                if (op.equals("画圆")) {
                    g.drawOval(startX, startY, endX - startX, endY - startY);
                } else if (op.equals("画矩形")) {
                    g.drawRect(startX, startY, endX - startX, endY - startY);
                } else if (op.equals("画线")) {
                    g.drawLine(startX, startY, endX, endY);
                }
            }
            public void update(Graphics g) {
                g.clearRect(startX, startY, endX - startX, endY - startY);
                paint(g);
            }
        }
    }
}
public class Exam3_1_20 {
    public static void main(String[] args) {
        Window3_1_20 win = new Window3_1_20();
    }
}
```

程序运行结果如图 3.1.22 所示。

【拓展知识】

java.awt.Canvas 类负责创建画布对象。

创建画布对象的常用办法是用 Canvas 类的子类创建画
布对象，并在子类中重写父类的 public void paint(Graphics g)

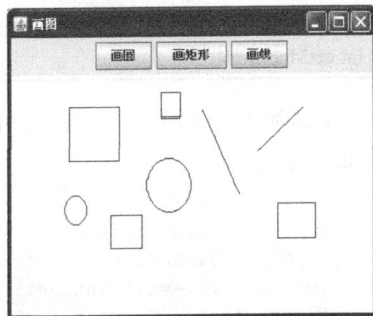

图 3.1.22　一个简单的画图程序

方法。

paint 方法是从其父类 Component 继承而来的，Component 类有几个绘制组件的常用方法，即 paint，update，repaint 方法。

（1）public void paint(Graphics g)：绘制组件。通常在其子类中重写这个方法，并且使用对象 g 调用相应的方法，如画串、画各种图形、画图像等。

（2）public void update(Graphics g)：更新组件。这个方法的功能是清除 paint 方法以前在组件上所绘制的内容，再调用 paint 方法。如果想要清除组件上的部分内容，则应在其子类中重写这个方法。

（3）public void repaint()：重绘组件。如果此组件是轻量组件，则此方法会尽快调用此组件的 paint 方法。否则此方法会尽快调用此组件的 update 方法。

在案例 3_1_20 中，在 MyCanvas 类重写了 paint 和 update 方法，paint 方法用来绘制相应的图形，update 方法清除以前在拖动鼠标时画出的图形，再调用 paint 方法重新绘制图形。

3．键盘事件

当一个组件处于激活状态时，按下、释放或敲击键盘上一个键时，就触发了键盘事件（KeyEvent），事件源使用 addKeyListener 方法注册监视器。

KeyListener 接口的方法如表 3.1.27 所示。

表 3.1.27　　　　　　　　　　　　　　　KeyListener 接口方法

方 法 名	方法功能
public void keyPressed(KeyEvent e)	在组件上按下某个键时调用
public void keyReleased(KeyEvent e)	在组件上释放某个键时调用
public void keyTyped(KeyEvent e)	在组件上敲击某个键时调用

键盘事件类 KeyEvent 的常用方法如表 3.1.28 所示。

表 3.1.28　　　　　　　　　　　　　　　KeyEvent 类的常用方法

方 法 名	方法功能
int getKeyCode()	获取与事件中的键相关联的整数。通常在 keyPressed 和 keyRelesed 方法中使用
char getKeyChar()	获取与事件中的键相关联的字符。通常在 keyTyped 方法中使用
String getKeyModifiersText()	获取组合键相关联的字符串
int getModifiers()	获取组合键相关联的整数

【**案例 3_1_21**】键盘事件应用。在文本框中只允许输入数字字符，若输入非数字字符，则提示重新输入。

```
package pack3;
import java.awt.Color;
import java.awt.event.ActionEvent;
import java.awt.event.ActionListener;
import java.awt.event.KeyEvent;
import java.awt.event.KeyListener;
```

```java
import java.awt.event.WindowAdapter;
import java.awt.event.WindowEvent;
import javax.swing.JButton;
import javax.swing.JFrame;
import javax.swing.JLabel;
import javax.swing.JOptionPane;
import javax.swing.JTextField;
class Window3_1_21 extends JFrame implements  KeyListener {
    private JLabel lblMessage;
    private JTextField txtNumber;
    public Window3_1_21() {
        setTitle("键盘事件演示");
        setLayout(null);
        lblMessage = new JLabel("请输入一个整数");
        lblMessage.setBounds(10, 10, 200, 30);
        add(lblMessage);
        txtNumber = new JTextField();
        txtNumber.setHorizontalAlignment(JTextField.CENTER);
        txtNumber.setForeground(Color.red);
        txtNumber.setBounds(10, 50, 200, 20);
        add(txtNumber);
        txtNumber.addKeyListener(this);
        this.setDefaultCloseOperation(JFrame.EXIT_ON_CLOSE);
        setSize(230, 160);
        setVisible(true);
    }
    public void keyPressed(KeyEvent e) {
    }
    public void keyReleased(KeyEvent e) {
        int keycode = e.getKeyCode();
    if (keycode != KeyEvent.VK_BACK_SPACE &&( keycode <= KeyEvent.VK_0
            || keycode >= KeyEvent.VK_9)) {
        JOptionPane.showMessageDialog(this, "请输入数字字符", "提示",
                JOptionPane.INFORMATION_MESSAGE);
        }
    }
    public void keyTyped(KeyEvent e) {
    }
}
public class Exam3_1_21 {
    public static void main(String[] args) {
        Window3_1_21 win = new Window3_1_21();
    }
}
```

4. 焦点事件

当一个组件从无输入焦点变成有输入焦点，或从有输入焦点变成无输入焦点，就触发了焦点事件（FocusEvnet），事件源使用 addKeyListener 方法注册监视器。

KeyListener 接口的方法如表 3.1.29 所示。

表 3.1.29   KeyListener 接口方法

方 法 名	方法功能
public void focusGained(FocusEvent e)	在组件获得焦点时调用
public void focusLost(FocusEvent e)	在组件失去焦点时调用

用户可以通过单击组件使得该组件获得输入焦点，同时也使得其他组件失去焦点。

一个组件可以通过调用方法 public void requestFocus()方法获得输入焦点。

【**案例3_1_22**】焦点事件应用。写一个登录程序，当输入账号和密码时，通过标签提示用户输入相关内容。

```java
package pack3;
import java.awt.FlowLayout;
import java.awt.GridLayout;
import java.awt.event.FocusEvent;
import java.awt.event.FocusListener;
import javax.swing.JButton;
import javax.swing.JFrame;
import javax.swing.JLabel;
import javax.swing.JPanel;
import javax.swing.JPasswordField;
import javax.swing.JTextField;
class Window3_1_22 extends JFrame implements FocusListener {
    JLabel lblNumber = new JLabel("", JLabel.LEFT), lblPassword = new JLabel(
            "", JLabel.LEFT);
    JTextField txtNumber = new JTextField(),
            txtPassword = new JPasswordField();
    JButton ok = new JButton("确定"), cancel = new JButton("取消");
    public Window3_1_22() {
        setTitle("焦点事件演示");
        setLayout(new GridLayout(2, 1));
        JPanel jp1 = new JPanel();
        jp1.setLayout(new GridLayout(2, 3));
        jp1.add(new JLabel("账号: ", JLabel.RIGHT));
        jp1.add(txtNumber);
        jp1.add(lblNumber);
        jp1.add(new JLabel("密码: ", JLabel.RIGHT));
        jp1.add(txtPassword);
        jp1.add(lblPassword);
        JPanel jp2 = new JPanel();
        jp2.setLayout(new FlowLayout());
        jp2.add(ok);
        jp2.add(cancel);
        add(jp1);
        add(jp2);
        txtNumber.addFocusListener(this);
        txtPassword.addFocusListener(this);
        this.setDefaultCloseOperation(JFrame.EXIT_ON_CLOSE);
        setSize(380, 120);
        setVisible(true);
    }
    public void focusGained(FocusEvent e) {
        if (e.getSource() == txtNumber) {
            lblNumber.setText("请输入 6-10 位的数字");
        } else if (e.getSource() == txtPassword) {
            lblPassword.setText("请输入 6-16 位的密码");
        }
    }
    public void focusLost(FocusEvent e) {
        if (e.getSource() == txtNumber) {
            lblNumber.setText("");
```

```
        } else if (e.getSource() == txtPassword) {
            lblPassword.setText("");
        }
    }
}
public class Exam3_1_22 {
    public static void main(String[] args) {
        Window3_1_22 win = new Window3_1_22();
    }
}
```

三、任务实现

在"任务一"的学生管理系统的主界面中，有数据查询、数据修改和数据删除功能，对于数据查询，我们希望能按学生的学号进行查询，此时先通过一个对话框输入学生的学号，如果学号输入正确，在另一个对话框中显示查询到的学生的基本信息。同样地，对于数据修改和数据删除功能，也要先查找出要修改或删除的学生信息，再做修改和删除。

下面给出"学号输入"对话框和"查询结果"对话框的界面设计程序。

（1）学号输入界面。

```
package pack3.task1;
import java.awt.Color;
import java.awt.Dimension;
import java.awt.Toolkit;
import java.awt.event.ActionEvent;
import java.awt.event.ActionListener;
import java.awt.event.WindowAdapter;
import java.awt.event.WindowEvent;
import javax.swing.JButton;
import javax.swing.JDialog;
import javax.swing.JFrame;
import javax.swing.JLabel;
import javax.swing.JOptionPane;
import javax.swing.JTextField;
import javax.swing.border.LineBorder;
/**
 * 学号输入界面
 */
public class NumberInputFrame extends JDialog implements ActionListener {
    private static final long serialVersionUID = 1L;
    private JLabel lbLTitle;
    private JTextField txtNo;
    private JButton btnNext;
    int op; // 0: 查询 1: 修改 2: 删除
    public NumberInputFrame(int op) {
        this.op = op;
        this.setTitle("学号输入界面");
        this.setLayout(null);
        if (op == 0) {
            lbLTitle = new JLabel("请输入要查询的学号");
        } else if (op == 1) {
            lbLTitle = new JLabel("请输入要修改的学号");
        } else {
            lbLTitle = new JLabel("请输入要删除的学号");
```

```
            }
            lbLTitle.setBounds(10, 10, 200, 30);
            lbLTitle.setForeground(Color.blue);
            this.add(lbLTitle);
            txtNo = new JTextField();
            txtNo.setHorizontalAlignment(JTextField.CENTER);
            txtNo.setForeground(Color.red);
            txtNo.setBounds(10, 50, 200, 20);
//          txtNo.setBorder(new LineBorder(Color.black, 2, false));
            this.add(txtNo);
            btnNext = new JButton("下一步");
            btnNext.setBounds(60, 90, 80, 20);
            btnNext.addActionListener(this);
            this.add(btnNext);
            this.setModal(true);// 窗口独占模式
            this.setDefaultCloseOperation(JFrame.DO_NOTHING_ON_CLOSE);
            // 匿名内部类
            this.addWindowListener(new WindowAdapter() {
                public void windowClosing(WindowEvent arg0) {
                    dispose();
                }
            });
            Dimension screenSize = Toolkit.getDefaultToolkit().getScreenSize();
            Dimension frameSize = new Dimension(230, 160);
            if (frameSize.height > screenSize.height) {
                frameSize.height = screenSize.height;
            }
            if (frameSize.width > screenSize.width) {
                frameSize.width = screenSize.width;
            }
            setLocation(((screenSize.width - frameSize.width) / 2),
                    ((screenSize.height - frameSize.height) / 2));
            // 设置窗口的大小
            setSize(frameSize);
            this.setVisible(true);
        }
        public void actionPerformed(ActionEvent e) {
            if (e.getSource() == btnNext) {// 下一步
                // (1)先判断学号不能为空
                String No = txtNo.getText().trim();
                if (No.length() == 0) {
                    JOptionPane.showMessageDialog(this, "请输入[学号]");
                    txtNo.requestFocus(true);
                    return;
                }
                // (2)判断学号在数据库中是否存在
                // 代码......
                this.dispose();
                if (op == 0) {
                    //查询
                    new QueryFrame(Integer.parseInt(No));
                } else if (op == 1) {
                    //修改
                    new UpdateFrame(Integer.parseInt(No));
                } else if (op == 2) {
```

```
                //删除
                new DeleteFrame(Integer.parseInt(No));
            }
        }
    }
}
```

（2）查询结果界面。

```java
package pack3.task1;
import java.awt.Color;
import java.awt.Dimension;
import java.awt.Toolkit;
import java.awt.event.ActionEvent;
import java.awt.event.ActionListener;
import java.awt.event.WindowAdapter;
import java.awt.event.WindowEvent;
import java.text.DateFormat;
import java.text.SimpleDateFormat;
import javax.swing.JButton;
import javax.swing.JDialog;
import javax.swing.JFrame;
import javax.swing.JLabel;
import javax.swing.JPanel;
import javax.swing.JScrollPane;
import javax.swing.border.LineBorder;
import javax.swing.border.TitledBorder;
/**
 * 查询学生基本信息界面
 */
public class QueryFrame extends JDialog implements ActionListener {
    private static final long serialVersionUID = 1L;
    private static DateFormat f1 = new SimpleDateFormat("yyyy-MM-dd");
    private JPanel jp;
    private JLabel lblNo;            // 学号
    private JLabel resNo;            // 学号
    private JLabel lblName;          // 姓名
    private JLabel resName;          // 姓名
    private JLabel lblClass;         // 班级
    private JLabel resClass;         // 班级
    private JLabel lblSex;           // 性别
    private JLabel resSex;           // 性别
    private JLabel lblMinZu;         // 民族
    private JLabel resMinZu;         // 民族
    private JLabel lblPhone;         // 联系电话
    private JLabel resPhone;         // 联系电话
    private JLabel lblBirthday;      // 出生日期
    private JLabel resBirthday;      // 出生日期
    private JLabel lblAddress;
    private JLabel resAddress;       // 联系地址
    private JLabel lblHappy;
    private JLabel resHappy;         // 个人爱好
    private JLabel lblJianLi;
    private JLabel resJianLi;        // 个人简历
```

```
private JLabel lblPicture;              // 个人照片
private JButton btnBack;                // 返回
public QueryFrame(int no) {
    this.setTitle("查询结果");
    this.setIconImage(Toolkit.getDefaultToolkit().getImage(
            "images/title/query.png"));
    this.setLayout(null);
    jp = new JPanel(null);              // 使用坐标布局
    TitledBorder tb = new TitledBorder("学生基本信息");        // 标题
    tb.setTitleColor(Color.red);       // 标题颜色
    // 标题字体
    // tb.setTitleFont(new Font("黑体", Font.BOLD, 16));
    // 边框颜色和宽度
    tb.setBorder(new LineBorder(Color.gray, 1, false));
    jp.setBorder(tb);
    jp.setBounds(10, 5, 575, 370);
    this.add(jp);
    // 添加一些组件，添加到 jp 上
    int x0 = 15, y0 = 55, w0 = 65, h0 = 20;
    int w1 = 120, ww = 30, hh = 10;
    // 第一行
    lblNo = new JLabel("学号：");
    lblNo.setHorizontalAlignment(JLabel.RIGHT);
    lblNo.setBounds(x0, 25, w0, h0);
    jp.add(lblNo);
    resNo = new JLabel();
    resNo.setBounds(x0 + w0, 25, w1, h0);
    resNo.setBorder(new LineBorder(Color.black, 1, false));
    jp.add(resNo);
    // 第二行
    lblName = new JLabel("姓名：");
    lblName.setHorizontalAlignment(JLabel.RIGHT);
    lblName.setBounds(x0, y0, w0, h0);
    jp.add(lblName);
    resName = new JLabel();
    resName.setBounds(x0 + w0, y0, w1, h0);
    resName.setBorder(new LineBorder(Color.black, 1, false));
    jp.add(resName);
    lblClass = new JLabel("班级：");
    lblClass.setHorizontalAlignment(JLabel.RIGHT);
    lblClass.setBounds(resName.getX() + w1 + ww, y0, w0, h0);
    jp.add(lblClass);
    resClass = new JLabel();
    resClass.setBounds(lblClass.getX() + w0, y0, w1, h0);
    resClass.setBorder(new LineBorder(Color.black, 1, false));
    jp.add(resClass);
    // 第三行
    lblSex = new JLabel("性别：");
    lblSex.setHorizontalAlignment(JLabel.RIGHT);
    lblSex.setBounds(x0, lblName.getY() + h0 + hh, w0, h0);
    jp.add(lblSex);
    resSex = new JLabel();
    resSex.setBorder(new LineBorder(Color.black, 1, false));
```

```
jp.add(resSex);
resSex.setBounds(lblSex.getX() + w0, lblSex.getY(), w1, h0);
lblMinZu = new JLabel("民族: ");
lblMinZu.setHorizontalAlignment(JLabel.RIGHT);
lblMinZu.setBounds(lblClass.getX(), lblSex.getY(), w0, h0);
jp.add(lblMinZu);
resMinZu = new JLabel();
resMinZu.setBounds(resClass.getX(), lblMinZu.getY(), w1, h0);
resMinZu.setBorder(new LineBorder(Color.black, 1, false));
jp.add(resMinZu);
// 第四行
lblPhone = new JLabel("联系电话: ");
lblPhone.setHorizontalAlignment(JLabel.RIGHT);
lblPhone.setBounds(x0, lblSex.getY() + h0 + hh, w0, h0);
jp.add(lblPhone);
resPhone = new JLabel();
resPhone.setBounds(resNo.getX(), lblPhone.getY(), w1, h0);
resPhone.setBorder(new LineBorder(Color.black, 1, false));
jp.add(resPhone);
lblBirthday = new JLabel("出生日期: ");
lblBirthday.setHorizontalAlignment(JLabel.RIGHT);
lblBirthday.setBounds(lblClass.getX(), lblPhone.getY(), w0, h0);
jp.add(lblBirthday);
resBirthday = new JLabel();
resBirthday.setBounds(resClass.getX(), lblPhone.getY(), w1, h0);
resBirthday.setBorder(new LineBorder(Color.black, 1, false));
jp.add(resBirthday);
// 第五行
lblAddress = new JLabel("联系地址: ");
lblAddress.setHorizontalAlignment(JLabel.RIGHT);
lblAddress.setBounds(x0, lblPhone.getY() + h0 + hh, w0, h0);
jp.add(lblAddress);
resAddress = new JLabel();
resAddress.setBounds(resNo.getX(), lblAddress.getY(),
        w1 + ww + w0 + w1, h0);
resAddress.setBorder(new LineBorder(Color.black, 1, false));
jp.add(resAddress);
// 第六行
lblHappy = new JLabel("个人爱好: ");
lblHappy.setHorizontalAlignment(JLabel.RIGHT);
lblHappy.setBounds(x0, lblAddress.getY() + h0 + hh, w0, h0);
jp.add(lblHappy);
resHappy = new JLabel();
resHappy.setBorder(new LineBorder(Color.black, 1, false));
resHappy.setBounds(resNo.getX(), lblHappy.getY(), w1, h0);
jp.add(resHappy);
// 第七行
lblJianLi = new JLabel("个人简历: ");
lblJianLi.setHorizontalAlignment(JLabel.RIGHT);
lblJianLi.setBounds(x0, lblHappy.getY() + h0 + hh, w0, h0);
jp.add(lblJianLi);
resJianLi = new JLabel();
// resJianLi.setLineWrap(true);// 自动换行
JScrollPane jsp = new JScrollPane(resJianLi,
        JScrollPane.VERTICAL_SCROLLBAR_ALWAYS,
```

```
                JScrollPane.HORIZONTAL_SCROLLBAR_NEVER);
        jsp.setBounds(resNo.getX(), lblJianLi.getY(), w1 + ww + w0 + w1, 110);
        jp.add(jsp);
        // 第八行
        btnBack = new JButton("返回");
        btnBack.setBounds(160, jsp.getY() + jsp.getHeight() + hh, 120, 30);
        btnBack.addActionListener(this);
        jp.add(btnBack);
        // 设置图片的位置
        lblPicture = new JLabel("<html>　个<br>　人<br>　照<br>　片<br></html>");
        lblPicture.setBorder(new LineBorder(Color.gray, 1, true));
        lblPicture.setBounds(x0 + w0 + w1 + ww + w0 + w1 + ww, y0, 90, 120);
        jp.add(lblPicture);
        // 根据学号,查询学生基本信息,显示在窗口上
        setForm(no);
        this.setModal(true);// 窗口独占模式
        this.setDefaultCloseOperation(JFrame.DO_NOTHING_ON_CLOSE);
        this.addWindowListener(new WindowAdapter() {
            public void windowClosing(WindowEvent arg0) {
                closeWindow();
            }
        });
        Dimension screenSize = Toolkit.getDefaultToolkit().getScreenSize();
        Dimension frameSize = new Dimension(600, 420);
        if (frameSize.height > screenSize.height) {
            frameSize.height = screenSize.height;
        }
        if (frameSize.width > screenSize.width) {
            frameSize.width = screenSize.width;
        }
        setLocation(((screenSize.width - frameSize.width) / 2),
                ((screenSize.height - frameSize.height) / 2));
        // 设置窗口的大小
        setSize(frameSize);
        this.setResizable(false);
        this.setVisible(true);
    }
    /**
     * 给组件进行赋值
     */
    private void setForm(int no) {
    }
    protected void closeWindow() {
        // 关闭窗口
        this.dispose();                    // 释放本窗口资源
    }
    public void actionPerformed(ActionEvent e) {
        if (e.getSource() == btnBack) { // 返回
            this.dispose();                // 关闭本窗口
        }
    }
}
```

（3）要运行程序，还要修改主窗口界面，添加菜单项的事件代码。

事件代码程序如下所示。

```
public class MainFrame extends JFrame implements ActionListener {
......代码略去
jMenuItem01_00.addActionListener(this);
        jMenuItem01_01.addActionListener(this);
        jMenuItem01_02.addActionListener(this);
        jMenuItem01_03.addActionListener(this);
        jMenuItem01_04.addActionListener(this);
        jMenuItem02_01.addActionListener(this);
        jMenuItem02_01.addActionListener(this);
        jMenuItem03_01.addActionListener(this);
        jMenuItem04_01.addActionListener(this);
        jMenuItem04_02.addActionListener(this);
        jMenuItem04_03.addActionListener(this);
......代码略去
public void actionPerformed(ActionEvent e) {
        if (e.getSource() == jMenuItem01_00) {
            // new ClassFrame();
        } else if (e.getSource() == jMenuItem01_01) { // 添加
            new AddFrame();
        } else if (e.getSource() == jMenuItem01_02) { // 修改
            new NumberInputFrame(1);
        } else if (e.getSource() == jMenuItem01_03) { // 删除
            new NumberInputFrame(2);
        } else if (e.getSource() == jMenuItem02_01) { // 查询
            new NumberInputFrame(0);
        } else if (e.getSource() == jMenuItem03_01) { // 浏览
            // new BrowseFrame();
        } else if (e.getSource() == jMenuItem04_02) { // 关于
            // new AboutFrame();
        } else if (e.getSource() == jMenuItem04_03) { // 帮助
            // new HelpFrame();
        }
}
```

四、任务拓展

1. 修改"子任务三"的数据添加界面，改写成对话框的子类。

2. 设计数据修改界面。

3. 设计数据删除界面。

> 提示
>
> 对数据修改和删除界面，与数据查询界面相似，都是先通过一个学号录入界面输入要查找的学号，如果该学号学生存在，显示出该学生的相关信息，对界面中的信息进行修改或删除后，提示用户是否进行修改或删除操作。

五、任务小结

通过本任务的实现，主要带领读者学习了以下内容。

● 对话框：与窗口的关系、与窗口的区别、有模式对话框和无模式对话框。

● 常用对话框：消息对话框、确认对话框。

● 组件的常用事件：窗口事件、鼠标事件、键盘事件、焦点事件。

六、上机实训

【实训目的】

1. 掌握对话框的设计方法。
2. 掌握窗口事件的处理方法。
3. 掌握鼠标事件的处理方法。
4. 掌握键盘事件的处理方法。
5. 掌握焦点事件的处理方法。

【实训内容】

1. 设计学生信息管理系统中的数据添加、修改和删除界面。
2. 完善记事本的功能，设计一个字体选择对话框。

习 题

（一）填空题

1. 对话框有两种类型，分别是（　　　）和（　　　）。
2. 要处理组件的键盘事件，涉及的接口是（　　　），该接口中的方法有（　　　）。
3. 要使一个组件获得焦点，应该调用（　　　）方法。

（二）选择题

1. 当窗口关闭时，会触发的事件是（　　　）。
   （A）ContainerEvent （B）ItemEvent
   （C）WindowEvent （D）MouseEvent
2. 当按 Tab 键以离开文本框时，将激发什么事件（　　　）。
   （A）ActionEvent （B）FocusEvent
   （C）WindowEvent （D）MouseEvent
3. 下面哪种对话框可以接受用户输入（　　　）。
   （A）showConfirmDialog （B）showInputDialog
   （C）showMessageDialog （D）showOptionDialog
4. 应用程序向用户发出"警告消息"所使用的信息类型是（　　　）。
   （A）INFORMATION_MESSAGE （B）WARNNING_MESSAGE
   （C）QUESTION_MESSAGE （D）PLAIN_MESSAGE

（三）编程题

1. 模仿 Windows 中的画图软件，设计一个简单的画图程序。
2. 设计一个输入序列号的程序，在窗口内有 3 个文本框和一个"下一步"按钮，每个文本框允许输入 4 位数字，当在一个文本框中 4 位数字输入完毕，自动将输入光标移动到下一个文本框，第三个文本框中 4 位数字输入完毕，自动将输入光标移动到"下一步"按钮上。如果在文本框中输入非数字字符，则用消息对话框给出警告信息。

子任务五　信息浏览界面

【技能目标】

能使用表格组件及各种类型组件设计信息操作界面。

【知识目标】

1. 熟悉表格组件的基本结构。
2. 掌握表格组件的常用方法及其使用。
3. 掌握表格数据的填充方法。

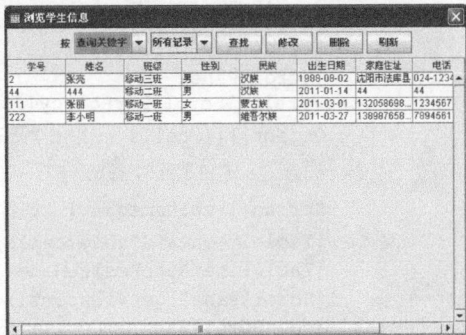

图 3.1.23　学生信息管理系统的信息浏览界面

一、任务分析

本任务完成如图 3.1.23 所示的学生信息管理系统的学生信息浏览界面，通过完成该任务，主要学习表格组件的创建方法及表格数据的填充，进一步巩固各种常用组件的使用方法。

二、相关知识

（一）表格 JTable

javax.swing.JTable 类可以用来创建表格，表格组件以行和列的形式显示数据，允许对表格中的数据进行编辑。

通常将 JTable 放入滚动面板 JScrollPane 中，目的是给表格添加滚动条，以便能正常查看表格中的内容。

JTable 类的构造方法和常用方法如表 3.1.30 所示。

表 3.1.30　　　　　　　　JTable 类的构造方法和常用方法

方 法 名	方法功能
JTable()	创建默认模型表格
JTable(int numRows, int numColumns)	创建指定行数和列数的默认模型表格
JTable(Object rowData[][],Object columnNames[])	创建默认模型表格对象，并且显示由 rowData 指定的二维数组的值，其列名由数组 columnNames 指定
String getColumnName(int col)	获取指定列号的列名称
Object getValueAt(int row,int col)	获取指定行号和列号的单元格的值
void　setValueAt(Object aValue,int row,int col)	设置指定行号和列号的单元格的值
int getColumnCount()	获取表格的列数
int getEditingCol()	获取正在被编辑的单元格的列号
int getEditingRow()	获取正在被编辑的单元格的行号
void repaint()	刷新表格

【案例 3_1_23】设计一个表格，显示相关信息。

```java
package pack3;
import javax.swing.JFrame;
import javax.swing.JScrollPane;
import javax.swing.JTable;
class Window3_1_23 extends JFrame {
    JScrollPane jScrollPane1 = new JScrollPane();
    JTable jTable1 = new JTable();
    public Window3_1_23() {
        this.setTitle("JTable演示");
        jScrollPane1
    .setHorizontalScrollBarPolicy(JScrollPane.HORIZONTAL_SCROLLBAR_ALWAYS);
        jScrollPane1
    .setVerticalScrollBarPolicy(JScrollPane.VERTICAL_SCROLLBAR_ALWAYS);
        Object[][] cells = { { "张三", 67, 87, 77 }, { "李四", 45, 76, 99 },
                { "王五", 98, 67, 79 }, { "赵六", 89, 78, 98 } };
        String[] colnames = { "姓名", "语言成绩", "数学成绩", "英语成绩" };
        jTable1 = new JTable(cells, colnames);
        jTable1.setAutoResizeMode(JTable.AUTO_RESIZE_OFF);
        jScrollPane1.getViewport().add(jTable1);
        add(jScrollPane1);
        this.setDefaultCloseOperation(JFrame.EXIT_ON_CLOSE);
        setSize(300, 200);
        this.setResizable(false);
        this.setVisible(true);
    }
}
class Exam3_1_23 {
    public static void main(String args[]) {
        Window3_1_23 win = new Window3_1_23();
    }
}
```

程序运行结果如图 3.1.24 所示。

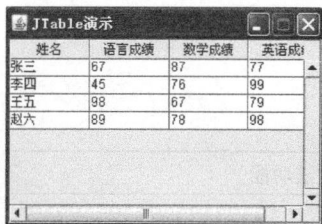

图 3.1.24　JTable 应用

（二）工具栏 JToolBar

javax.swing.JToolBar 类可以用来创建工具栏，工具栏一般与菜单组件配合使用，为用户提供一种快速执行菜单命令的快捷方式。

工具栏一般是可浮动的，通常位于窗口顶端，但用户能够将其从当前位置拖到容器的其他 4 个边缘位置，甚至将它拖到所在窗口之外。要使 JToolBar 支持拖曳功能，容纳工具栏的容器最好使用 BorderLayout 布局管理器。

JToolBar 类的构造方法和常用方法如表 3.1.31 所示。

表 3.1.31　　　　　　　　　　JToolBar 类的构造方法和常用方法

方 法 名	方法功能
JToolBar()	创建具有水平方向的工具栏对象
JToolBar(int orientation)	创建具有指定方向的工具栏对象
JToolBar(String name)	创建具有指定名称的工具栏对象
JToolBar(String name,int orientation)	创建具有指定名称和方向的工具栏对象

方 法 名	方法功能
void add(Component com)	添加组件到工具栏
void addSeparator()	添加分隔线到工具栏
void setLayout(LayoutManager mgr)	设置工具栏的布局管理方案
void setOrientation(int orientation)	设置工具栏的方向
void setRollover(boolean rollover)	设置工具栏的移动属性
void setFloatable(boolean b)	设置工具栏的浮动属性

【案例 3_1_24】设计一个模拟音乐播放器，单击不同的工具栏按钮，在文本区中显示该按钮的相关提示信息。

```java
package pack3;
import java.awt.*;
import javax.swing.*;
import java.awt.event.*;
public class Exam3_1_24 extends JFrame implements ActionListener {
    // 创建工具栏
    public JToolBar toolBar = new JToolBar();
    public JTextArea textArea = new JTextArea(5, 15);
    // 定义工具栏按钮的标签、图标、提示信息等属性
    private String[] btnTitles = new String[] { "播放", "暂停", "快进", "快退", "停止" };
    private String[] btnImages = new String[] { "Play.png", "Pause.png",
            "Forward.png", "Backward.png", "Stop.png" };
    private String[] tooltips = new String[] { "单击进行播放", "点击暂停播放", "单击快进
","单击快退", "单击停止播放" };
    private JButton[] btns = new JButton[5];
    private Icon[] btnIcons = new Icon[5];
    public Exam3_1_24() {
        super("工具栏应用");
        textArea.setEditable(false);
        JScrollPane jscrPane = new JScrollPane(textArea);
        // 创建 5 个图标用作工具栏按钮的标签
        for (int i = 0; i < 5; i++) {
            btnIcons[i] = new ImageIcon("images/" + btnImages[i]);
        }
        // 创建 5 个工具栏按钮
        for (int i = 0; i < 5; i++) {
            btns[i] = new JButton(btnTitles[i], btnIcons[i]);
            btns[i].addActionListener(this);
            toolBar.add(btns[i]);
            btns[i].setToolTipText(tooltips[i]);
        }
        // 添加工具栏和文本区
        add(toolBar, BorderLayout.PAGE_START);
        add(jscrPane, BorderLayout.CENTER);
        setDefaultCloseOperation(JFrame.EXIT_ON_CLOSE);
        this.pack();
        this.setResizable(false);
        this.setVisible(true);
    }
```

```
    // 事件处理方法
    public void actionPerformed(ActionEvent e) {
        String btnLabel = e.getActionCommand().toString();
        textArea.setText("你所单击的工具栏按钮为:\n【" + btnLabel + "】按钮\n");
        repaint();
    }
    public static void main(String[] args) {
        new Exam3_1_24();
    }
}
```

程序运行结果如图 3.1.25 所示。

图 3.1.25   JToolBar 应用

三、任务实现

（1）下面的代码用来实现学生信息管理系统中浏览学生基本信息界面，刚打开该对话框时，将所有学生信息显示在表格中。该对话框的上方有按条件查找及修改、删除操作的按钮，可以将满足指定条件的学生信息显示在表格中，也可以根据需要修改和删除指定的学生信息。

```
package pack3.task1;
import java.awt.BorderLayout;
import java.awt.Dimension;
import java.awt.Toolkit;
import java.awt.event.ActionEvent;
import java.awt.event.ActionListener;
import java.awt.event.ItemEvent;
import java.awt.event.ItemListener;
import java.awt.event.WindowAdapter;
import java.awt.event.WindowEvent;
import javax.swing.JButton;
import javax.swing.JComboBox;
import javax.swing.JDialog;
import javax.swing.JFrame;
import javax.swing.JLabel;
import javax.swing.JPanel;
import javax.swing.JScrollPane;
import javax.swing.JTable;
/**
 * 浏览学生基本信息界面
 */
public class BrowseFrame extends JDialog implements ActionListener,
        ItemListener {
    private static final long serialVersionUID = 1L;
    private JPanel jp;
    JLabel lblFind = new JLabel();
    JComboBox cbWay = new JComboBox();
    JLabel lblKey = new JLabel();
    JComboBox cbWhat = new JComboBox();
    JButton btnFind = new JButton();
    JButton btnDelete = new JButton();
    JButton btnFlush = new JButton();
    JButton btnEdit = new JButton();
    JScrollPane jScrollPane1 = new JScrollPane();
    JTable jTable1 = new JTable();
```

```java
public BrowseFrame() {
    this.setTitle("浏览学生信息");
    this.setIconImage(Toolkit.getDefaultToolkit().getImage(
            "images/title/browse.png"));
    jp = new JPanel();
    jp.add(lblFind);
    jp.add(cbWay);
    jp.add(cbWhat);
    jp.add(btnFind);
    jp.add(btnEdit);
    jp.add(btnDelete);
    jp.add(btnFlush);
    lblFind.setText("按");
    btnFind.setText("查找");
    btnEdit.setText("修改");
    btnDelete.setText("删除");
    btnFlush.setText("刷新");
    btnFind.addActionListener(this);
    btnEdit.addActionListener(this);
    btnDelete.addActionListener(this);
    btnFlush.addActionListener(this);
    add(jp, BorderLayout.NORTH);
    add(jScrollPane1, BorderLayout.CENTER);
    jScrollPane1

.setHorizontalScrollBarPolicy(JScrollPane.HORIZONTAL_SCROLLBAR_ALWAYS);
    jScrollPane1
.setVerticalScrollBarPolicy(JScrollPane.VERTICAL_SCROLLBAR_ALWAYS);
    jScrollPane1.getViewport().add(jTable1);
    cbWay.addItem("查询关键字");
    cbWay.addItem("学号");
    cbWay.addItem("班级");
    cbWay.addItem("姓名");
    cbWay.addItem("性别");
    cbWay.addItem("民族");
    cbWay.addItemListener(this);
    cbWhat.addItem("所有记录");
    this.Show(); // 起始状态下, 显示所有记录
    this.setModal(true);// 窗口独占模式
    this.setDefaultCloseOperation(JFrame.DO_NOTHING_ON_CLOSE);
    this.addWindowListener(new WindowAdapter() {
        public void windowClosing(WindowEvent arg0) {
            closeWindow();
        }
    });
    Dimension screenSize = Toolkit.getDefaultToolkit().getScreenSize();
    Dimension frameSize = new Dimension(600, 420);
    if (frameSize.height > screenSize.height) {
        frameSize.height = screenSize.height;
    }
    if (frameSize.width > screenSize.width) {
        frameSize.width = screenSize.width;
    }
```

```java
        setLocation(((screenSize.width - frameSize.width) / 2),
                ((screenSize.height - frameSize.height) / 2));
        // 设置窗口的大小
        setSize(frameSize);
        this.setResizable(false);
        this.setVisible(true);
    }
    // 重新显示表格
    public void Show() {
    }
    protected void closeWindow() {
        // 关闭窗口
        this.dispose();// 释放本窗口资源
    }

    public void actionPerformed(ActionEvent e) {
    if (e.getSource() == btnFind) { // 查找按钮
        if (((String) cbWhat.getSelectedItem()).equals("所有记录")) {
            this.Show();
            return;
        } else if (((String) cbWay.getSelectedItem()).equals("学号")) {
            // 显示指定学号的记录
        } else if (((String) cbWay.getSelectedItem()).equals("班级")) {
            // 显示指定班级的记录
        } else if (((String) cbWay.getSelectedItem()).equals("姓名")) {
            // 显示指定姓名的记录
        } else if (((String) cbWay.getSelectedItem()).equals("性别")) {
            // 显示指定性别的记录
        } else if (((String) cbWay.getSelectedItem()).equals("民族")) {
            // 显示指定民族的记录
        }
    } else if (e.getSource() == btnEdit) {// 修改按钮
        int row = jTable1.getSelectedRow();
        if (row < 0) {
            javax.swing.JOptionPane.showMessageDialog(this, "您还未选中任何信息!");
            return;
        }
        Object value = jTable1.getValueAt(row, 0);
        new UpdateFrame(Integer.parseInt(value.toString()));
        this.Show();
    } else if (e.getSource() == btnDelete) {// 删除按钮
        int row = jTable1.getSelectedRow();
        if (row < 0) {
            javax.swing.JOptionPane.showMessageDialog(this, "您还未选中任何信息!");
            return;
        }
        // 删除选中的学生记录
    } else if (e.getSource() == btnFlush) { // 刷新按钮
        this.Show();
    }
}
```

```java
public static void main(String a[]) {
    new BrowseFrame();
}
// 在第一个组合框选择查询的关键字后，在第二个组合框中显示该关键字的所有值
public void itemStateChanged(ItemEvent arg0) {
    cbWhat.removeAllItems();
    cbWhat.addItem("所有记录");
    if (((String) cbWay.getSelectedItem()).equals("查询关键字")) {
        return;
    }
    if (((String) cbWay.getSelectedItem()).equals("民族")) {
        String strMinzu = "==请选择==,汉族,少数民族";
        String[] minZuArray = strMinzu.split(",");
        for (int i = 0; i < minZuArray.length; i++) {
            cbWhat.addItem(minZuArray[i]);
        }
        return;
    }
    if (((String) cbWay.getSelectedItem()).equals("性别")) {
        cbWhat.addItem("男");
        cbWhat.addItem("女");
        return;
    }
    if (((String) cbWay.getSelectedItem()).equals("学号")) {
        // 查找有哪些学号
    } else if (((String) cbWay.getSelectedItem()).equals("班级")) {
        // 查找有哪些班级
    } else if (((String) cbWay.getSelectedItem()).equals("姓名")) {
        // 查找有哪些姓名
    }
}
}
```

（2）下面的代码给出了学生信息管理系统主窗口界面中的工具栏的设计。

```java
package pack3.task1;
import java.awt.BorderLayout;
……   //省略代码，导入相关的类
public class MainFrame extends JFrame implements ActionListener {
    // 创建菜单栏
    ……   //代码省略，见"任务一"

    // 创建工具栏对象
    JToolBar jToolBar = new JToolBar();
    // 工具栏按钮数组
    JButton[] buttons;
    // 工具栏对象下的数组
    String[] strs = "班级管理,数据添加,数据修改,数据删除,按学号查询,浏览,用户管理,关于,帮助
    ".split(",");
    // 窗口上中间最大的中央模板
    public JPanel jpCenter = new JPanel(new BorderLayout());
    // 窗口底部的中央模板
```

```
    JPanel jpButtom = new JPanel();
    JLabel lblTime = new JLabel();

    JLabel lblCompanyName = new JLabel();
    // 时间组件
    Timer timer = new Timer();

    TimerTask tt = new TimerTask() {
        public void run() {
            lblTime.setText("当前时间: "
                    + new SimpleDateFormat("yyyy-MM-dd HH:mm:ss")
                        .format(new Date()));
        }
    };

    public static void main(String args[]) {
            new MainFrame();
    }

    public MainFrame() {
        super("学生信息管理系统");
        this.setIconImage(Toolkit.getDefaultToolkit().getImage(
                "images/title/main.png"));

        // ☆☆☆☆☆☆☆☆☆菜单栏☆☆☆☆☆☆☆☆☆
        ……   //代码省略，见"任务一"

        // ☆☆☆☆☆☆☆☆☆工具栏☆☆☆☆☆☆☆☆☆
        // 禁止 jToolBar 工具栏用户拖动
        jToolBar.setFloatable(false);
        // 初始化 TOOBAR 上的 BUTTON
        // ImageIcon icon = new ImageIcon("images/xx1.png");

        buttons = new JButton[strs.length];
        for (int i = 0; i < strs.length; i++) {
            ImageIcon icon = new ImageIcon("images/toolbar/tt" + (i + 1)
                    + ".png");
            buttons[i] = new JButton(icon);
            buttons[i].setVerticalTextPosition(SwingConstants.BOTTOM);
            buttons[i].setHorizontalTextPosition(SwingConstants.CENTER);
            buttons[i].setToolTipText(strs[i]);
            buttons[i].setBorder(BorderFactory.createTitledBorder(""));
            buttons[i].addActionListener(this);
            jToolBar.add(buttons[i]);
            // jToolBar.addSeparator();
        }
        // ☆☆☆☆☆☆☆☆状态栏☆☆☆☆☆☆☆☆☆
        lblCompanyName.setBorder(BorderFactory.createLoweredBevelBorder());
        lblCompanyName.setText("四平职业大学计算机学院");
        lblTime.setBorder(BorderFactory.createLoweredBevelBorder());
        lblTime.setHorizontalAlignment(JLabel.CENTER);
        lblTime.setText("当前时间: "
                + new SimpleDateFormat("yyyy-MM-dd HH:mm:ss")
                    .format(new Date()));
```

```
    jpButtom.setLayout(new GridLayout());
    jpButtom.add(lblCompanyName, null);
    jpButtom.add(lblTime, null);

    // ☆☆☆☆☆☆☆主窗口的中心区域☆☆☆☆☆☆☆
    jpCenter.setBorder(BorderFactory.createLineBorder(Color.blue));

    this.add(jToolBar, BorderLayout.NORTH);
    this.add(jpCenter, BorderLayout.CENTER);
    this.add(jpButtom, BorderLayout.SOUTH);

    // 多线程，每隔1秒变化一次
    timer.schedule(tt, 0, 1000);

    // 设置窗口最大化
    this.setExtendedState(JFrame.MAXIMIZED_BOTH);
    this.setDefaultCloseOperation(JFrame.DO_NOTHING_ON_CLOSE);
    this.addWindowListener(new WindowAdapter() {
        public void windowClosing(WindowEvent e) {
            int i = JOptionPane.showConfirmDialog(null, "你确认要退出系统吗？",
                "窗口关闭", JOptionPane.YES_NO_OPTION);
            if (i == JOptionPane.YES_OPTION) {
                System.exit(0);
            }
        }
    });
    this.setSize(1024, 768);
    this.setVisible(true);
}
public void actionPerformed(ActionEvent e) {
    if (e.getSource() == jMenuItem01_00) {
        // new ClassFrame();
    } else if (e.getSource() == jMenuItem01_01) { // 添加
        new AddFrame();
    } else if (e.getSource() == jMenuItem01_02) { // 修改
        new NumberInputFrame(1);
    } else if (e.getSource() == jMenuItem01_03) { // 删除
        new NumberInputFrame(2);
    } else if (e.getSource() == jMenuItem02_01) { // 查询
        new NumberInputFrame(0);
    } else if (e.getSource() == jMenuItem03_01) { // 浏览
        // new BrowseFrame();
    } else if (e.getSource() == jMenuItem04_02) { // 关于
        // new AboutFrame();
    } else if (e.getSource() == jMenuItem04_03) { // 帮助
        // new HelpFrame();
    }
}
}
```

四、任务小结

通过本任务的实现，主要带领读者学习了以下内容。

- 表格（JTable）组件：表格的创建、表格数据的填充。
- 工具栏（JToolBar）组件：工具栏的创建、工具栏属性的设置。
- 各种组件的灵活运用。

五、上机实训

【实训目的】

1．掌握表格组件的用法。

2．掌握表格中数据的填充。

【实训内容】

1．参考本任务，完成学生信息管理系统中的班级管理模块的功能。

2．参考本任务，完成学生信息管理系统中的用户管理模块的功能。

3．试为记事本程序添加工具栏。

习　题

（一）填空题

1．工具栏一般放在窗口的（　　）位置。

2．设置工具栏能够移动，使用方法（　　）。

3．若要使表格具有滚动条，需要将表格添加到（　　）组件中。

（二）编程题

1．用 JTable 类创建一个表格，用来显示通讯录。

2．通过 JDK 帮助文档，自学 JTree 组件的使用方法，并实现一个展示学校内部组织结构图的树形信息。

任务二　数据处理

子任务一　数据的持久化存储

【技能目标】

1．会使用各种常用类型的数据库管理系统设计数据库。

2．能创建 ODBC 数据源并连接数据库。

【知识目标】

1．巩固常用数据库的设计与创建。

2．掌握 ODBC 数据源的创建方法。

3．熟练掌握 JDBC-ODBC 数据库连接方法。

一、任务分析

本任务主要完成学生信息管理系统中的数据库设计，并学习 Java 程序连接数据库的基本方法，以便完成数据库的增删改查操作。

二、相关知识

（一）设计学生信息管理系统数据库

数据库名：student。
为简单起见，学生管理系统数据库的主要数据表及其内容如下。

1. 班级表

表名：c_class。
含义：存储班级的基本信息。
详细结构如表 3.2.1 所示。

表 3.2.1　　　　　　　　　　　　　　　　班级表

序　　号	字段名称	含　　义	数据类型	长度	为空性	约　　束
1	classID	班级 ID	int	4	not null	主键（自动增加）
2	className	班级名称	varchar	16	not null	主键

2. 学生表

表名：studentInfo。
含义：存储学生的基本信息。
详细结构如表 3.2.2 所示。

表 3.2.2　　　　　　　　　　　　　　　　学生表

序　　号	字段名称	含　　义	数据类型	长度	为空性	约　　束
1	no	学号	int	4	not null	主键
2	name	姓名	varchar	16	not null	
3	sex	性别	varchar	2	not null	
4	minzu	民族	varchar	16	not null	
5	birthday	出生日期	date	0		
6	classID	所在班级	int	4	not null	外键
7	address	家庭住址	varchar	128	not null	
8	phone	电话	varchar	20		
9	happy	爱好	varchar	20		
10	mobile	手机号	varchar	11		
11	jianli	简历	varchar	1024		
12	photoPath	照片	varchar	128		

3. 用户表

表名：user。

含义：存储用户的基本信息。

详细结构如表 3.2.3 所示。

表 3.2.3　　　　　　　　　　　　　　　用户表

序号	字段名称	含义	数据类型	长度	为空性	约　　束
1	username	用户名	varchar	20	not null	主键
2	password	密码	varchar	20	not null	

（二）JDBC 数据库连接

JDBC（Java DataBase Connectivity）是 Java 数据库连接 API，它由一组用 Java 语言编写的类和接口组成，简单地说，JDBC 能完成以下 3 件事。

（1）与一个数据库建立连接。

（2）向数据库发送 SQL 语句。

（3）处理数据库返回的结果。

JDBC 和数据库建立连接主要有以下两种方式。

（1）JDBC-ODBC 桥接器。

（2）JDBC 专用驱动程序。

1. ODBC 数据源的建立

Sun 公司提供的 JDBC-ODBC 桥可以访问任何支持 ODBC 的数据库，用户只需设置好 ODBC 数据源，再由 JDBC-ODBC 驱动程序转换成 JDBC 接口供应用程序使用即可。

下面以 Access 数据库为例，同时采用学生信息管理系统数据库进行 ODBC 数据源的配置。

ODBC 数据源的配置步骤如下。

（1）打开控制面板，选择"管理工具"中的"数据源(ODBC)"选项，显示"ODBC 数据源管理器"对话框，列表中显示已有的数据源名称，如图 3.2.1 所示。

（2）在"ODBC 数据源管理器"窗口中选择"系统 DSN"选项卡，单击"添加"按钮，打开"创建新数据源"对话框，如图 3.2.2 所示。

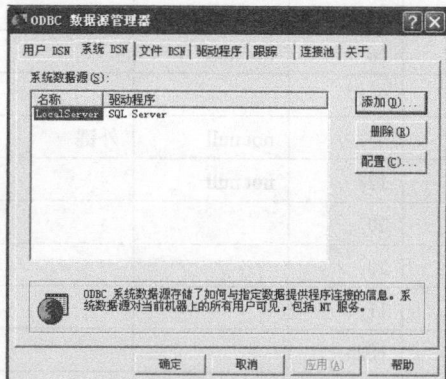

图 3.2.1　数据源管理器窗口

图 3.2.2　"创建数据源"对话框

（3）在"创建新数据源"对话框的"选择您想为其安装数据的驱动程序"列表框中，选择"Driver Microsoft Access (*.mdb)"选项，然后单击"完成"按钮，打开"ODBC Microsoft Access 安装"对话框。在"数据源名"文本框中为数据源起一个适当的名字（如 mydb），再单击"选择"按钮，选择我们建立好的数据库（如 student.mdb），单击"确定"按钮之后，数据源 mydb 就指向了数据库 student，如图 3.2.3 所示。

（4）也可以为数据源设置一个"登录名称"和"密码"，在选择数据库之后，单击"高级"按钮，即可设置"登录名称"和"密码"，如图 3.2.4 所示。

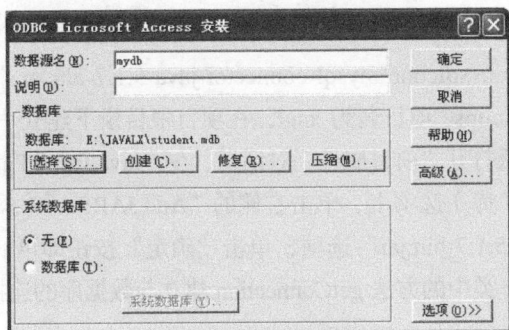

图 3.2.3　设置数据源　　　　　　　　　　图 3.2.4　设置数据源的登录名和密码

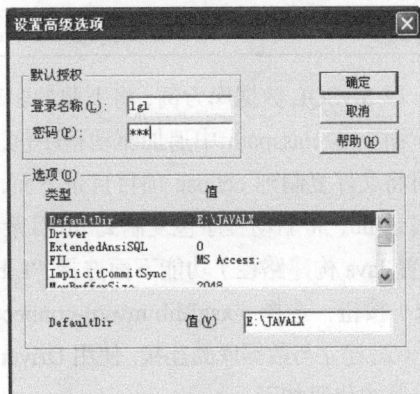

（5）在完成数据源的设置之后，在"ODBC 数据源管理器"对话框的"系统 DSN"选项卡中，即可看到新添加的数据源 mydb，如图 3.2.5 所示。

2. 数据库的连接

前面已经讲过，JDBC 和数据库建立连接主要有两种方式，一种是通过 JDBC-ODBC 桥接器，另外一种是通过专用 JDBC 专用驱动程序进行连接。不管是哪一种方法，连接数据库都要经过以下两个步骤。

（1）加载驱动程序。使用 java.lang.Class 类的 forName()方法动态加载驱动程序类。

基本代码：

图 3.2.5　成功添加 mydb 数据源

```
try {
    Class.forName("数据库驱动程序类");
}
catch(ClassNotFoundException e){
}
```

由于加载驱动程序可能会发生异常，比如驱动程序类没有找到，所以要用 try-catch 语句块来捕获异常。

对于不同的数据库，需要加载的驱动程序也不同，表 3.2.4 中给出常用数据库的驱动程序类。

如果要用 JDBC-ODBC 桥接器连接数据库，加载的驱动程序由 JDK 免费提供，任何数据库只要具有 ODBC 驱动程序，即可使用这种方式访问数据库。

如果要用专用 JDBC 驱动程序连接数据库，则首先要下载、安装相应的驱动程序，配置系统

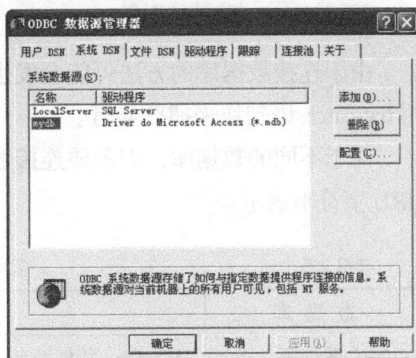

221

类路径或项目类路径。

表 3.2.4　　　　　　　　　　　　　　　　常用数据库的驱动程序类

数 据 库	驱动程序类
ODBC 数据源	sun.jdbc.odbc.JdbcOdbcDriver
Access	sun.jdbc.odbc.JdbcOdbcDriver
SQL Server2000	com.microsoft.jdbc.sqlserver.SQLServerDriver
SQL Server2005	com.microsoft.sqlserver.jdbc.SQLServerDriver
MySQL	com.mysql.jdbc.Driver

以 MySQL 数据库为例，将下载的驱动程序包 mysql-connector-java-5.1.7-bin.jar 复制到某个目录下面，在 classpath 中追加驱动程序包，如 "c:\mysqlconn\mysql-connector-java-5.1.7-bin.jar;"，也可将文件复制到 eclipse 项目目录下面，如有 Eclipse 项目名为 xsgl，在项目根目录下建立一个子目录 lib，将驱动程序包复制到 lib 目录下，然后打开"项目属性"对话框，在"Java Build Path"（配置 Java 构建路径）功能下面选择"Libraries"（库）选项卡，单击右侧的"Add JARS..."（添加 JAR）按钮，选择"xsgl\lib\mysql-connector-java-5.1.7-bin.jar"选项，单击"确定"按钮即可。

（2）建立与数据库的连接。使用 DriverManager 类中的方法 getConnection 建立与数据库的连接。基本代码如下。

```
try {
 Connection con=DriverManager.getConnection("数据库 URL","用户名","密码");
}
catch(SQLException e) {
 }
```

由于连接数据库的方法可能会发生异常，比如数据库不存在，用户名或密码错误等，因此要用 try-catch 语句块来捕获异常。

对于不同的数据库，表示要连接数据库的 URL 字符串也不同，表 3.2.5 中给出常用数据库的 URL 字符串表示。

表 3.2.5　　　　　　　　　　　　　　常用数据库连接的 URL 字符串

数 据 库	连接 URL 字符串
ODBC 数据源	jdbc:odbc:数据源名
Access	jdbc:odbc:driver={Microsoft Access Driver (*.mdb)};DBQ=数据库名
SQL Server2000	jdbc:microsoft:sqlserver://服务器名或 IP 地址:1433; DatabaseName=数据库名
SQL Server2005	jdbc:sqlserver://服务器名或 IP 地址:1433; DatabaseName=数据库名
MySQL	jdbc:mysql://服务器名或 IP 地址:3306/数据库名

【案例 3_2_1】连接数据库。

```
package pack3;
import java.sql.Connection;
import java.sql.DriverManager;
import java.sql.SQLException;
public class Exam3_2_1 {
    public static void main(String args[]) {
        Connection con = null;
```

```
        String url = "jdbc:odbc:mydb";
        // String url = "jdbc:odbc:driver={Microsoft Access Driver
        // (*.mdb)};DBQ=student.mdb";
        String username = "";
        String password = "";
        try {
            Class.forName("sun.jdbc.odbc.JdbcOdbcDriver");
            con = DriverManager.getConnection(url, username, password);
            System.out.println("数据库连接成功！ ");
        } catch (ClassNotFoundException e) {
            System.out.println("驱动程序装载失败！ ");
        } catch (SQLException e) {
            System.out.println("数据库连接失败！ ");
        }
    }
}
```

三、任务实现

学生成绩管理系统中使用的数据库是 MySQL，数据库名为 student，数据库连接代码如下。

```
package pack3.task2.dbconn;
import java.sql.Connection;
import java.sql.DriverManager;
import java.sql.SQLException;
public class DBManager {
    private static String driver;
    private static String url;
    private static String userName;
    private static String userPassword;
    static {
        getInstance();
    }
    private static void getInstance() {
        userName = "root";
        userPassword = "123";
        driver = "com.mysql.jdbc.Driver";
        url = "jdbc:mysql://localhost:3306/student";
        try {
            Class.forName(driver);
        } catch (ClassNotFoundException e) {
            e.printStackTrace();
        }
    }
    public synchronized static Connection getConnection() {
        Connection conn = null;
        try {
            conn = DriverManager.getConnection(url, userName, userPassword);
        } catch (SQLException e) {
            e.printStackTrace();
        }
        return conn;
    }
    public static void main(String[] args) {
        System.out.println(getConnection());
    }
}
```

四、任务小结

通过本任务的实现，主要带领读者学习了以下内容。

- ODBC 数据源的创建方法。
- Java 程序如何连接数据库：驱动程序的装载方法、各种数据库的驱动程序类、数据库连接的方法、各数据库连接的 URL 字符串。

五、上机实训

【实训目的】

1. 掌握 ODBC 数据源的创建。
2. 掌握数据库连接的方法和步骤。

【实训内容】

1. 建立学生信息数据库（用不同的数据库管理系统），并建立 ODBC 数据源。
2. 分别用 JDBC-ODBC 桥和直连的方式连接学生信息数据库。

习　题

（一）简答题

1. 说明 ODBC 数据源创建的步骤。
2. Java 数据库连接有哪两种方式，都是什么？
3. 写出装载驱动程序的代码。
4. 写出连接数据库的代码。

（二）选择题

1. 下面方法中，可以用来加载 JDBC 驱动程序的是（　　）。
   （A）类 java.sql.DriverManager 的 getDriver 方法
   （B）类 java.sql.DriverManager 的 getDrivers 方法
   （C）java.sql.Driver 的方法 connect
   （D）类 java.lang.Class 的 forName 方法
2. 下面方法中，可以用来建立数据库连接的是（　　）。
   （A）java.sql.DriverManager 的方法 getConnection
   （B）javax.sql.DataSource 的方法 getConnection
   （C）javax.sql.DataSource 的方法 connection
   （D）java.sql.Driver 的方法 getConnection

（三）编程题

创建一个图书数据库，包含书号、书名、作者、出版社、出版日期、数量等字段，分别用两种方法连接该数据库。

子任务二　数据的查询

【技能目标】

能编写基本的数据库查询程序。

【知识目标】

1．熟悉数据库查询的基本步骤。

2．掌握数据库查询的基本方法。

3．巩固 SQL 语句的使用。

一、任务分析

本任务主要完成学生信息管理系统中的登录界面和查询界面的实现，学习数据库查询的基本步骤和方法，并能灵活运用 SQL 语句实现各种查询功能。

二、相关知识

Java 查询数据库要经过以下几个步骤。

（1）装载驱动程序。

（2）建立与数据库的连接。

（3）获取 SQL 语句对象。

（4）向数据库发送 SQL 语句。

（5）处理查询结果。

（6）关闭数据库连接。

下面就介绍这几个步骤。

（一）装载驱动程序

在上一个任务中已经介绍过，这里不再赘述。

（二）建立与数据库的连接

在上一个任务中也介绍过连接数据库的方法，在建立与数据库的连接之后，会得到一个数据库连接对象，该对象是 Connection 接口对象。

java.sql.Connection 接口代表与数据库的连接，并拥有创建 SQL 语句对象的方法，以完成基本的 SQL 操作，同时为数据库事务处理提供提交和回滚的方法。

Connection 接口的常用方法见表 3.2.6。

表 3.2.6　　　　　　　　　　　　　　　　Connection 接口的常用方法

方 法 名	方法功能
void close()	关闭数据库连接
Statement createStatement()	创建一个 Statement 对象，以便向数据库发送不带参数的 SQL 语句

方 法 名	方法功能
PreparedStatement prepareStatement(String sql)	创建一个 PreparedStatement 对象，以便向数据库发送带参数的 SQL 语句
CallableStatement prepareCall(String sql)	创建一个 CallableStatement 对象，以便调用数据库存储过程
void commit()	用于提交 SQL 语句，确认从上一次提交/回滚以来进行的所有操作
void rollback()	用于取消 SQL 语句，取消当前事务中进行的所有更改

（三）获取 SQL 语句对象

首先使用 Statement 声明一个 SQL 语句对象，然后通过数据库连接对象 con 调用 createStatement()方法获取这个 SQL 语句对象。

```
try {
    Statement sql=con.createStatement();
}
catch(SQLException e) {
}
```

java.sql.Statement 接口用于执行不带参数的简单 SQL 语句，用来向数据库提交 SQL 语句，并返回 SQL 语句的执行结果，提交的 SQL 语句可以是 SQL 查询语句（SELECT）、插入语句（INSERT）、修改语句（UPDATE）和删除语句（DELETE）。

Statement 接口的常用方法如表 3.2.7 所示。

表 3.2.7 Statement 接口的常用方法

方 法 名	方法功能
void close()	释放 Statement 资源
boolean execute(String sql)	执行给定的 SQL 语句，该语句可能返回多个结果
ResultSet executeQuery(String sql)	执行给定的 SQL 语句，该语句返回单个 ResultSet 对象
int executeUpdate(String sql)	执行给定的 SQL 语句，该语句可能为 INSERT、UPDATE 或 DELETE，或者不返回任何内容的 SQL 语句，如 DDL 语句

（四）向数据库发送 SQL 语句

有了 SQL 对象后，这个对象就可以调用相应的方法实现对数据库的查询和修改，并将查询结果存放在一个 ResultSet 类声明的对象中。

如：

```
try {
    ResultSet rs=sql.executeQuery("SELECT * FROM studentInfo");
}
catch(SQLException e) {
}
```

（五）处理查询结果

ResultSet 对象包含了 Statement 和 PreparedStatement 的 executeQuery 方法中 select 语句查询的

结果集，即满足 SQL 语句中指定条件的所有行。

java.sql.ResultSet 接口提供了一套 get 方法，对结果集中当前行中的数据进行访问。常用方法如表 3.2.8 所示。

表 3.2.8　　　　　　　　　　　　ResultSet 接口的常用方法

方 法 名	方法功能
boolean absolute(int row)	将记录指针移动到指定位置
void beforeFirst()	将记录指针移动到到第一行之前
boolean first()	将记录指针移动到第一行
boolean last()	将记录指针移动到最后一行
void afterLast()	将记录指针移动到最后一行之后
boolean previous()	将记录指针移动到上一行
boolean next()	将记录指针移动到下一行
int getRow()	获取当前指针所在行号
String getString(int x) String getString(String colName)	获取当前行指定列号或列名的值（该列的类型可以为任意类型）所对应的字符串
int getInt(int x) int getInt(String colName)	获取当前行指定列号或列名的值，该列的类型必须为 int
boolean getBoolean(int x) boolean getBoolean(String colName)	获取当前行指定列号或列名的值，该列的类型必须为 boolean
XXX getXXX(int x)	获取当前行指定列号或列名的值，一般来说 XXX 与该列的类型应该一致
void close()	释放 ResultSet 资源

如：

```
try {
  int no=rs.getInt(1);                        //给定列号
  String name=rs.getString("name");           //给定列名
  String birthday=rs.getString("birthday");  //获取生日对应的字符串
}
catch(SQLException e) {
}
```

（六）关闭数据库连接

访问完某个数据库后，应该关闭数据库连接，释放与连接有关的资源。用户创建的任何打开的 ResultSet 或者 Statement 对象将自动关闭。关闭连接只需调用 Connection 接口的 close 方法即可

```
conn.close();
```

【案例 3_2_2】简单数据库查询，查询学生表中的全部记录。

```
package pack3;
import java.sql.Connection;
import java.sql.DriverManager;
import java.sql.ResultSet;
import java.sql.SQLException;
import java.sql.Statement;
```

```
public class Exam3_2_2 {
    public static void main(String[] args) {
        Connection con;
        Statement sql;
        ResultSet rs;
        try {
            Class.forName("com.mysql.jdbc.Driver");
        } catch (ClassNotFoundException e) {
            System.out.println("" + e);
        }
        try {
            con = DriverManager.getConnection("jdbc:mysql://localhost:3306/student",
            "root", "123");
            sql = con.createStatement();
            rs = sql.executeQuery("SELECT * FROM studentInfo");
            while (rs.next()) {
                String no = rs.getString(1);
                String name = rs.getString(2);
                String sex = rs.getString(3);
                String minzu = rs.getString("minzu");
                String address = rs.getString("address");
                System.out.print("学号: " + no);
                System.out.print("  姓名: " + name);
                System.out.print("  性别: " + sex);
                System.out.print("  民族: " + minzu);
                System.out.println("  家庭住址: " + address);
            }
            con.close();
        } catch (SQLException e) {
            System.out.println(e);
        }
    }
}
```

程序运行结果如图 3.2.6 所示。

| 学号: 101 姓名: 张三 性别: 男 民族: 汉族 家庭住址: 吉林长春 |
| 学号: 102 姓名: 李四 性别: 女 民族: 满族 家庭住址: 吉林白城 |
| 学号: 103 姓名: 王五 性别: 男 民族: 汉族 家庭住址: 吉林四平 |

图 3.2.6 查询结果

【案例 3_2_3】简单数据库查询，查询学生表中民族为"汉族"的记录，只显示"姓名"和"民族"字段。

```
package pack3;
import java.sql.Connection;
import java.sql.DriverManager;
import java.sql.ResultSet;
import java.sql.SQLException;
import java.sql.Statement;
import dbconn.DBManager;        // "任务一"中的数据库连接类
public class Exam3_2_3 {
    public static void main(String[] args) {
        Connection con;
        Statement sql;
        ResultSet rs;
```

```
    try {
        con = DBManager.getConnection();
        sql = con.createStatement();
        String sqlString = "SELECT name,minzu FROM studentInfo where minzu='汉族'";
        rs = sql.executeQuery(sqlString);
        while (rs.next()) {
            String name = rs.getString("name");
            String minzu = rs.getString("minzu");
            System.out.print("姓名: " + name);
            System.out.println("  民族: " + minzu);
        }
        con.close();
    } catch (SQLException e) {
        System.out.println(e);
    }
    }
}
```

程序运行结果如图 3.2.7 所示。

三、任务实现

| 姓名：张三 | 民族：汉族 |
| 姓名：王五 | 民族：汉族 |

图 3.2.7　查询结果

1．登录功能的实现

在"任务一"中，已经完成了登录界面的界面设计和简单的事件处理，但在实际应用中，用户名和密码通常都不是固定不变的，需要存储在数据库中，当用户输入用户名和密码登录时，要到数据库中去进行验证，下面给出了数据库验证代码。为了节省篇幅，部分代码省略，读者可以参考"任务一"中的登录界面设计。

```
package pack3.task2;
import java.awt.Dimension;
……  //导入相应的类，见"任务一  登录界面设计"
public class LoginFrame extends JFrame implements ActionListener {
    private JTextField tName = new JTextField();// 用户名文本组件
    ……   //声明创建组件，见"任务一  登录界面设计"
    //构造方法
    public LoginFrame() {
        ……    //构造方法，见"任务一  登录界面设计"
    }
    //在文本框上回车、单击按钮激发的事件
     public void actionPerformed(ActionEvent e) {
        if (e.getSource() == tName || e.getSource() == tPsw
            || e.getSource() == bOk) {
        // (1)判断登录名和密码不能为空
        if (isFormNull()) {
            return;
        }
        // (2)判断登录名和密码是否正确
        if (!isUserExist(tName.getText().trim(), new String(tPsw
            .getPassword())))  {
            JOptionPane.showMessageDialog(this, "用户名和密码不存在,请重新输入!");
            tName.setText("");
            tPsw.setText("");
```

229

```
                return;
            }
            mainFrame = new MainFrame();
            this.dispose();
        } else {// 重置按钮
            tName.setText("");
            tPsw.setText("");
        }
    }
    //根据用户名和密码, 到数据表中查询用户信息,查询到返回 true,否则返回 false
    private boolean isUserExist(String username, String password) {
        Connection conn = null;       // 数据库的连接
        Statement stm = null;         // SQL 语句的装载器
        ResultSet rs = null;          // 结果集
        String sql = "select * from user where username='" + username
                + "' and password='" + password + "'";
        try {
            conn = DBManager.getConnection();
            stm = conn.createStatement();
            rs = stm.executeQuery(sql);
            while (rs.next()) {
                return true;
            }
        } catch (SQLException e) {
            e.printStackTrace();
        }
        return false;
    }
    //判断组件内容是否为空
    //登录名和密码有一个组件内容为空, 返回 true, 不空返回 false
    private boolean isFormNull() {
        ……    //判断组合内容是否为空, 见"任务一  登录界面设计"
    }
    public static void main(String[] args) {
        new LoginFrame();
    }
}
```

2. 查询功能的实现

在"任务一"的学生信息管理系统主界面中，选择菜单"数据查询"→"按学号查询"命令，首先弹出一个"学号输入界面"，要求输入要查询的学生的学号，如果该学号存在，则应该显示"查询结果"，如果该学号不存在，则应该显示提示信息对话框。下面给出相关事件代码的实现。

（1）学号输入界面。

```
package pack3.task2;
……    //导入相关的类, 见"任务一  学号输入界面设计"
import dbconn.DBManager;

// 学号输入界面
 public class NumberInputFrame extends JDialog implements ActionListener {
    private static final long serialVersionUID = 1L;
    private JLabel lbLTitle;
    private JTextField txtNo;
```

```java
    private JButton btnNext;
    int op; // 0: 查询 1: 修改 2: 删除
//构造方法
    public NumberInputFrame(int op) {
        …… //构造方法, 见"任务一  学号输入界面设计"
    }
//事件代码
    public void actionPerformed(ActionEvent e) {
        if (e.getSource() == btnNext) {// 下一步
            // (1)先判断学号不能为空
            String no = txtNo.getText().trim();
            if (no.length() == 0) {
                JOptionPane.showMessageDialog(this, "请输入[学号]");
                txtNo.requestFocus(true);
                return;
            }
            // (2)判断学号在数据库中是否存在
            Connection conn = null; // 数据库的连接
            Statement stm = null;   // SQL 语句的装载器
            ResultSet rs = null;    // 结果集
            String sql = "select * from studentinfo where no=" + no;
            try {
                conn = DBManager.getConnection();
                stm = conn.createStatement();
                rs = stm.executeQuery(sql);
                if (rs.next()) {
                    this.dispose();
                    if (op == 0) {
                        // 查询
                        new QueryFrame(Integer.parseInt(no));
                    } else if (op == 1) {
                        // 修改
                        new UpdateFrame(Integer.parseInt(no));
                    } else if (op == 2) {
                        // 删除
                        new DeleteFrame(Integer.parseInt(no));
                    }
                } else {
                    JOptionPane.showMessageDialog(this, "[学号]不存在");
                    txtNo.requestFocus(true);
                    txtNo.setSelectionStart(0);
                    txtNo.setSelectionEnd(txtNo.getText().length());
                }
            } catch (SQLException ee) {
                ee.printStackTrace();
            }
        }
    }
}
```

（2）查询结果界面。

```java
package pack3.task2;
……   //导入相关的类, 见"任务一  信息查询界面设计"
```

```java
import dbconn.DBManager;

// 查询学生基本信息界面
public class QueryFrame extends JDialog implements ActionListener {
    ……      //声明组件
    public QueryFrame(int no) {
        ……    //构造函数，见"任务一  信息查询界面设计"
        // 根据学号，查询学生基本信息,显示在窗口上
        setForm(no);
        this.setModal(true);          // 窗口独占模式
        ……    //构造函数，见"任务一  信息查询界面设计"
    // 给组件进行赋值
    private void setForm(int no) {
        Connection conn = null;       // 数据库的连接
        Statement stm = null;         // SQL 语句的装载器
        ResultSet rs = null;          // 结果集
        String sql = "select * from c_class,studentinfo where c_class.classid=studentinfo.
        classid and no=" + no;
        try {
            conn = DBManager.getConnection();
            stm = conn.createStatement();
            rs = stm.executeQuery(sql);
            if (rs.next()) {
                resNo.setText(rs.getString("no"));
                resName.setText(rs.getString("name"));
                resSex.setText(rs.getString("sex"));
                resClass.setText(rs.getString("classname"));
                resMinZu.setText(rs.getString("minzu"));
                resPhone.setText(rs.getString("phone"));
                resBirthday.setText(rs.getString("birthday"));
                resAddress.setText(rs.getString("address"));
                resJianLi.setText(rs.getString("jianli"));
                resHappy.setText(rs.getString("happy"));
                String path = rs.getString("photopath");
                if (path == null) {
                    lblPicture.setIcon(null);
                } else {
                    ImageIcon icon = new ImageIcon(path);
                    icon.setImage(icon.getImage().getScaledInstance(
                            lblPicture.getWidth(), lblPicture.getHeight(),
                            Image.SCALE_DEFAULT));
                    lblPicture.setIcon(icon);
                    lblPicture.updateUI();
                }
            }
        } catch (SQLException ee) {
            ee.printStackTrace();
        }
    }
    protected void closeWindow() {
        // 关闭窗口
        this.dispose();               // 释放本窗口资源
    }
    public void actionPerformed(ActionEvent e) {
        if (e.getSource() == btnBack) { // 返回
```

```
                this.dispose();                    // 关闭本窗口
        }
    }
}
```

四、任务小结

通过本任务的实现，主要带领读者学习了以下内容。

- 数据库查询的基本步骤。
- 数据库连接的方法。
- 数据库操作涉及的几个类和接口：Connection，Statement，Resultset 及其常用方法。

五、上机实训

【实训目的】

1. 掌握数据库查询的方法和步骤。

2. 掌握 Statement，ResultSet 的相关方法。

【实训内容】

1. 建立一个学生成绩表，将所有学生记录显示出来。

2. 实现学生信息管理系统中的数据浏览功能。

习　题

（一）选择题

1. 一个（　　）对象用于向数据库提交查询。

　（A）ResultSet　　　　　　（B）Connection　　　　（C）Statement　　　　（D）Applet

2. JDBC API 主要定义在下面哪个包中（　　）。

　（A）java.sql　　　　　　（B）java.io　　　　　　（C）java.awt　　　　　（D）java.util

3. Statement 类的 executeQuery()方法返回的数据类型是（　　）。

　（A）Statement 类的对象　　　　　　　　　　（B）Connection 类的对象

　（C）DatabaseMetaData 类的对象　　　　　　（D）ResultSet 类的对象

（二）编程题

对上一个任务中创建的图书数据库，写一个按照指定关键字查找图书信息的应用程序。

子任务三　数据的添加、修改和删除

【技能目标】

能实现数据库的增删改操作。

【知识目标】

1. 掌握数据库的增删改操作方法。

2. 掌握预编译的 SQL 语句的使用方法。

一、任务分析

本任务主要完成学生信息管理系统中的数据添加、修改和删除功能，并学习数据库更新的基本步骤和方法，掌握预编译的 SQL 语句的概念及使用方法。

二、相关知识

（一）数据库的插入、更新和删除

SQL 语句对象调用方法：

```
public int executeUpdate(String sql)
```

可以对数据库表中的记录进行插入、更新和删除。

如：

```
try{
  sql.executeUpdate("insert into studentinfo values(104,'赵丽','女','汉族','1989-4-8',
  2,'吉林长春','3280678','跳舞','13604345678','','')");
}
catch(SQLException e){
}
```

上面这段程序是将在学生表中添加一条新的学生记录。

```
try{
  sql.executeUpdate("update studentinfo set name='张明' where no=101");
}
catch(SQLException e){
}
```

上面这段程序是将学生表中学号为 101 的学生姓名更改为"张明"。

```
try{
  sql.executeUpdate("delete from studentinfo where no=101");
}
catch(SQLException e){
}
```

上面这段程序是将学生表中学号为 101 的学生记录删除。

（二）预编译的 SQL 语句对象

当向数据库发送一个 SQL 语句，数据库中的 SQL 解释器负责把 SQL 语句生成底层的内部命令，然后执行该命令，完成有关的数据操作。如果不断地向数据库提交 SQL 语句，势必增加数据库中 SQL 解释器的负担，影响执行的速度。

如果应用程序能针对连接的数据库，事先就将 SQL 语句解释为数据库底层的内部命令，然后直接让数据库去执行这个命令，显然不仅减轻了数据库的负担，也提高了访问数据库的速度。

java.sql.PreparedStatement 接口就可以满足上述要求，PreparedStatement 接口是 Statement 接口的子接口，它有下面两个特点。

（1）PreparedStatement 的对象所包含的 SQL 语句是预编译的，因此当需要多次执行同一条 SQL 语句时，利用 PreparedStatement 传送这条 SQL 语句可以大大提高执行效率。

与创建 Statement 对象类似，在使用 Connection 和某个数据库建立了连接后，可以通过连接对象 con 调用 prepareStatement(String sql)。

方法对 SQL 语句进行编译预处理，生成该数据库底层的内部命令，并将该命令封装在 PreparedStatement 对象中。

如：

```
PreparedStatement psm=con.prepareStatement("SELECT * FROM student");
```

（2）PreparedStatement 的对象所包含的 SQL 语句中允许有一个或多个输入参数。创建 PreparedStatement 对象时，输入参数用"?"代替，在执行带参数的 SQL 语句前，必须对"?"进行赋值，为了对"?"进行赋值，PreparedStatement 接口中包含大量的 setXXX 方法，完成对输入参数的赋值。

如：

```
PreparedStatement psm=con.preparedStatement("select * from student where no=?");
psm.setInt(1,101);
psm.executeQuery();
```

PreparedStatement 接口中的常用方法如表 3.2.9 所示。

表 3.2.9　　　　　　　　　　　PreparedStatement 接口的常用方法

方 法 名	方法功能
void close()	释放 PreparedStatement 资源
ResultSet executeQuery()	执行给定的 SQL 语句（可带参数），该语句返回单个 ResultSet 对象
int executeUpdate(Strin)	执行给定的 SQL 语句（可带参数），该语句必须是 INSERT、UPDATE 或 DELETE，或者是 DDL 语句
void setInt(int i,int value)	将第 i 个参数设置为 int 值
void setString(int i,String value)	将第 i 个参数设置为 String 值
void setXXX(int I,XXX value)	将第 i 个参数设置为 XXX 值

【案例 3_2_4】使用预编译的 SQL 语句来查询学生信息表中的全部记录。

```
package pack3;
import java.sql.Connection;
import java.sql.DriverManager;
import java.sql.PreparedStatement;
import java.sql.ResultSet;
import java.sql.SQLException;
public class Exam3_2_4 {
    public static void main(String[] args) {
        Connection con;
        PreparedStatement psm;
        ResultSet rs;
        try {
            Class.forName("com.mysql.jdbc.Driver");
        } catch (ClassNotFoundException e) {
            System.out.println("" + e);
        }
        try {
            con = DriverManager.getConnection("jdbc:mysql://localhost:3306/student",
            "root", "123");
```

```
                    String sql = "SELECT * FROM studentInfo";
                    psm=con.prepareStatement(sql);
                    rs = psm.executeQuery();
                    while (rs.next()) {
                        String no= rs.getString(1);
                        String name = rs.getString(2);
                        String sex = rs.getString(3);
                        String minzu = rs.getString("minzu");
                        String address = rs.getString("address");
                        System.out.print("学号: " + no);
                        System.out.print("  姓名: " + name);
                        System.out.print("  性别: " + sex);
                        System.out.print("  民族: " + minzu);
                        System.out.println("  家庭住址: " + address);
                    }
                    con.close();
            } catch (SQLException e) {
                System.out.println(e);
            }
        }
    }
```

【案例 3_2_5】使用预编译的 SQL 语句实现用户登录窗口。

验证代码如下（其他代码请查看"任务一　登录界面设计"）。

```
private boolean isUserExist1(String username, String password) {
        Connection conn = null;              // 数据库的连接
        PreparedStatement psm = null;    // SQL 语句的装载器
        ResultSet rs = null;                  // 结果集
        String sql = "select * from user where username=? and password=?";
        try {
            conn = DBManager.getConnection();
            psm = conn.prepareStatement(sql);
            psm.setString(1, username);
            psm.setString(2, password);
            rs = psm.executeQuery();
            while (rs.next()) {
                return true;
            }
        } catch (SQLException e) {
            e.printStackTrace();
        }
        return false;
    }
```

（三）执行存储过程的 SQL 语句对象

java.sql.CallableStatement 是用于执行 SQL 存储过程的接口，Connection 对象调用 prepareCall 方法获取 CallableStatement 对象，如：

```
CallableStatement cs = conn.prepareCall("{call PROC_ZZH()}");
```

CallableStatement 对象调用 execute()方法执行存储过程，如：

```
cs.execute();
```

三、任务实现

1. 添加学生信息功能的实现

我们看到，在前面实现数据查询功能的时候，数据库的操作代码和界面代码都放在一个类中，程序比较混乱，维护起来比较困难。为了增强程序的清晰性和可读性，我们将数据库的操作代码提取出来，独立存储。

（1）班级信息类。

```java
package pack3.task2.bean;
public class C_ClassBean {
    private int classid;
    private String classname;
    public int getClassid() {
        return classid;
    }
    public void setClassid(int classid) {
        this.classid = classid;
    }
    public String getClassname() {
        return classname;
    }
    public void setClassname(String classname) {
        this.classname = classname;
    }
}
```

（2）学生信息类。

```java
package pack3.task2.bean;
import java.util.Date;
public class StudentInfoBean {
    private int no;
    private String name;
    private String sex;
    private int classid;
    private String minZu;
    private String phone;
    private Date birthday;// java.util.Date
    private String address;
    private String happy;
    private String jianLi;
    private String photoPath;
    public StudentInfoBean() {
    }
    public int getNo() {
        return no;
    }
    public void setNo(int no) {
        this.no = no;
    }
    public String getName() {
        return name;
    }
    public void setName(String name) {
        this.name = name;
```

```
    }
    public String getSex() {
        return sex;
    }
    public void setSex(String sex) {
        this.sex = sex;
    }
    public String getMinZu() {
        return minZu;
    }
    public void setMinZu(String minZu) {
        this.minZu = minZu;
    }
    public String getPhone() {
        return phone;
    }
    public void setPhone(String phone) {
        this.phone = phone;
    }
    public Date getBirthday() {
        return birthday;
    }
    public void setBirthday(Date birthday) {
        this.birthday = birthday;
    }
    public String getAddress() {
        return address;
    }
    public void setAddress(String address) {
        this.address = address;
    }
    public String getHappy() {
        return happy;
    }
    public void setHappy(String happy) {
        this.happy = happy;
    }
    public String getJianLi() {
        return jianLi;
    }
    public void setJianLi(String jianLi) {
        this.jianLi = jianLi;
    }
    public String getPhotoPath() {
        return photoPath;
    }
    public void setPhotoPath(String photoPath) {
        this.photoPath = photoPath;
    }
    public int getClassid() {
        return classid;
    }
    public void setClassid(int classid) {
        this.classid = classid;
    }
}
```

（3）操作班级信息的类。

```java
package pack3.task2.dao;
import java.sql.Connection;
import java.sql.PreparedStatement;
import java.sql.ResultSet;
import java.sql.SQLException;
import java.util.ArrayList;
import bean.C_ClassBean;
import dbconn.DBManager;
public class C_ClassDao {
    // 获取班级表中所有记录列表
    public ArrayList findAll() {
        ArrayList list = new ArrayList();
        Connection conn = null;            // 数据库的连接
        PreparedStatement stm = null;    // SQL 语句的装载器
        ResultSet rs = null;               // 结果集
        String sql = "select * from c_class";
        try {
            conn = DBManager.getConnection();
            stm = conn.prepareStatement(sql);
            rs = stm.executeQuery();
            while (rs.next()) {
                C_ClassBean bean = new C_ClassBean();
                bean.setClassid(rs.getInt("classid"));
                bean.setClassname(rs.getString("classname"));
                list.add(bean);
            }
        } catch (SQLException e) {
            e.printStackTrace();
        }
        return list;
    }
    // 获取班级表中指定编号的记录
    public C_ClassBean findById(int classid) {
        C_ClassBean bean = new C_ClassBean();
        Connection conn = null;            // 数据库的连接
        PreparedStatement stm = null;    // SQL 语句的装载器
        ResultSet rs = null;// 结果集
        String sql = "select * from c_class where classid=?";
        try {
            conn = DBManager.getConnection();
            stm = conn.prepareStatement(sql);
            stm.setInt(1, classid);
            rs = stm.executeQuery();
            while (rs.next()) {
                bean.setClassid(rs.getInt("classid"));
                bean.setClassname(rs.getString("classname"));
            }
        } catch (SQLException e) {
            e.printStackTrace();
        }
        return bean;
    }
    // 在班级表中添加指定记录
    public boolean addClass(C_ClassBean bean) {
```

```java
        Connection conn = null;            // 数据库的连接
        PreparedStatement stm = null;      // SQL 语句的装载器
        String sql = "insert into c_class (classname) values(?)";
        try {
            conn = DBManager.getConnection();
            stm = conn.prepareStatement(sql);
            stm.setString(1, bean.getClassname());
            stm.execute();
            return true;
        } catch (SQLException e) {
            e.printStackTrace();
            return false;
        } finally {// （5）关闭
            try {
                stm.close();
                conn.close();
            } catch (SQLException e) {
                e.printStackTrace();
            }
        }
    }
    // 修改班级表中指定编号的记录
    public boolean updateClass(C_ClassBean bean, int classid) {
        Connection conn = null;            // 数据库的连接
        PreparedStatement stm = null;      // SQL 语句的装载器
        String sql = "update c_class set classname=? where classid=?";
        try {
            conn = DBManager.getConnection();
            stm = conn.prepareStatement(sql);
            stm.setString(1, bean.getClassname());
            stm.setInt(2, classid);
            stm.execute();
            return true;
        } catch (SQLException e) {
            e.printStackTrace();
            return false;
        } finally {// （5）关闭
            try {
                stm.close();
                conn.close();
            } catch (SQLException e) {
                e.printStackTrace();
            }
        }
    }
    // 删除班级表中指定编号的记录
    public boolean deleteClass(int classid) {
        Connection conn = null;            // 数据库的连接
        PreparedStatement stm = null;      // SQL 语句的装载器
        String sql = "delete from c_class where classid=?";
        try {
            conn = DBManager.getConnection();
            stm = conn.prepareStatement(sql);
            stm.setInt(1, classid);
            stm.execute();
```

```
            return true;
        } catch (SQLException e) {
            e.printStackTrace();
            return false;
        } finally {// （5）关闭
            try {
                stm.close();
                conn.close();
            } catch (SQLException e) {
                e.printStackTrace();
            }
        }
    }
}
```

（4）操作学生信息的类。

```
package pack3.task2.dao;
import java.sql.Connection;
import java.sql.PreparedStatement;
import java.sql.ResultSet;
import java.sql.SQLException;
import bean.StudentInfoBean;
import dbconn.DBManager;
/**
 * 实现学生基本信息的增、删、改、查操作
 *
 * @author Administrator
 *
 */
public class StudentDao {
    /**
     * 添加学生基本信息
     *
     * @param bean 学生基本信息实体Bean
     * @return 添加成功返回true，否则返回false
     */
    public boolean addStudentInfo(StudentInfoBean bean) {
        Connection conn = null;// 数据库的连接
        PreparedStatement stm = null;// SQL语句的装载器
        String sql = "insert into studentinfo(no,name,sex,classId,minZu,phone,birthday,
        address,happy,jianLi,photoPath)"
            + " values(?,?,?,?,?,?,?,?,?,?,?)";
        try {
            // （1）获取数据库连接
            conn = DBManager.getConnection();
            // （2）将SQL语句放到装载器中
            stm = conn.prepareStatement(sql);
            // （3）设置参数的值
            stm.setInt(1, bean.getNo());
            stm.setString(2, bean.getName());
            stm.setString(3, bean.getSex());
            stm.setInt(4, bean.getClassid());
            stm.setString(5, bean.getMinZu());
            stm.setString(6, bean.getPhone());
            stm.setDate(7, new java.sql.Date(bean.getBirthday().getTime()));
```

```
                stm.setString(8, bean.getAddress());
                stm.setString(9, bean.getHappy());
                stm.setString(10, bean.getJianLi());
                stm.setString(11, bean.getPhotoPath());
                // （4）执行 SQL 语句
                stm.execute();
                return true;
        } catch (SQLException e) {
                e.printStackTrace();
                return false;
        } finally {// （5）关闭
                try {
                        stm.close();
                        conn.close();
                } catch (SQLException e) {
                        e.printStackTrace();
                }
        }
}
/**
 * 根据学号，查询学生基本信息
 *
 * @param id 学号
 * @return
 */
public StudentInfoBean findByNo(int no) {
        StudentInfoBean bean = null;
        Connection conn = null;              // 数据库的连接
        PreparedStatement stm = null;        // SQL 语句的装载器
        ResultSet rs = null;                 // 结果集
        String sql = "select * from studentinfo where no=?";
        try {
                conn = DBManager.getConnection();
                stm = conn.prepareStatement(sql);
                stm.setInt(1, no);
                rs = stm.executeQuery();
                while (rs.next()) {
                        bean = new StudentInfoBean();
                        bean.setNo(rs.getInt("No"));
                        bean.setName(rs.getString("name"));
                        bean.setSex(rs.getString("sex"));
                        bean.setClassid(rs.getInt("classid"));
                        bean.setMinZu(rs.getString("minZu"));
                        bean.setPhone(rs.getString("phone"));
                        bean.setBirthday(rs.getDate("birthday"));
                        bean.setAddress(rs.getString("address"));
                        bean.setHappy(rs.getString("happy"));
                        bean.setJianLi(rs.getString("jianLi"));
                        bean.setPhotoPath(rs.getString("photoPath"));
                }
        } catch (SQLException e) {
                e.printStackTrace();
        }
        return bean;
}
/**
```

```
* 根据学号，更新图片的路径
*
* @param id学号
*
* @param saveFile图片路径
*/
public void updatePicturePath(int id, String saveFile) {
    Connection conn = null;
    PreparedStatement stm = null;
    String sql = "update studentinfo set photoPath=? where id=?";
    try {
        conn = DBManager.getConnection();
        stm = conn.prepareStatement(sql);
        stm.setString(1, saveFile);
        stm.setInt(2, id);
        stm.executeUpdate();              // 执行更新
    } catch (SQLException e) {
        e.printStackTrace();
    } finally {
        try {
            stm.close();
            conn.close();
        } catch (SQLException e) {
            e.printStackTrace();
        }
    }
}
public boolean updateStudentInfo(StudentInfoBean bean, int no) {
    Connection conn = null;           // 数据库的连接
    PreparedStatement stm = null;     // SQL 语句的装载器
    String sql = "update studentinfo set no=?,name=?,sex=?,classId=?,minZu=?,
    phone=?,birthday=?,address=?,happy=?,jianLi=?,photoPath=? where no=?";
    try {
        // （1）获取数据库连接
        conn = DBManager.getConnection();
        // （2）将 SQL 语句放到装载器中
        stm = conn.prepareStatement(sql);
        // （3）设置参数的值
        stm.setInt(1, bean.getNo());
        stm.setString(2, bean.getName());
        stm.setString(3, bean.getSex());
        stm.setInt(4, bean.getClassid());
        stm.setString(5, bean.getMinZu());
        stm.setString(6, bean.getPhone());
        stm.setDate(7, new java.sql.Date(bean.getBirthday().getTime()));
        stm.setString(8, bean.getAddress());
        stm.setString(9, bean.getHappy());
        stm.setString(10, bean.getJianLi());
        stm.setString(11, bean.getPhotoPath());
        stm.setInt(12, no);
        // （4）执行 SQL 语句
        stm.execute();
        return true;
    } catch (SQLException e) {
        e.printStackTrace();
```

```
                    return false;
            } finally {// （5）关闭
                try {
                    stm.close();
                    conn.close();
                } catch (SQLException e) {
                    e.printStackTrace();
                }
            }
        }
        public boolean deleteStudentInfo(int no) {
            Connection conn = null;              // 数据库的连接
            PreparedStatement stm = null;    // SQL 语句的装载器
            String sql = "delete from studentinfo where no=?";
            try {
                // （1）获取数据库连接
                conn = DBManager.getConnection();
                // （2）将 SQL 语句放到装载器中
                stm = conn.prepareStatement(sql);
                // （3）设置参数的值
                stm.setInt(1, no);
                // （4）执行 SQL 语句
                stm.execute();
                return true;
            } catch (SQLException e) {
                e.printStackTrace();
                return false;
            } finally {// （5）关闭
                try {
                    stm.close();
                    conn.close();
                } catch (SQLException e) {
                    e.printStackTrace();
                }
            }
        }
    }
```

（5）添加学生信息界面的实现。

```
package pack3.task2;
……   //导入相关的类，见"任务一  添加信息界面设计"
import bean.C_ClassBean;
import bean.StudentInfoBean;
import dao.C_ClassDao;
import dao.StudentDao;
// 添加信息界面
 public class AddFrame extends JDialog implements ActionListener {
    private static final long serialVersionUID = 1L;
    private static DateFormat f1 = new SimpleDateFormat("yyyy-MM-dd");
    ……   //声明创建组件，见"任务一  添加信息界面设计"
    private String picturePath;        // 图片在本机上的路径
    private String savePhotoPath;    // 图片上传存储的路径
    private ArrayList classList;      // 班级列表

    public AddFrame() {
```

```
      ……    //添加组件，见"任务一　添加信息界面设计"
      //下拉列表中显示班级名称，查询班级信息表
      cboClass = new JComboBox();
      C_ClassDao cdao = new C_ClassDao();
      classList = cdao.findAll();
      cboClass.addItem("==请选择==");
      for (int i = 0; i < classList.size(); i++) {
          C_ClassBean bean = (C_ClassBean) classList.get(i);
          String classname = bean.getClassname();
          cboClass.addItem(classname);
      }
      cboClass.setBounds(lblClass.getX() + w0, y0, w1, h0);
      cboClass.setBorder(new LineBorder(Color.black, 1, false));
      jp.add(cboClass);
      ……    //添加组件，见"任务一　添加信息界面设计"
      this.setModal(true);    // 窗口独占模式
      ……    //设置对话框大小位置等，见"任务一　添加信息界面设计"
}
protected void closeWindow() {
      // 关闭窗口
      this.dispose();            // 释放本窗口资源
}
//事件代码
public void actionPerformed(ActionEvent e) {
      if (e.getSource() == btnAdd) {// 添加按钮
          // （1）判断组件内容不允许为空
          if (isNullForm()) {
              return;
          }
          // 先判断学号是否存在
          StudentDao ss = new StudentDao();
          String id = txtNo.getText().trim();
          StudentInfoBean sb = ss.findByNo(Integer.parseInt(id));
          if (sb != null) {
              JOptionPane.showMessageDialog(this,"对不起,【学号】已经存在,请重新输入学号! ");
              return;
          }
          // 将选好的照片上传到系统
          System.out.println(picturePath);
          if (picturePath != null && !picturePath.equals("")) {
              savePhotoPath = savePicture(picturePath);
          }
          // （2）组件上的内容临时存放到JavaBean中
          StudentInfoBean bean = getStudent();
          // （3）将JavaBean信息保存到数据库中
          boolean flag = ss.addStudentInfo(bean);
          if (flag) {
              JOptionPane.showMessageDialog(this, "恭喜您，添加成功! ");
              // 清空组件的内容
              clearForm();
          } else {
              JOptionPane.showMessageDialog(this, "对不起，添加失败! ");
          }
```

```
        } else if (e.getSource() == btnUpload) {// 上传
            // (1)弹出选择文件窗口
            FileDialog fd = new FileDialog(this, "打开文件", FileDialog.LOAD);
            fd.setFile("*.jpg");// 打开文件的类型*.jpg
            fd.setVisible(true);
            // (2)获取选择的图片文件
            String dir = fd.getDirectory();  // 获取目录
            String fileName = fd.getFile();  // 获取文件名
            picturePath = dir + "\\" + fileName;
            // 创建文件对象
            File f = new File(picturePath);
            if (f.exists()) {// 文件是否存在
                // (3)控制上传的图片大小
                long size = f.length();
                if (size > 50 * 1024) {
                    JOptionPane.showMessageDialog(this, "上传图片大小不能超过【50KB】! ");
                    dir = null;
                    fileName = null;
                    return;
                }
            }
            // 显示图片
            ImageIcon icon = new ImageIcon(dir + fileName);
            icon.setImage(icon.getImage().getScaledInstance(
                    lblPicture.getWidth(), lblPicture.getHeight(),
                    Image.SCALE_DEFAULT));
            lblPicture.setIcon(icon);
            lblPicture.updateUI();
        } else if (e.getSource() == btnBack) {// 返回
            this.dispose();// 关闭本窗口
        }
    }
    // 保存图片
    private String savePicture(String picturePath) {
        System.out.println("上传图片");
        String saveFile = "images/" + txtNo.getText() + ".jpg";
        // 创建文件对象
        File f = new File(picturePath);
        if (f.exists()) {// 文件是否存在
            // 使用文件输入、输出流进行上传图片
            try {
                FileInputStream fis = new FileInputStream(f);
                FileOutputStream fos = new FileOutputStream(saveFile);
                byte[] b = new byte[fis.available()];
                int length = fis.read(b);     // 读取文件
                fos.write(b, 0, length);      // 写文件
                // 关闭流
                fis.close();
                fos.close();
            } catch (Exception e) {
                e.printStackTrace();
```

```
                JOptionPane.showMessageDialog(this, "上传图片有误! ");
                return "";
            }
        } else {
            JOptionPane.showMessageDialog(this, "文件不存在!");
            return "";
        }
        return saveFile;
    }
// 清空组件上的内容，添加成功时调用，以便添加下一个记录
private void clearForm() {
    txtNo.setText("");
    txtName.setText("");
    rdbSex[0].setSelected(true);
    cboClass.setSelectedIndex(0);
    cboMinZu.setSelectedIndex(0);
    txtPhone.setText("");
    txtBirthday.setText("");
    txtAddress.setText("");
    txtJianLi.setText("");
    lblPicture.setIcon(null);
    for (int i = 0; i < chkHappy.length; i++) {
        chkHappy[i].setSelected(false);
    }
}
// 获取组件上的信息
private StudentInfoBean getStudent() {
    StudentInfoBean bean = new StudentInfoBean();
    // 学号
    String no = txtNo.getText().trim();
    bean.setNo(Integer.parseInt(no));
    // 姓名
    bean.setName(txtName.getText().trim());
    // 性别
    String sex = "";
    if (rdbSex[0].isSelected()) {
        sex = "男";
    } else {
        sex = "女";
    }
    bean.setSex(sex);
    // 班级
    int sel = cboClass.getSelectedIndex();
    C_ClassBean b = (C_ClassBean) classList.get(sel - 1);
    System.out.println("班级: " + b.getClassid());
    bean.setClassid(b.getClassid());
    // 民族
    bean.setMinZu(cboMinZu.getSelectedItem().toString());
    // 联系电话
    bean.setPhone(txtPhone.getText().trim());
    // 出生日期
    String birthday = txtBirthday.getText().trim();
    System.out.println(birthday);
    try {
```

```
            bean.setBirthday(f1.parse(birthday));
        } catch (ParseException e) {
            e.printStackTrace();
        }
        // 联系地址
        bean.setAddress(txtAddress.getText().trim());
        // 个人爱好
        String happy = "";
        for (int i = 0; i < chkHappy.length; i++) {
            if (chkHappy[i].isSelected()) {
                if ("".equals(happy)) {
                    happy = chkHappy[i].getText();
                } else {
                    happy = happy + "," + chkHappy[i].getText();
                }
            }
        }
        bean.setHappy(happy);
        // 个人简历
        bean.setJianLi(txtJianLi.getText().trim());
        // 照片
        bean.setPhotoPath(this.savePhotoPath);
        return bean;
    }
    // 判断组件的内容是否为空
    private boolean isNullForm() {
        ……   //代码省略，见 "任务一   添加学生信息界面设计"
    }
    public static void main(String a[]) {
        new AddFrame();
    }
}
```

四、任务拓展

1. 修改学生信息的实现。

2. 删除学生信息的实现。

3. 浏览学生信息的实现。

注：代码请参考本书相关网络资源。

五、任务小结

通过本任务的实现，主要带领读者学习了以下内容。

- 数据库插入、更新、删除的基本方法。
- 预编译的 SQL 语句对象：PreparedStatement 类的常用方法、参数的传递。

六、上机实训

【实训目的】

1. 掌握数据库插入、更新、删除的方法和步骤。

2. 掌握预编译的 SQL 语句的用法。

【实训内容】

1. 实现学生信息管理系统中的班级管理和用户管理功能。

2. 使用预编译的 SQL 语句实现学生信息管理系统的相关功能。

习　题

（一）简答题

1. 说明 Statement 和 PreparedStatement 的不同，都用在什么场合？

2. 说明预编译的 SQL 语句的执行过程，如何使用？

（二）编程题

使用预编译的 SQL 语句对图书信息进行查询、插入、修改和删除操作。

项目四

局域网聊天系统（网络编程应用）

【技能目标】

1. 能设计网络应用程序的基本功能。
2. 能完成网络应用程序的连接及信息的传递接收。

【知识目标】

1. 了解网络编程的基本思路。
2. 熟悉网络的基本知识。
3. 熟练掌握套接字编程的基本方法。
4. 熟悉线程的概念和生命周期。
5. 掌握线程的创建及同步处理。

【项目功能】

这是一个简单的局域网聊天系统，目的是通过本项目的设计与实现过程，使读者了解熟悉网络编程的基本概念，掌握套接字编程的基本方法，了解线程的基本概念，掌握线程创建和同步处理方法。

局域网聊天系统分为两个部分：服务器端应用程序和客户端程序。

1. 服务器端应用程序

要实现局域网聊天，首先需要启动服务器，服务器负责监听并接收客户的请求，客户和服务器之间可以互相发送信息，客户之间也可以互相发送信息，但客户之间传递信息要先发送给服务器，再由服务器发送给接收方。

2. 客户端应用程序

客户端要进入聊天系统，首先要连接服务器，通过登录窗口输入用户昵称和服务器IP地址。如果服务器已启动并且该昵称没有登录聊天系统，则该客户允许进入聊天系统；客户进入聊天系统后，可以向服务器和其他客户发送信息，也可以接收服务器和其他客户的信息；可以给所有客户发送信息。

任务一　聊天系统的连接

【技能目标】

能通过套接字实现两台机器之间的连接和通信。

【知识目标】

1. 了解网络编程的基本知识。
2. 掌握 URL 类的使用方法。
3. 掌握套接字编程的基本方法。
4. 熟悉 UDP 数据报的基本概念及使用方法。

一、任务分析

本任务主要完成局域网聊天系统中登录功能的实现，并学习网络编程的基础知识，掌握套接字编程的基本方法。

二、相关知识

（一）URL

URL（Uniform Resource Locator，统一资源定位符）是 Internet 的关键部分，它表示 Internet 上某一资源的地址，用户通过 URL 可以访问 Internet 上的各种网络资源，比如最常见的 WWW 和 FTP 站点等。

URL 包含 3 个部分的信息：通信协议、计算机地址和资源文件。URL 中常见的通信协议有 3 种：http，ftp 和 file。使用 URL 进行网络编程，不需要对协议本身有太多的了解。

java.net 包中的 URL 类是对统一资源定位符的抽象，封装了使用统一资源定位符访问网络上的资源的方法。一个 URL 对象存放着一个具体的资源的引用，表明客户要访问这个 URL 中的资源，利用 URL 对象可以获取 URL 中的资源。

一个 URL 对象通常包含最基本的 3 部分信息：协议、地址、资源。

- 协议必须是 URL 对象所在的 Java 虚拟机支持的协议。如 http，ftp，gopher，news，telnet 等。
- 地址必须是能连接的有效 IP 地址或域名。
- 资源可以是主机上的任何一个文件。

URL 类的构造方法和常用方法如表 4.1.1 所示。

表 4.1.1　　　　　　　　　　　　URL 类的构造方法和常用方法

方 法 名	方法功能
URL(String spec)	根据给定的字符串创建 URL 对象
URL(String protocol,String host,String file)	根据给定的协议、主机和文件名创建 URL 对象
URL(String protocol, String host, int port, String file)	根据给定的协议、主机、端口号和文件名创建 URL 对象
String getProtocol()	获取 URL 的协议
String getHost()	获取 URL 的主机名

方 法 名	方法功能
int getPort()	获取 URL 的端口号
String getFile()	获取 URL 的文件名
String getDefaultPath()	获取 URL 的默认端口号
Object getContent()	获取 URL 的内容
InputStream openStream()	打开到此 URL 的连接，并返回一个用于从该连接读入的 InputStream

如：

```
try {
    url=new URL("http://www.ptpress.com.cn/");
}
catch(MalformedURLException e) {
    System.out.println("Bad URL:"+url);
}
```

【案例 4_1_1】 URL 对象调用 InputStream openStream()方法可以返回一个输入流，该输入流指向 URL 对象所包含的资源。通过该输入流，可以将服务器上的资源信息读入到客户端。

```
package pack4;
import java.io.IOException;
import java.io.InputStream;
import java.net.MalformedURLException;
import java.net.URL;
public class Exam4_1_1 {
    public static void main(String[] args) {
        try {
            int n;
            byte b[] = new byte[100];
            URL url = new URL("http://www.baidu.com");
            InputStream in = url.openStream();
            while ((n = in.read(b)) != -1) {
                String s = new String(b, 0, n);
                System.out.println(s);
            }
        } catch (MalformedURLException e1) {
            e1.printStackTrace();
            return;
        } catch (IOException e1) {
            e1.printStackTrace();
            return;
        }
    }
}
```

程序运行结果如图 4.1.1 所示（部分结果）。

```
<!doctype html><html><head><meta http-equiv="Content-Type"
content="text/html;charset=gb2312"><title
>百度一下，你就知道
</title><style>body{font:12px arial;text-align:center;
background:#fff}body,
p,form,ul{margin:0;padding:0}body,form,#fm{positi
```

图 4.1.1　通过 URL 读取网络资源

（二）InetAddress 类

Internet 上的主机有以下两种方式表示地址。

- 域名，如：www.163.com。
- IP 地址，如：202.108.35.210。

java.net 包中的 InetAddress 类对象含有一个 Internet 主机地址的域名和 IP 地址，如新浪的域名为 www.sina.com.cn，IP 地址为 202.108.35.210。

InetAddress 类没有构造方法，不能用 new 关键字创建该类对象。InetAddress 类的常用方法如表 4.1.2 所示。

表 4.1.2 InetAddress 类的常用方法

方 法 名	方法功能
static InetAddress getByName(String s)	通过给定的一个域名或 IP 地址，获取一个 InetAddress 对象，该对象含有主机地址的域名和 IP 地址
static InetAddress getLocalHost()	获取本地主机所对应的 InetAddress 对象
String getHostAddress()	获取 InetAddress 对象所包含的 IP 地址
String getHostName()	获取 InetAddress 对象所包含的域名

【案例 4_1_2】InetAddress 类的应用。

```
package pack4;
import java.net.InetAddress;
import java.net.UnknownHostException;
public class Exam4_1_2 {
    public static void main(String[] args) {
        try {
            //获取本机 InetAddress 对象
            InetAddress address1=InetAddress.getLocalHost();
            System.out.println("InetAddress对象: "+address1.toString());
            System.out.println("本地主机名称为: "+address1.getHostName());
            System.out.println("IP地址为: "+address1.getHostAddress());
            InetAddress address2 = InetAddress.getByName("www.sina.com.cn");
            System.out.println(address2.toString());
            InetAddress address3 = InetAddress.getByName("166.111.222.3");
            System.out.println(address3.toString());
        } catch (UnknownHostException e) {
            System.out.println("无法找到 www.sina.com.cn");
        }
    }
}
```

程序运行结果如图 4.1.2 所示。

```
InetAddress 对象: lgl/192.168.1.59
本地主机名称为: lgl
IP 地址为：192.168.1.59
www.sina.com.cn/218.60.32.24
/166.111.222.3
```

图 4.1.2　InetAddress 应用

（三）套接字

1. 套接字（Socket）概述

套接字（Socket）用于实现网络上客户端程序和服务器端程序之间的连接。网络上的两个程序通过一个双向的通信连接实现数据的交换，这个双向链路的一端称为一个 Socket。

套接字是 TCP/IP 中的基本概念，主要用来实现将 TCP/IP 包发送到指定的 IP 地址。通过 TCP/IP 套接字，可以实现可靠、双向、一致、点对点、基于流的主机和 Internet 之间的连接。套接字可以用来连接 Java 的 I/O 系统到其他程序，这些程序可以在本地计算机上，也可以在 Internet 的远程计算机上。

使用套接字（Socket）进行 C/S 程序设计的一般连接过程是这样的：服务器（Server ）端监听某个端口是否有连接请求，客户端（Client）向服务器端发出连接（Connect）请求，服务器端向客户端发回接受（Accept）消息，一个连接就建立起来了。

可以把套接字连接想象为一个电话呼叫，当呼叫完成后，谈话的任何一方都可以随时讲话。但是在最初建立呼叫时，必须有一方呼叫，而另一方监听铃声。这样，呼叫的一方为"客户"，负责监听的一方是"服务器"。

套接字有两种类型：流套接字和数据报套接字。流套接字提供双向的、有序的、无重复并且无记录边界的数据流服务，TCP 是一种流套接字协议；数据报套接字也支持双向的数据流，但并不保证是可靠、有序、无重复的，但数据报套接字保留了记录边界，UDP 就是一种数据报套接字协议。

2. Socket 类和 ServerSocket 类

java.net 包中提供两个套接字类 Socket 和 ServerSocket，分别用来表示建立双向连接的客户端和服务器端。

（1）Socket 类。客户端程序使用 Socket 类建立与服务器套接字的连接，Socket 类的构造方法和常用方法如表 4.1.3 所示。

表 4.1.3   Socket 类的构造方法和常用方法

方 法 名	方法功能
Socket()	创建一个未连接的套接字
Socket(InetAddress address,int port)	创建一个连接到指定 IP 地址和指定端口号的套接字
Socket(String host,int port)	创建一个连接到指定主机和指定端口号的套接字
Socket(InetAddress address,int port, InetAddress,localAddr,int localPort)	创建一个连接到指定远程端口上的指定远程地址的套接字
Socket(String host,int port, InetAddress,localAddr,int localPort)	创建一个连接到指定远程主机上的指定远程端口的套接字
void close	关闭套接字
void connect(SocketAddress endpoint)	将套接字连接到服务器
void connect(SocketAddress endpoint,int timeout)	将套接字连接到具有指定超时值的服务器
InputStream getInputStream()	获取套接字的输入流
OutputStream getOutputStream()	获取套接字的输出流
InetAddress getInetAddress()	获取套接字连接的地址
boolean isConnected()	获取套接字的连接状态

在套接字通信中，Socket 用来实现客户端到服务器的连接，即客户端通过创建一个 Socket 对象向服务器发送连接请求，因此服务器端必须建立一个等待接收客户端套接字请求的服务器端套

接字，以响应客户端的请求。

对于客户端应用程序，连接服务器端的基本步骤如下。

① 创建一个 Socket 对象。

如：

```
try {
    Socket mysockey=new Socket("http://192.168.1.55",4567);
}
catch(IOException e) {
}
```

创建 Socket 对象建立连接时可能发生 IOException 异常，因此要放在 try-catch 语句块中。当套接字连接 mysocket 建立后，可以想象一条通信"线路"已经建立起来。

② mysocket 使用 getInputStream()方法获得一个输入流，然后用这个输入流读取服务器放入"线路"的信息（但不能读取自己放入"线路"的信息，就像打电话一样，只能听到对方放入线路里的声音）。

③ mysocket 使用 getOutputStream()方法获得一个输出流，然后用这个输出流将信息写入"线路"。

在实际编写程序时，把 mysocket 使用 getInputStream()方法获得的输入流接到另一个数据流上，然后就可以从这个数据流读取服务器来的信息，之所以这样做，是为了后面 DateInputStream流有更好的从流中读取信息的方法。同样把 mysocket 使用 getOutputStream()方法得到的输出流接到另一个 DataOutputStream 数据流上，然后向这个数据流写入信息，发送给服务器端，之所以这样做，也是为了后面的 DataOutputStream 流有更好的向流中写入信息的方法。

如：

```
DataInputStream in=null;
DataOutputStream out=null;
try {
    in=new DataInputStream(mysocket.getInputStream());
    out=new DataOutputStream(mysocket.getOutputStream());
}
catch(IOException e) {
}
```

（2）服务器端程序使用 ServerSocket 类建立接收客户端套接字的服务器端套接字。ServerSocket 类的构造方法和常用方法如表 4.1.4 所示。

表 4.1.4　　　　　　　　　　　ServerSocket 类的构造方法和常用方法

方 法 名	方法功能
ServerSocket(int port)	创建指定端口的服务器端套接字，客户端使用此端口与服务器通信
ServerSocket(int port,int backlog)	创建指定端口的服务器端套接字，第二个参数指出服务器套接字在指定端口处支持的最大连接数
ServerSocket(int port,int backlog, InetAddress bindAddr)	创建指定端口的服务器端套接字，第三个参数用来创建多个宿主机上的服务器端套接字，服务器端套接字只接收指定 IP 地址上的客户请求
Socket accept()	监听客户连接并接收它。该方法返回客户的套接字
void close()	关闭服务器端套接字

对于服务器端应用程序，等待并接收客户请求的的基本步骤如下。

① 创建一个 ServerSocket 对象。

如：

```
try {
    ServerSocket server_socket=new ServerSocket(4567);
}
catch(IOException e) {
}
```

由于 0 ~ 1023 的端口号为系统所保留，只能选择 1024 ~ 65535 之间的端口，以免发生冲突。

② 接收客户呼叫（accept 方法）。

如：

```
try {
    Socket sc=server_socket.accept();
}
catch(IOException e) {
}
```

当服务器的 ServerSocket 对象 server_socket 建立后，就可以使用 accept()方法接收客户的套接字连接呼叫，当有客户请求并连接成功后，该方法会返回一个和客户端 Socket 对象相连接的 Socket 对象。

③ 服务器端的这个 Socket 对象 sc 使用 getOutputStream()方法获得的输出流，将指向客户端 Socket 对象 mysocket 使用 getInputStream()方法获得的那个输入流。

服务器端的这个 Socket 对象 sc 使用 getInputStream()方法获得的输入流，将指向客户端 Socket 对象 mysocket 使用 getOutputStream()方法获得的那个输出流，反之亦然。

连接建立后，服务器端的套接字对象调用 getInetAddress()方法，可以获取一个 InetAddress 对象，该对象含有客户端的 IP 地址和域名。同样，客户端的套接字对象调用 getInetAddress()方法，可以获取一个 InetAddress 对象，该对象含有服务器端的 IP 地址和域名。

如：

```
try{
    out=new DataOutputStream(sc.getOutputStream());
    in=new DataInputStream(sc.getInputStream());
}
catch(IOException e) {
}
```

④ 双方通信完毕后，应友好地关闭套接字连接，方法如下。

```
sc.close();
```

【案例 4_1_3】一个简单的 C/S 应用程序（单客户），实现服务器和客户端之间的连接与通信。

服务器程序 Server4_1_3.java 如下。

```
package pack4;
import java.awt.BorderLayout;
import java.awt.event.ActionEvent;
import java.awt.event.ActionListener;
import java.io.DataInputStream;
import java.io.DataOutputStream;
import java.io.IOException;
import java.net.ServerSocket;
import java.net.Socket;
import javax.swing.JButton;
```

```java
import javax.swing.JFrame;
import javax.swing.JPanel;
import javax.swing.JScrollPane;
import javax.swing.JTextArea;
import javax.swing.JTextField;
public class Server4_1_3 extends JFrame implements ActionListener {
    JTextArea ta;
    JScrollPane jScrollPane;
    JTextField tf;
    JButton bt;
    ServerSocket server = null;
    Socket you = null;
    String s = null;
    DataOutputStream out = null;
    DataInputStream in = null;
    public Server4_1_3() {
        super("服务器");
        ta = new JTextArea();
        jScrollPane = new JScrollPane(ta);
        JPanel jp = new JPanel();
        tf = new JTextField();
        bt = new JButton("发送");
        jp.setLayout(new BorderLayout());
        jp.add(tf);
        jp.add(bt, BorderLayout.SOUTH);
        add(jp, BorderLayout.SOUTH);
        add(jScrollPane);
        bt.addActionListener(this);
        this.setDefaultCloseOperation(JFrame.EXIT_ON_CLOSE);
        setSize(300, 300);
        this.setResizable(false);
        this.setVisible(true);
        validate();
        // 服务器启动和接收数据的代码一定要放在界面显示之后
        // 因为服务器等待连接和接收数据的操作要阻塞线程
        try {
            server = new ServerSocket(6000);
        } catch (IOException e1) {
            ta.append(e1.toString());
        }
        try {
            ta.append("等待客户呼叫" + "\n");
            you = server.accept(); // 堵塞状态，除非有客户呼叫
            ta.append("客户: " + you.getInetAddress().getHostAddress() + "已连接\n");
            out = new DataOutputStream(you.getOutputStream());
            in = new DataInputStream(you.getInputStream());
            out.writeUTF("你好:我是服务器");
            while (true) {
                s = in.readUTF(); // in读取客户放入"线路"里的信息，堵塞状态
                ta.append("服务器收到:" + s + "\n");
                Thread.sleep(500);
            }
        } catch (Exception e) {
```

```
                    ta.append("客户已断开" + e + "\n");
            }
        }
        public static void main(String[] args) {
            new Server4_1_3();
        }
        public void actionPerformed(ActionEvent e) {
            String str = tf.getText();
            try {
                out.writeUTF(str);
            } catch (Exception ee) {
                ta.append("客户已断开" + ee + "\n");
            }
            tf.setText("");
        }
    }
```

客户端程序 Client4_1_3.java 如下。

```
package pack4;
import java.awt.BorderLayout;
import java.awt.event.ActionEvent;
import java.awt.event.ActionListener;
import java.io.DataInputStream;
import java.io.DataOutputStream;
import java.net.Socket;
import javax.swing.JButton;
import javax.swing.JFrame;
import javax.swing.JPanel;
import javax.swing.JScrollPane;
import javax.swing.JTextArea;
import javax.swing.JTextField;
public class Client4_1_3 extends JFrame implements ActionListener {
    JTextArea ta;
    JScrollPane jScrollPane;
    JTextField tf;
    JButton bt;
    String s = null;
    Socket mysocket;
    DataInputStream in = null;
    DataOutputStream out = null;
    public Client4_1_3() {
        super("客户端");
        ta = new JTextArea();
        jScrollPane = new JScrollPane(ta);
        JPanel jp = new JPanel();
        tf = new JTextField();
        bt = new JButton("发送");
        jp.setLayout(new BorderLayout());
        jp.add(tf);
        jp.add(bt, BorderLayout.SOUTH);
        add(jp, BorderLayout.SOUTH);
        add(jScrollPane);
        bt.addActionListener(this);
        this.setDefaultCloseOperation(JFrame.EXIT_ON_CLOSE);
        setSize(300, 300);
```

```
        this.setResizable(false);
        this.setVisible(true);
        validate();
        try {
            mysocket = new Socket("127.0.0.1", 6000);
            ta.append("已连接服务器\n");
            in = new DataInputStream(mysocket.getInputStream());
            out = new DataOutputStream(mysocket.getOutputStream());
            out.writeUTF("你好:我是客户端");
            while (true) {
                s = in.readUTF();// in读取服务器发来的信息，堵塞状态
                ta.append("客户收到:" + s + "\n");
                Thread.sleep(500);
            }
        } catch (Exception e) {
            ta.append("服务器已断开" + e + "\n");
        }
    }
    public void actionPerformed(ActionEvent e) {
        System.out.println("发送");
        String str = tf.getText();
        try {
            out.writeUTF(str);
        } catch (Exception ee) {
            ta.append("服务器已断开" + ee + "\n");
        }
        tf.setText("");
    }
    public static void main(String[] args) {
        new Client4_1_3();
    }
}
```

程序运行结果如图 4.1.3 所示。

（四）UDP 数据报

基于 UDP 的通信和基于 TCP 的协议不同，基于 UDP 的信息传递更快，但不提供可靠性保证。也就是说，数据在传输时，接收到的顺序可能和发送的顺序不同，甚至还可能丢失数据报。因此这是一种"不可靠的协议"，但由于其

图 4.1.3 一个简单的 C/S 应用程序

速度比 TCP 快得多，所以还是在很多应用中使用 UDP。如果要求数据必须绝对准确地到达目的地，显然不能使用 UDP 来通信，但有时候人们需要较快地传输信息，并能容忍小的错误，就可以考虑使用 UDP。

可以把 UDP 通信比作邮递信件，我们不能确定所发的信件就一定能够到达目的地，也不能确定到达的顺序是发出时的顺序，可能因为某种原因导致后发出的信件先到达，也不能确定对方收到信就一定会回信。

基于 UDP 通信的基本模式如下。

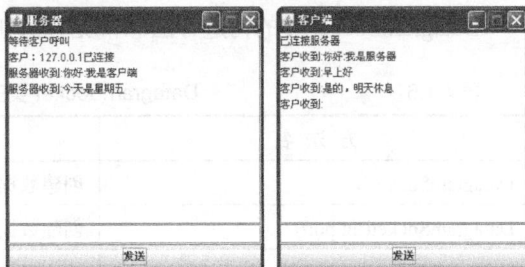

（1）将数据打包，称为数据包（如同将信件装入信封一样），然后将数据包发往目的地。

（2）接收别人发来的数据包（如同收到信件一样），然后查看数据包中的内容。

java.net 包中提供了两个类 DatagramSocket 和 DatagramPacket，用于实现基于 UDP 的网络应用程序设计。DatagramPacket 类负责将数据打包，DatagrameSocket 类负责发送和接收数据。

1．创建数据包

使用 DatagramPacket 类创建数据包。

DatagramPacket 类的构造方法和常见方法如表 4.1.5 所示。

表 4.1.5　　　　　　　　　　DatagramPacket 类的构造方法和常见方法

方 法 名	方法功能
DatagramPacket(byte[] buf, int length, InetAddress address, int port)	创建数据包，用来将字节数组 buf 中长度为 $length$ 的包发送到指定主机上的指定端口号
DatagramPacket(byte[] buf, int offset, int length, InetAddress address, int port)	创建数据包，用来将字节数组 buf 中长度为 $length$、偏移量为 $offset$ 的包发送到指定主机上的指定端口号
InetAddress getAddress()	获取发送数据包的目标地址
int getPort()	获取发送数据包的目标端口
byte[] getData()	获取发送数据包中的数据

如：

```
byte data[]="你好".getByte();
InetAddress address=InteAddress.getName("192.168.1.59");
DatagramPacket datapack=new DatagramPacket(data,data.length,address,6600);
```

2．发送数据包

使用 DatagramSocket 类创建一个对象，然后调用 send()方法发送数据包。

DatagramSocket 类的构造方法和常见方法如表 4.1.6 所示。

表 4.1.6　　　　　　　　　　DatagramSocket 类的构造方法和常见方法

方 法 名	方法功能
DatagramSocket()	创建数据包套接字并将其绑定到本地主机上任何可用的端口
DatagramSocket(int port)	创建数据包套接字并将其绑定到本地主机上的指定端口
void send(DatagramPacket p)	从此套接字发送数据包
void receive(DatagramPacket p)	从此套接字接收数据包
InetAddress getInetAddress()	获取套接字连接的地址
int getPort()	获取套接字的端口号
InetAddress getLocalAddress()	获取套接字绑定的本地地址
int getLocalPort()	获取套接字绑定的本地机上的端口号

如：

```
DatagramSocket ds=new DatagramSocket();
ds.send(datapack);
```

3. 接收数据包

使用DatagramSocket类创建一个对象，使得接收端指定的端口号与发送端指定的端口号一致，然后调用receive()方法接收数据包。

如：

```
byte data[]=new byte[100];
int length=90;
DatagramPacket datapack=new DatagramPacket(data,length);
DatagramSocket ds=new DatagramSocket(7800);
ds.receive(datapack);
```

【案例4_1_4】基于 UDP 的 C/S 应用程序。

主机 1 向主机 2（为方便起见，这里用本机）的 888 端口发送数据包，接收数据包使用本机的 666 端口。

主机 2 向主机 1（也是本机）的 666 端口发送数据包，接收数据包使用本机的 888 端口。

即发送方在发送数据时指定的目标端口和接收方接收数据时指定的端口是一致的。

下面给出主机 1 和主机 2 的程序代码，程序大体是相同的，请读者注意端口的区别。

主机 1：

```
package pack4;
import java.awt.BorderLayout;
import java.awt.event.ActionEvent;
import java.awt.event.ActionListener;
import java.io.IOException;
import java.net.DatagramPacket;
import java.net.DatagramSocket;
import java.net.InetAddress;
import java.net.SocketException;
import java.net.UnknownHostException;
import javax.swing.JButton;
import javax.swing.JFrame;
import javax.swing.JPanel;
import javax.swing.JScrollPane;
import javax.swing.JTextArea;
import javax.swing.JTextField;
public class LtFrame1 extends JFrame implements ActionListener {
    JTextArea ta;
    JScrollPane jScrollPane;
    JTextField tf;
    JButton bt;
    DatagramPacket pack = null;
    DatagramSocket ds = null;
    byte buf[] = new byte[8192];
    public LtFrame1() {
        super("主机 1");
        ta = new JTextArea();
        jScrollPane = new JScrollPane(ta);
        JPanel jp = new JPanel();
        tf = new JTextField();
        bt = new JButton("发送到主机 2");
```

```
            jp.setLayout(new BorderLayout());
            jp.add(tf);
            jp.add(bt, BorderLayout.SOUTH);
            add(jp, BorderLayout.SOUTH);
            add(jScrollPane);
            bt.addActionListener(this);
            this.setDefaultCloseOperation(JFrame.EXIT_ON_CLOSE);
            setSize(300, 300);
            this.setResizable(false);
            this.setVisible(true);
            validate();
            // 接收数据
            try {
                pack = new DatagramPacket(buf, buf.length);
                ds = new DatagramSocket(666);
                while (true) {
                    if (ds == null)
                        break;
                    ds.receive(pack);
                    int length = pack.getLength();
                    InetAddress address = pack.getAddress();
                    int port = pack.getPort();
                    String mess = new String(pack.getData(), 0, length);
                    ta.append("接收数据来自地址: " + address + " 端口: " + port + "\n");
                    ta.append("接收的数据: " + mess + "\n");
                }
            } catch (SocketException e) {
                e.printStackTrace();
            } catch (IOException e) {
                e.printStackTrace();
            }
        }
        // 发送数据
        public void actionPerformed(ActionEvent arg0) {
            byte buf[] = tf.getText().trim().getBytes();
            try {
                InetAddress address = InetAddress.getByName("127.0.0.1");
                DatagramPacket datapack = new DatagramPacket(buf, buf.length,
                        address, 888);
                ta.append("发送数据到地址: " + datapack.getAddress() + " 端口: "
                        + datapack.getPort() + "\n");
                ta.append("发送数据长度: " + datapack.getLength() + "\n");
                DatagramSocket ds = new DatagramSocket();
                ds.send(datapack);
                tf.setText("");
            } catch (UnknownHostException e) {
                e.printStackTrace();
            } catch (SocketException e) {
                e.printStackTrace();
            } catch (IOException e) {
                e.printStackTrace();
            }
        }
```

```
    public static void main(String[] args) {
        new LtFrame1();
    }
}
```

主机 2：

```
package pack4;
import java.awt.BorderLayout;
import java.awt.event.ActionEvent;
import java.awt.event.ActionListener;
import java.io.IOException;
import java.net.DatagramPacket;
import java.net.DatagramSocket;
import java.net.InetAddress;
import java.net.SocketException;
import java.net.UnknownHostException;
import javax.swing.JButton;
import javax.swing.JFrame;
import javax.swing.JPanel;
import javax.swing.JScrollPane;
import javax.swing.JTextArea;
import javax.swing.JTextField;
public class LtFrame2 extends JFrame implements ActionListener {
    JTextArea ta;
    JScrollPane jScrollPane;
    JTextField tf;
    JButton bt;
    DatagramPacket pack = null;
    DatagramSocket ds = null;
    byte buf[] = new byte[8192];
    public LtFrame2() {
        super("主机2");
        ta = new JTextArea();
        jScrollPane = new JScrollPane(ta);
        JPanel jp = new JPanel();
        tf = new JTextField();
        bt = new JButton("发送到主机1");
        jp.setLayout(new BorderLayout());
        jp.add(tf);
        jp.add(bt, BorderLayout.SOUTH);
        add(jp, BorderLayout.SOUTH);
        add(jScrollPane);
        bt.addActionListener(this);
        this.setDefaultCloseOperation(JFrame.EXIT_ON_CLOSE);
        setSize(300, 300);
        this.setResizable(false);
        this.setVisible(true);
        validate();
        // 接收数据
        try {
            pack = new DatagramPacket(buf, buf.length);
            ds = new DatagramSocket(888);
            while (true) {
                if (ds == null)
                    break;
```

```
                            ds.receive(pack);
                            int length = pack.getLength();
                            InetAddress address = pack.getAddress();
                            int port = pack.getPort();
                            String mess = new String(pack.getData(), 0, length);
                            ta.append("接收数据来自地址: " + address + " 端口: " + port + "\n");
                            ta.append("接收的数据: " + mess + "\n");
                        }
                } catch (SocketException e) {
                    e.printStackTrace();
                } catch (IOException e) {
                    e.printStackTrace();
                }
        }
        public void actionPerformed(ActionEvent arg0) {
            byte buf[] = tf.getText().trim().getBytes();
            try {
                InetAddress address = InetAddress.getByName("127.0.0.1");
                DatagramPacket datapack = new DatagramPacket(buf, buf.length,
                        address, 666);
                ta.append("发送数据到地址: " + datapack.getAddress() + " 端口: "
                        + datapack.getPort() + "\n");
                ta.append("发送数据长度: " + datapack.getLength() + "\n");
                DatagramSocket ds = new DatagramSocket();
                ds.send(datapack);
                tf.setText("");
            } catch (UnknownHostException e) {
                e.printStackTrace();
            } catch (SocketException e) {
                e.printStackTrace();
            } catch (IOException e) {
                e.printStackTrace();
            }
        }
        public static void main(String[] args) {
            new LtFrame2();
        }
}
```

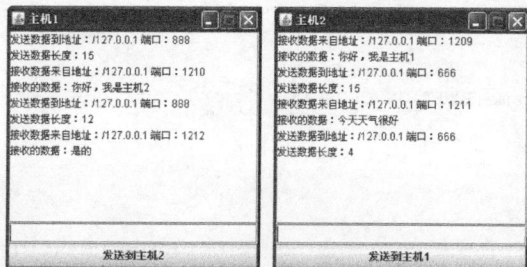

图 4.1.4　基于 UDP 的 C/S 应用程序

程序运行结果如图 4.1.4 所示。

三、任务实现

1. 服务器端应用程序

服务器端负责接收客户的连接请求，并判断客户昵称是否重复，向客户端发送欢迎信息。但由于服务器端通过一个 while(true) 循环来监听客户端的连接请求，对于客户端发送来的其他信息无法正常接收，也无法传递客户之间发送的信息，我们把这个问题放在下一个任务中来完成。

```
package pack4.task1;
```

```java
import java.awt.BorderLayout;
import java.awt.Color;
import java.awt.Dimension;
import java.awt.Toolkit;
import java.awt.event.ActionEvent;
import java.awt.event.ActionListener;
import java.awt.event.MouseAdapter;
import java.awt.event.MouseEvent;
import java.awt.event.WindowAdapter;
import java.awt.event.WindowEvent;
import java.io.DataInputStream;
import java.io.DataOutputStream;
import java.io.IOException;
import java.net.InetAddress;
import java.net.ServerSocket;
import java.net.Socket;
import java.util.Enumeration;
import java.util.Hashtable;

import javax.swing.JButton;
import javax.swing.JComboBox;
import javax.swing.JFrame;
import javax.swing.JList;
import javax.swing.JOptionPane;
import javax.swing.JPanel;
import javax.swing.JScrollPane;
import javax.swing.JTextArea;
public class ChatServer extends JFrame implements ActionListener {
    JPanel center;
    JList listComponent = null;
    private JTextArea messagetext;
    private JButton ok;
    private JTextArea inputtext;
    private JComboBox chatlist;
    static int id = 0;
    Hashtable peopleList;
    //构造方法
    public ChatServer() {
        super("服务器");
        init();// 初始化窗口
        ok.addActionListener(this);
        listComponent.addMouseListener(new MouseAdapter() {
            public void mouseClicked(MouseEvent e) {
                if (listComponent.getSelectedIndex() != -1) {
                    if (e.getClickCount() == 2) {
                        String people = (String) listComponent
                                .getSelectedValue();
                        people = people.substring(0, people.indexOf("("));
                        chatlist.addItem(people);
                        chatlist.setSelectedItem(people);
                    }
                }
            }
        });
        setDefaultCloseOperation(JFrame.DO_NOTHING_ON_CLOSE);
```

```
        addWindowListener(new WindowAdapter() {
            public void windowClosing(WindowEvent e) {
                close();
            }
        });
        validate();
        start();// 启动服务器
    }
    // 窗口初始化方法
    private void init() {
        // 用户面板
        JPanel userarea = new JPanel();
        userarea.setLayout(new BorderLayout());
        userarea.setBackground(Color.orange);
        listComponent = new JList();
        userarea.add(listComponent);
        // 聊天面板
        JPanel chatarea = new JPanel();
        chatarea.setBackground(Color.orange);
        chatarea.setLayout(null);
        // 聊天信息文本区
        messagetext = new JTextArea(10, 10);
        messagetext.setLineWrap(true);
        messagetext.setEditable(false);
        JScrollPane jsp1 = new JScrollPane(messagetext);
        // 输入信息文本区
        inputtext = new JTextArea(3, 10);
        inputtext.setLineWrap(true);
        JScrollPane jsp2 = new JScrollPane(inputtext);
        // 聊天用户列表
        chatlist = new JComboBox();
        chatlist.addItem("大家");
        chatlist.setSelectedIndex(0);
        // 发送信息按钮
        ok = new JButton("发送");
        chatarea.add(jsp1);
        chatarea.add(jsp2);
        chatarea.add(chatlist);
        chatarea.add(ok);
        jsp1.setBounds(0, 0, 355, 275);
        jsp2.setBounds(0, 280, 355, 90);
        chatlist.setBounds(110, 375, 100, 20);
        ok.setBounds(260, 375, 90, 20);
        // 窗口面板
        center = new JPanel();
        center.setBackground(Color.orange);
        center.setLayout(null);
        center.add(userarea);
        userarea.setBounds(5, 5, 150, 395);
        center.add(chatarea);
        chatarea.setBounds(160, 5, 410, 395);
        add(center, BorderLayout.CENTER);
```

266

```
        //窗口属性
        int width = 525;
        int height = 440;
        Toolkit tool = getToolkit();
        Dimension dim = tool.getScreenSize();
        int x, y;
        x = (dim.width - width) / 2;
        y = (dim.height - height) / 2;
        setBounds(x, y, width, height);
        this.setResizable(false);
        setVisible(true);
    }
    // 服务器启动方法
    private void start() {
        ServerSocket server = null;
        Socket socket = null;
        peopleList = new Hashtable();
        try {
            server = new ServerSocket(7899);
            messagetext.append("服务器启动" + " (" + MyUtil.currenttime() + ")\n");
        } catch (IOException e1) {
            JOptionPane.showMessageDialog(this, "服务器已经启动");
            System.exit(0);
        }
        while (true) {
            try {
                socket = server.accept();
                if (socket != null) {
                    id++; // 客户 ID
                    String name = null;
                    String sex = null;
                    DataInputStream in = new DataInputStream(socket
                            .getInputStream());
                    DataOutputStream out = new DataOutputStream(socket
                            .getOutputStream());
                    String s = in.readUTF();
                    if (s.startsWith("姓名: ")) {
                        name = s.substring(s.indexOf(": ") + 1, s.indexOf("性别"));
                        sex = s.substring(s.lastIndexOf(": ") + 1);
                        // 判断是否重名
                        Enumeration enum0 = peopleList.elements();
                        boolean boo = false;
                        while (enum0.hasMoreElements()) {
                            String name0 = ((Client) enum0.nextElement()).name;
                            if (name.equals(name0)) {
                                boo = true;
                                break;
                            }
                        }
                        if (boo == false) { // 不重名
                            Client client = new Client(id, socket, name, sex,
                                    in, out);
                            peopleList.put(name, client); // 客户信息放入列表
```

```
                            InetAddress address = socket.getInetAddress();
                            messagetext.append("用户的昵称: " + name + " IP: "
                                    + address.getHostAddress() + " ("
                                    + MyUtil.currenttime() + ")\n");
                        out.writeUTF("昵称可用");
                        out.writeUTF("欢迎你, " + name + ", 你的 IP 是: "
                                    + address.getHostAddress());
                        // 更新服务器中的用户列表
                        int n = peopleList.size();
                        String pp[] = new String[n];
                        int i = 0;
                        // 更新所有在线用户的用户列表
                        Enumeration enum2 = peopleList.elements();
                        while (enum2.hasMoreElements()) { // 所有在线用户
                            Client client2 = (Client) enum2.nextElement();
                            pp[i++] = client2.name + "(" + client2.sex
                                    + ")";
                            if (client2 == client) {
                                out.writeUTF("聊天者: " + client2.name + "性别"
                                            + client.sex); // 对刚登录的用户, 将其他所有
                                                           用户列表加入
                            } else {
                                System.out.println(client2.name);
                                client2.out.writeUTF("聊天者: " + name + "性别"
                                            + sex); // 对之前登录的用户, 将刚登录用户列表加入
                            }
                        }
                        listComponent.setListData(pp);
                    } else { // 重名
                        out.writeUTF("昵称不可用");
                        socket.close();
                    }
                }
            }
        } catch (IOException ee) {
            ee.printStackTrace();
        }
    }
}
// 服务器关闭方法
private void close() {
    int i = JOptionPane.showConfirmDialog(null, "你确认要关闭服务器吗? ", "服务器关闭",
            JOptionPane.YES_NO_OPTION);
    if (i == JOptionPane.YES_OPTION) {
        System.exit(0);
    }
}
// 客户信息类
class Client {
    int id;
    Socket socket;
```

```
        String name;
        String sex;
        DataInputStream in;
        DataOutputStream out;
        public Client(int id, Socket socket, String name, String sex,
                DataInputStream in, DataOutputStream out) {
            this.id = id;
            this.socket = socket;
            this.name = name;
            this.sex = sex;
            this.in = in;
            this.out = out;
        }
    }
    // 发送按钮事件代码
    public void actionPerformed(ActionEvent e) {
        if (e.getSource() == ok) {
            String message = "";
            message = inputtext.getText();                  // 输入的聊天内容
            inputtext.setText(null);
            String people = (String) chatlist.getSelectedItem();   // 聊天对象
            if (message.length() > 0) {
                if (people.equals("大家")) { // 对所有人说
                    messagetext.append("我对" + people + "说" + " (" 
                            + MyUtil.currenttime() + ")\n");
                    messagetext.append("    " + message + "\n");
                    message = "administrator 对大家说" + " (" + MyUtil.currenttime() 
                            + ")\n    " + message + "\n";
                    publicchat(message);
                } else { // 对某个人说
                    messagetext
                            .append("我对" + people + "说 (" 
                                    + MyUtil.currenttime() + ")\n    " 
                                    + message + "\n");
                    message = "administrator 说 (" + MyUtil.currenttime() 
                            + ")\n    " + message;
                    privatechat(people, message);
                }
            }
        }
    }
    // 服务器将信息发送给每个客户
    private void publicchat(String message) {
        Enumeration enum1 = peopleList.elements();
        while (enum1.hasMoreElements()) {
            Client toClient = (Client) enum1.nextElement();
            try {
                toClient.out.writeUTF("公共聊天内容: " + message);
            } catch (IOException e1) {
                messagetext.append(toClient.name + "已经离线" + " (" 
                        + MyUtil.currenttime() + ")\n");
```

```
            }
        }
    }
    // 服务器将信息发送给某个客户
    private void privatechat(String toPeople, String message) {
        Enumeration enum0 = peopleList.elements();
        Client toClient = null;
        Client tt;
        while (enum0.hasMoreElements()) {
            tt = (Client) enum0.nextElement();
            String name0 = tt.name;
            if (toPeople.equals(name0)) {
                toClient = (Client) tt;
                break;
            }
        }
        if (toPeople != null) {
            try {
                toClient.out.writeUTF("私人聊天内容: " + message);
            } catch (IOException e1) {
                messagetext.append(toPeople + "已经离线" + " (" 
                        + MyUtil.currenttime() + ")\n");
            }
        } else {
            messagetext.append(toPeople + "已经离线" + " (" + MyUtil.currenttime()
                    + ")\n");
        }
    }
    public static void main(String args[]) {
        new ChatServer();
    }
}
```

程序运行结果如图 4.1.5 所示。

图 4.1.5 服务器端应用程序

2. 客户登录界面

客户输入昵称和服务器 IP 后，可以连接聊天系统服务器，昵称不允许为空，也不允许以"administrator"身份登录，更不允许重复。服务器连接成功之后，进入客户端聊天界面。

```
package pack4.task1;
import java.awt.Dimension;
import java.awt.Toolkit;
import java.awt.event.ActionEvent;
import java.awt.event.ActionListener;
import java.awt.event.FocusAdapter;
import java.awt.event.FocusEvent;
import java.io.DataInputStream;
import java.io.DataOutputStream;
import java.io.IOException;
import java.net.InetAddress;
import java.net.Socket;
```

```java
import javax.swing.ButtonGroup;
import javax.swing.JButton;
import javax.swing.JFrame;
import javax.swing.JLabel;
import javax.swing.JOptionPane;
import javax.swing.JRadioButton;
import javax.swing.JTextField;
public class Login extends JFrame implements ActionListener {
    JLabel lblName, lblServer;
    JTextField loginname, serverip;
    String name;
    String sex;
    JRadioButton male = null, female = null;
    ButtonGroup group = null;
    JButton start = null, stop = null;
    Socket socket = null;
    DataInputStream in = null;
    DataOutputStream out = null;
    boolean flag = false;
    private String chatServer;
    public Login() {
        super("登录");
        setLayout(null);
        lblName = new JLabel("昵称:", JLabel.RIGHT);
        loginname = new JTextField();
        group = new ButtonGroup();
        male = new JRadioButton("男");
        female = new JRadioButton("女");
        male.setSelected(true);
        group.add(male);
        group.add(female);
        lblServer = new JLabel("服务器IP:", JLabel.RIGHT);
        serverip = new JTextField("192.168.1.59");
        start = new JButton("连接");
        start.addActionListener(this);
        add(lblName);
        add(loginname);
        add(male);
        add(female);
        add(lblServer);
        add(serverip);
        add(start);
        lblName.setBounds(10, 10, 60, 20);
        loginname.setBounds(80, 10, 110, 20);
        male.setBounds(200, 10, 40, 20);
        female.setBounds(240, 10, 40, 20);
        lblServer.setBounds(10, 40, 60, 20);
        serverip.setBounds(80, 40, 110, 20);
        start.setBounds(200, 40, 80, 20);
        loginname.addFocusListener(new FocusAdapter() {
            public void focusGained(FocusEvent e) {
                if (loginname.getText().trim().equals("请输入昵称")) {
                    loginname.setText("");
                }
```

```
            }
        });
        int width = 300;
        int height = 110;
        Toolkit tool = getToolkit();
        Dimension dim = tool.getScreenSize();
        int x, y;
        x = (dim.width - width) / 2;
        y = (dim.height - height) / 2;
        setBounds(x, y, width, height);
        setVisible(true);
        this.setResizable(false);
        this.setDefaultCloseOperation(JFrame.EXIT_ON_CLOSE);
    }
    public void actionPerformed(ActionEvent e) {
        if (e.getSource() == start) {
            name = loginname.getText();
            if (name.trim().equals("")) {
                loginname.setText("请输入昵称");
                return;
            }
            chatServer = serverip.getText().trim();
            if (name.trim().equals("administrator")) {
                JOptionPane.showMessageDialog(this, "不能用administrator登录！");
                loginname.setText("");
                return;
            }
            if (male.isSelected())
                sex = "男";
            else
                sex = "女";
            try {
                socket = new Socket(InetAddress.getByName(chatServer), 7899);
                if (socket != null && name != null) {
                    in = new DataInputStream(socket.getInputStream());
                    out = new DataOutputStream(socket.getOutputStream());
                    out.writeUTF("姓名：" + name + "性别：" + sex);
                    String str = in.readUTF();
                    if (str.equals("昵称可用")) {
                        this.dispose();
                        new ClientChat(socket, name, sex, in, out);
                    } else if (str.equals("昵称不可用")) {
                        JOptionPane.showMessageDialog(this, "该昵称已被占用");
                        loginname.setText("");
                    }
                }
            } catch (IOException ee) {
                JOptionPane.showMessageDialog(this, "连接服务器失败");
            }
        }
    }
    public static void main(String a[]) {
        new Login();
```

```
        }
}
```

程序运行结果如图 4.1.6 所示。

3. 客户端聊天界面

客户端聊天界面暂时不能显示所有登录用户列表，也不能接收服务器或其他用户发来的信息。

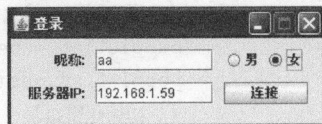

图 4.1.6　客户端登录界面

```java
package pack4.task1;
import java.awt.BorderLayout;
import java.awt.Color;
import java.awt.Dimension;
import java.awt.Toolkit;
import java.awt.event.ActionEvent;
import java.awt.event.ActionListener;
import java.awt.event.MouseAdapter;
import java.awt.event.MouseEvent;
import java.awt.event.WindowAdapter;
import java.awt.event.WindowEvent;
import java.io.DataInputStream;
import java.io.DataOutputStream;
import java.io.IOException;
import java.net.Socket;
import java.util.Enumeration;
import java.util.Hashtable;
import javax.swing.JButton;
import javax.swing.JComboBox;
import javax.swing.JFrame;
import javax.swing.JList;
import javax.swing.JOptionPane;
import javax.swing.JPanel;
import javax.swing.JScrollPane;
import javax.swing.JTextArea;
//用户列表窗口
public class ClientChat extends JFrame implements ActionListener {
    JPanel userarea = null;
    JPanel center;
    JList listComponent = null;
    private JTextArea messagetext;
    private JButton ok;
    private JTextArea inputtext;
    private JComboBox chatlist;
    private String chatServer; // 服务器 IP
    Socket socket = null;
    Hashtable peopleList;
    String name;
    String sex;
    DataInputStream in = null;
    DataOutputStream out = null;
    public ClientChat(Socket socket, String name, String sex,
            DataInputStream in, DataOutputStream out) {
        super("客户: " + name);
        this.socket = socket;
        this.name = name;
```

```java
        this.sex = sex;
        this.in = in;
        this.out = out;
        // 用户列表初始化
        peopleList = new Hashtable();
        peopleList.put("admin", "administrator(管理员)");
        // 初始化窗口
        init();
        ok.addActionListener(this);
        listComponent.addMouseListener(new MouseAdapter() {
            public void mouseClicked(MouseEvent e) {
                if (listComponent.getSelectedIndex() != -1) {
                    if (e.getClickCount() == 2) {
                        String people = (String) listComponent
                                .getSelectedValue();
                        people = people.substring(0, people.indexOf("("));
                        chatlist.addItem(people);
                        chatlist.setSelectedItem(people);
                    }
                }
            }
        });
        this.setDefaultCloseOperation(JFrame.DO_NOTHING_ON_CLOSE);
        this.addWindowListener(new WindowAdapter() {
            public void windowClosing(WindowEvent e) {
                close();
            }
        });
        validate();
        // 读取信息
        //read: 若反复读取，程序会像死机一样
        try {
            String s = in.readUTF();
            messagetext.append(s);
        } catch (IOException e1) {
            e1.printStackTrace();
        }
    }
    private void init() {
        // 用户面板
        JPanel userarea = new JPanel();
        userarea.setLayout(new BorderLayout());
        userarea.setBackground(Color.orange);
        listComponent = new JList();
        userarea.add(listComponent);
        // 聊天面板
        JPanel chatarea = new JPanel();
        chatarea.setBackground(Color.orange);
        chatarea.setLayout(null);
        // 聊天信息文本区
        messagetext = new JTextArea(10, 10);
        messagetext.setLineWrap(true);
        messagetext.setEditable(false);
        JScrollPane jsp1 = new JScrollPane(messagetext);
        // 输入信息文本区
        inputtext = new JTextArea(3, 10);
```

```java
        inputtext.setLineWrap(true);
        JScrollPane jsp2 = new JScrollPane(inputtext);
        // 聊天用户列表
        chatlist = new JComboBox();
        chatlist.addItem("大家");
        chatlist.setSelectedIndex(0);
        // 发送信息按钮
        ok = new JButton("发送");
        chatarea.add(jsp1);
        chatarea.add(jsp2);
        chatarea.add(chatlist);
        chatarea.add(ok);
        jsp1.setBounds(0, 0, 355, 275);
        jsp2.setBounds(0, 280, 355, 90);
        chatlist.setBounds(110, 375, 100, 20);
        ok.setBounds(260, 375, 90, 20);
        // 窗口面板
        center = new JPanel();
        center.setBackground(Color.orange);
        center.setLayout(null);
        center.add(userarea);
        userarea.setBounds(5, 5, 150, 395);
        center.add(chatarea);
        chatarea.setBounds(160, 5, 410, 395);
        add(center, BorderLayout.CENTER);
        int width = 525;
        int height = 440;
        Toolkit tool = getToolkit();
        Dimension dim = tool.getScreenSize();
        int x, y;
        x = (dim.width - width) / 2;
        y = (dim.height - height) / 2;
        setBounds(x, y, width, height);
        this.setResizable(false);
        setVisible(true);
    }
    private void close() {
        int i = JOptionPane.showConfirmDialog(null, "你确认要退出吗？", "关闭连接",
                JOptionPane.YES_NO_OPTION);
        if (i == JOptionPane.YES_OPTION) {
            System.exit(0);
        }
    }
    // 读取信息
    private void read() {
        while (true) {
            String s = null;
            try {
                s = in.readUTF();
                if (s.startsWith("公共聊天内容：")) { // 公共聊天信息
                    String content = s.substring(s.indexOf("：") + 1);
                    String toName = content.substring(0, content.indexOf('对'));
                    if (!toName.equals(name)) {
                        messagetext.append(content + "\n");
                    }
```

```
                    } else if (s.startsWith("私人聊天内容：")) {// 私人聊天信息
                        String content = s.substring(s.indexOf("：") + 1);
                        String toName = content.substring(0, content.indexOf('说'));
                        String content1 = content
                                .substring(content.indexOf("说") + 2);
                        if (!toName.equals(name)) {
                            messagetext.append(toName + "对我说 " + content1 + "\n");
                        }
                    } else if (s.startsWith("聊天者：")) {// 更新用户列表
                        String people = s.substring(s.indexOf("：") + 1, s
                                .indexOf("性别"));
                        String sex = s.substring(s.indexOf("性别") + 2);
                        peopleList.put(people, people + "(" + sex + ")");
                        int n = peopleList.size();
                        String pp[] = new String[n];
                        int i = 0;
                        Enumeration enum1 = peopleList.elements();
                        while (enum1.hasMoreElements()) {
                            pp[i++] = (String) enum1.nextElement();
                        }
                        listComponent.setListData(pp);
                        listComponent.repaint();
                    }
                } catch (IOException e) {
                    listComponent.removeAll();
                    listComponent.repaint();
                    peopleList.clear();
                    System.exit(0);
                }
            }
        }
    // 发送按钮事件代码，处理发送信息
    public void actionPerformed(ActionEvent e) {
        }
```

图 4.1.7 客户端聊天界面

```
        }
    public static void main(String a[]) {
            new ClientChat(null, "", "", null,
    null);
        }
    }
```

程序运行结果如图 4.1.7 所示。

4. 获取当前时间的工具类

```
package pack4.task1;
import java.text.SimpleDateFormat;
import java.util.Date;

public class MyUtil {
    public static String currenttime() {
        SimpleDateFormat sdf = new SimpleDateFormat("yyyy-MM-dd hh:mm:ss");
        String now = sdf.format(new Date());
        return now;
    }
}
```

四、任务小结

通过本任务的实现，主要带领读者学习了以下内容。

- 网络基础知识。
- URL 类和 InetAddress 类的常用方法和简单应用。
- 套接字编程：ServerSocket 类和 Socket 类的常用方法、客户和服务器的连接、客户和服务器的数据传递。
- UDP 编程。

五、上机实训

【实训目的】

1. 掌握 URL 和 InetAddress 类的用法。
2. 掌握 Socket 和 ServerSocket 类的用法。
3. 掌握套接字编程的基本方法。
4. 掌握 UDP 编程的基本方法。

【实训内容】

1. 实现案例 4_1_3 的套接字应用程序。
2. 实现案例 4_1_4 的 UDP 应用程序。

习　题

（一）填空题

1. 一个 URL 地址是由（　　　）几部分组成的。
2. URL 类中返回 URL 端口号的方法是（　　　）。

（二）选择题

1. 获取本机地址可以使用下面哪个方法（　　　）。
   （A）getHostName()　　（B）getLocalHost()　　（C）getByName()　　（D）getHostAddress()
2. 下面 URL 合法的是（　　　）。
   （A）http://192.168.1.59/index.html　　　（B）ftp://192,168,1,1/incoming
   （C）ftp://192.168.1.1:-1　　　　　　　　（D）http://192.168.1.1.2
3. 下面方法表示本机的是（　　　）。
   （A）localhost　　（B）255.255.0.0　　（C）127.0.0.1　　（D）123.456.789.0
4. 一个 Socket 由（　　　）唯一确定。
   （A）一个 IP 地址和一个端口号　　　　　（B）一个 IP 地址和一个主机名
   （C）一个主机名和一个端口号　　　　　　（D）一个 IP 地址
5. 以下（　　　）方法可以获取指定 URL 的协议名。
   （A）public String getProtocol()　　　　（B）public String getHost()

（C）public final Object getContent()　　　　（D）public int getPort()

6．HTTP 服务的端口号是（　　）。

（A）80　　　　　（B）21　　　　　（C）23　　　　　（D）120

（三）简答题

1．基于 UDP 的通信和基于 TCP 的通信有什么不同？

2．客户端的套接字对象和服务器端的套接字对象是如何进行通信的？

任务二　聊天信息的发送和接收

【技能目标】

1．能正确创建线程并处理线程同步。

2．能完成聊天系统中信息的发送和接收。

【知识目标】

1．了解线程的基本概念。

2．熟悉线程的生命周期。

3．掌握线程的创建和同步的处理方法。

一、任务分析

本任务主要完成局域网聊天系统中聊天信息的发送和接收，服务器能接收客户的请求并验证客户昵称是否重复，接收客户发送给服务器的信息，接收客户之间发送的信息并传递给接收方；客户端能连接到服务器，并与服务器和其他客户之间发送和接收信息。

二、相关知识

（一）线程的基本概念

程序是一段静态的代码，是应用软件执行的蓝本。

进程是程序的一次动态执行过程，它对应了从代码加载、执行至执行完毕的一个完整的过程，这个过程也是进程本身从产生、发展至消亡的过程。

线程是比进程更小的执行单位，一个进程在执行过程中，可以产生多个线程，形成多条执行线索，每条线索，即每个线程也有它自身的产生、存在和消亡的过程，也是一个动态的概念。

操作系统使用分时管理各个进程，按时间片轮流执行每个进程。Java 的多线程就是在操作系统每次分时给 Java 程序一个时间片的 CPU 时间内，在若干个独立的可控制的线程之间切换。

每个 Java 程序都有一个默认的主线程，Java 应用程序总是从主类的 main 方法开始执行。当 JVM 加载代码，发现 main 方法之后，就会启动一个线程，这个线程称作"主线程"，该线程负责执行 main 方法。

在 main 方法的执行中再创建的线程，就称为程序中的其他线程。

如果 main 方法中没有创建其他的线程，那么当 main 方法执行完最后一条语句，即 main 方法返回时，JVM 就会结束 Java 应用程序。

如果 main 方法中又创建了其他线程，JVM 就要在主线程和其他线程之间进行切换，保证每个线程都有机会使用 CPU 资源，main 方法即使执行完最后一条语句，JVM 也不会结束程序，要一直等到程序的所有线程都结束之后，才结束 Java 应用程序。

（二）线程的实现

Java 中创建线程有如下两种常用方法。

（1）通过继承 Thread 类来创建线程，在子类中重写 run 方法。

（2）通过实现 Runnable 接口来创建线程，创建类使用 Runnable 接口并实现 run 方法。

1. 通过继承 Thread 类实现线程

java.lang 包中的 Thread 类，是一个专门用来创建线程的类，该类中提供了线程所用到的属性和方法。

通过继承 Thread 类实现线程的步骤如下。

（1）定义一个线程类，它继承线程类 Thread 并重写其中的 run()方法。

（2）创建该子类的对象，即创建线程对象。

（3）线程对象调用 start 方法启动线程，将执行权转交给 run()方法。

Thread 类的构造方法和常用方法如表 4.2.1 所示。

表 4.2.1　　　　　　　　　　　　　Thread 类的构造方法和常用方法

方 法 名	方法功能
Thread()	创建一个线程，线程名称为 "Thread-"+n，其中的 n 为整数
Thread(String name)	创建一个指定名称的线程
Thread(Runnable target)	创建一个指定运行对象的线程，线程名称为 "Thread-"+n，其中的 n 为整数
Thread(Runnable target,String name)	创建一个指定运行对象和名称的线程
static Thread currentThread()	获取当前正在执行的线程
void start()	启动线程
void run()	系统自动调用
static void sleep(long millis)	让正在执行的线程休眠（暂停执行）指定的毫秒
void setName(String name)	更改线程的名称
String getName()	获取线程的名称
void setPriority(int newPriority)	更改线程的优先级
int getPriority()	获取线程的优先级
void interrupt()	中断线程
static boolean interrupted()	测试当前线程是否已经中断
boolean isInterrupted()	测试线程是否已经中断
boolean isAlive()	测试线程是否处于活动状态
void join()	等待线程终止

【案例 4_2_1】通过继承 Thread 类实现线程。

```java
package pack4;
public class Exam4_2_1 {
    public static void main(String args[]) {
        ThreadA a;
        ThreadB b;
        a = new ThreadA(); // 创建线程
        b = new ThreadB();
        a.start();
        b.start();
        for (int i = 1; i <= 6; i++) {
            System.out.println("我是主线程");
        }
    }
}
class ThreadA extends Thread {
    public void run() {
        for (int i = 1; i <= 9; i++) {
            System.out.println("我是A线程");
        }
    }
}
class ThreadB extends Thread {
    public void run() {
        for (int i = 1; i <= 5; i++) {
            System.out.println("我是B线程");
        }
    }
}
```

```
我是主线程
我是主线程
我是主线程
我是主线程
我是主线程
我是主线程
我是A线程
我是A线程
我是A线程
我是A线程
我是A线程
我是B线程
我是B线程
我是B线程
我是B线程
我是B线程
我是A线程
我是A线程
我是A线程
我是A线程
```

图 4.2.1　线程执行结果

程序运行结果如图 4.2.1 所示。

读者可以多运行几次程序，会看到每次程序的运行结果都是不同的，输出结果依赖于当前 CPU 资源的使用情况。

由于在主线程执行过程中，执行了

```java
a.start();
b.start();
```

JVM 就知道程序中有 3 个线程：主线程、A 线程和 B 线程。这 3 个线程需要轮流切换使用 CPU 资源，即使在主线程中的 6 次循环结束，主线程执行完毕，JVM 不再将 CPU 资源切换给主线程，程序也并没有结束，因为 A 和 B 线程还没有结束。

可以修改程序如下，在线程的每次循环之后让线程休眠一段时间，再观察一下程序的运行结果。

```java
package pack4;
public class Exam4_2_1 {
    public static void main(String args[]) {
        ThreadA a;
        ThreadB b;
        a = new ThreadA(); // 创建线程
        b = new ThreadB();
```

```
        a.start();
        b.start();
        for (int i = 1; i <= 6; i++) {
            System.out.println("我是主线程");
            try {
                Thread.sleep(100);
            } catch (InterruptedException e) {
            }
        }
    }
}
class ThreadA extends Thread {
    public void run() {
        for (int i = 1; i <= 9; i++) {
            System.out.println("我是 A 线程");
            try {
                sleep(200);
            } catch (InterruptedException e) {
            }
        }
    }
}
class ThreadB extends Thread {
    public void run() {
        for (int i = 1; i <= 5; i++) {
            System.out.println("我是 B 线程");
            try {
                sleep(500);
            } catch (InterruptedException e) {
            }
        }
    }
}
```

2. 通过实现 Runnable 接口实现线程

java.lang 包中的 Runnable 接口只有一个不带参数的 run 方法，Thread 类已经实现了 Runnable 接口。

大多数情况下，在实现线程时，如果只想重写 run() 方法，而不重写其他 Thread 方法，那么应使用 Runnable 接口。除非你想修改或增强类的基本行为，否则不应为该类创建子类。

通过实现 Runnable 接口实现线程的步骤如下。

（1）定义一个类实现 Runnable 接口，即在该类中提供 run() 方法的实现。

（2）把 Runnable 的一个实例作为参数传递给 Thread 类的一个构造方法。

（3）线程对象调用 start 方法启动线程，将执行权转交给 run() 方法。

【案例 4_2_2】通过实现 Runnable 接口实现线程。

```
package pack4;
public class Exam4_2_2 {
    public static void main(String[] args) {
        MyThread my = new MyThread();
        my.a.start();
```

```
        my.b.start();
    }
}
class MyThread implements Runnable {
    Thread a, b;
    MyThread() {
        a = new Thread(this, "A线程");
        b = new Thread(this, "B线程");
    }
    public void run() {
        if (Thread.currentThread() == a) {
            for (int i = 0; i < 5; i++) {
                System.out.println("我是A线程");
                try {
                    Thread.sleep(500);
                } catch (InterruptedException e) {
                }
            }
        } else if (Thread.currentThread() == b) {
            for (int i = 0; i < 6; i++) {
                System.out.println("我是B线程");
                try {
                    Thread.sleep(500);
                } catch (InterruptedException e) {
                }
            }
        }
    }
}
```

程序运行结果如图 4.2.2 所示。

```
我是 A 线程
我是 B 线程
我是 A 线程
我是 B 线程
我是 B 线程
我是 A 线程
我是 B 线程
我是 A 线程
我是 A 线程
我是 B 线程
我是 B 线程
```

图 4.2.2　线程执行结果

（三）线程的状态

一个线程在它完整的生命周期中要经历 5 种状态：新建、就绪、运行、阻塞、终止。

1. 新建状态

当一个 Thread 类或其子类的对象被声明并创建时，这个线程对象就处于新建状态，此时系统还没有为它分配资源。

如：

```
Thread th=new Thread();
```

2. 就绪状态

也叫可执行状态。当一个新创建的线程调用 start()方法后便进入了就绪状态。处于就绪状态的线程已经具备了运行条件，将进入线程队列排队，等待系统为其分配 CPU，一旦获得了 CPU，线程就进入了运行状态，并调用自己的 run()方法。

如：

```
th.start();
```

3. 运行状态

处于就绪状态的线程被调度并获得 CPU 的处理后便进入到运行状态。

每个 Thread 类及其子类的对象都有一个 run()方法，当线程对象被调度执行时，它将自动调用本对象的 run()方法。

要实现线程的功能，需要在 run()方法中给出完成线程功能的操作代码。

4. 阻塞状态

下面 4 种情况之一发生时，线程将会进入阻塞状态。

（1）调用 sleep()方法使线程进入睡眠状态。

（2）调用 wait()方法使线程进入等待状态。处于等待状态的线程不会主动到线程队列中排队等待，必须由其他线程调用 notify()方法通知它结束等待。

（3）线程使用 CPU 资源期间，执行某个操作进入阻塞状态，如输入输出操作引起的阻塞。

（4）如果线程中使用 synchronized（同步方法或同步代码块）时请求对象的锁但未获得时，进入阻塞状态。

进入阻塞状态的线程不能进入到线程队列排队，只有当引起阻塞的原因消除后，如 sleep 设定的睡眠时间结束、其他线程使用 notify 方法通知结束等待、输入输出操作完成等，线程才能重新进入到线程队列中排队等待 CPU 资源，以便从中断处继续运行。

5. 终止状态

处于终止状态的线程不再具有继续运行的能力。线程终止的原因有以下两个。

（1）线程完成了它的全部工作，即执行完 run()方法中的全部语句，结束了 run()方法的执行，线程正常终止。

（2）线程被提前强制性地终止，即强制结束 run()方法的执行。

【案例 4_2_3】一个左手画方右手画圆的例子。程序中定义了两个画布，一个负责画方，一个负责画圆，通过两个线程，使两个画布"同时"从左向右移动。

```java
package pack4;
import java.awt.Canvas;
import java.awt.Color;
import java.awt.Graphics;
import javax.swing.JFrame;

class MyRect extends Canvas {
    MyRect() {
        this.setForeground(Color.red);
        setSize(50, 50);
    }
    public void paint(Graphics g) {
        g.drawRect(0, 0, 40, 40);
    }
}
class MyCircle extends Canvas {
    MyCircle() {
        this.setForeground(Color.blue);
```

```
        setSize(50, 50);
    }
    public void paint(Graphics g) {
        g.drawOval(0, 0, 40, 40);
    }
}
public class Exam4_2_3 extends JFrame implements Runnable {
    int x = 10;
    Thread left, right;
    MyRect rect;
    MyCircle circle;
    Exam4_2_3() {
        left = new Thread(this);
        right = new Thread(this);
        rect = new MyRect();
        circle = new MyCircle();
        add(rect);
        add(circle);
        setLayout(null);
        rect.setLocation(x, 40);
        circle.setLocation(x, 120);
        setVisible(true);
        this.setDefaultCloseOperation(JFrame.EXIT_ON_CLOSE);
        this.setSize(320, 250);
        left.start();
        right.start();
    }
    public void run() {
        while (true) {
            x = x + 1;
            if (x > 240)
                x = 10;
            if (Thread.currentThread() == left) {
                rect.setLocation(x, 40);
                try {
                    left.sleep(60);
                } catch (InterruptedException e) {
                    e.printStackTrace();
                }
            }
            else if (Thread.currentThread() == right) {
                circle.setLocation(x, 120);
                try {
                    right.sleep(60);
                } catch (InterruptedException e) {
                    e.printStackTrace();
                }
            }
        }
    }
    public static void main(String args[]) {
        new Exam4_2_3();
    }
}
```

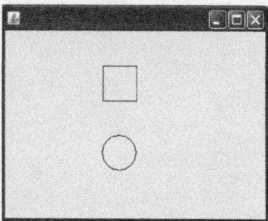

图 4.2.3　左手画方右手画圆　　　程序运行结果如图 4.2.3 所示。

【案例4_2_4】甲在银行开了一个账户，同时办理了银行卡和存折，账户原有存款 100 元整。一天甲乙两人各持银行卡和存折到不同的银行窗口办理存取款业务，甲共存款 3 次，每次存入 60 元，乙共取款 3 次，每次支取 100 元。编程模拟存取款情况。

```java
package pack4;
public class Exam4_2_4 implements Runnable {
    int money = 100;
    int number1 = 80, number2 = 100;
    Thread t1, t2;
    public Exam4_2_4() {
        t1 = new Thread(this);
        t2 = new Thread(this);
    }
    public static void main(String args[]) {
        Exam4_2_4 ee = new Exam4_2_4();
        ee.t1.start();
        ee.t2.start();
    }
    public void run() {
        if (Thread.currentThread() == t1) {
            for (int i = 1; i <= 3; i++) {
                money = money + number1;
                System.out.println("t1存了" + number1 + "元钱,还剩" + money + "元钱");
            }
        } else if (Thread.currentThread() == t2) {
            for (int i = 1; i <= 3; i++= {
                if (money >= number2) {
                    money = money - number2;
                    System.out.println("t2取了" + number2 + "元钱,还剩" + money + "元钱");
                } else {
                    System.out.println("余额不足, t2不能取钱");
                }
            }
        }
    }
}
```

程序运行结果如图 4.2.4 所示。

（四）线程同步

1. 同步的概念

通过多次运行案例 4_2_4 的程序，我们发现，虽然最后账户所剩钱数是正确的，但有时在存取款过程中显示的剩余钱数是错误的。出现这种情况的原因是，在程序的运行过程中，CPU 在 3 个线程之间进行切换。对于图 4.2.4 中的第一次运行结果，是没有问题的。第二次运行，从结果上看，好像是 t2 先获得了 CPU 的使用权，但输出的余额不正确。经过分析发现，线程 t1 先获得了 CPU 的使用权，执行语句 "money = money + number1;" 存入 80

```
第一次运行结果:
t1 存了 80 元钱,还剩 180 元钱
t2 取了 100 元钱,还剩 80 元钱
t1 存了 80 元钱,还剩 160 元钱
t2 取了 100 元钱,还剩 60 元钱
t1 存了 80 元钱,还剩 140 元钱
t2 取了 100 元钱,还剩 40 元钱

第二次运行结果:
t2 取了 100 元钱,还剩 80 元钱
t1 存了 80 元钱,还剩 80 元钱
t1 存了 80 元钱,还剩 160 元钱
t1 存了 80 元钱,还剩 240 元钱
t2 取了 100 元钱,还剩 140 元钱
t2 取了 100 元钱,还剩 40 元钱
```

图 4.2.4 存取款情况

元钱，此时 money 的值为 180，但还没有输出操作结果，操作系统就将 CPU 的使用权切换给了线程 t2，线程 t2 判断 money＞100 成立，执行语句"money = money - number1;"，支取 100 元钱，将 money 的值改为 80，并输出操作结果，即输出余额为 80 元，操作系统又将 CPU 的使用权切换回到了 t1，输出操作结果，余额也为 80 元。

要解决上述问题的关键，是当两个或多个线程同时访问同一个变量，并且一个线程需要修改这个变量时，应该做出相应的处理，否则可能发生混乱，这就是线程的同步问题。

在处理线程同步时，要做的第一件事就是把修改数据的代码块或方法用关键字 synchronized 来修饰。一个代码块或方法使用关键字 synchronized 修饰后，当一个线程 A 使用这个代码块或方法时，其他线程想使用这个代码块或方法时就必须等待，直到线程 A 使用完这个代码块或方法。

对于案例 4_2_4，对它进行一下修改，使程序具有线程同步效果。

【案例 4_2_5】 同步代码块。

```java
package pack4;
public class Exam4_2_5 implements Runnable {
    int money = 100;
    int number1 = 80, number2 = 100;
    Thread t1, t2;
    public Exam4_2_5() {
        t1 = new Thread(this);
        t2 = new Thread(this);
    }
    public static void main(String args[]) {
        Exam4_2_5 ee = new Exam4_2_5();
        ee.t1.start();
        ee.t2.start();
    }
    public void run() {
        synchronized (this) {    //同步代码块
            if (Thread.currentThread() == t1) {
                for (int i = 1; i <= 3; i++) {
                    money = money + number1;
                    System.out.println("t1存了" + number1 + "元钱,还剩" + money + "元钱");
                }
            } else if (Thread.currentThread() == t2) {
                for (int i = 1; i <= 3; i++= {
                    if (money >= number2) {
                        money = money - number2;
                        System.out.println("t2取了" + number2 + "元钱,还剩" + money + "元钱");
                    } else {
                        System.out.println("余额不足, t2不能取钱");
                    }
                }
            }
        }
    }
```

```
t1 存了 80 元钱,还剩 180 元钱
t1 存了 80 元钱,还剩 260 元钱
t1 存了 80 元钱,还剩 340 元钱
t2 取了 100 元钱,还剩 240 元钱
t2 取了 100 元钱,还剩 140 元钱
t2 取了 100 元钱,还剩 40 元钱
```

图 4.2.5　同步代码块

此时程序的运行结果如图 4.2.5 所示。

在上面的程序中，我们把修改账户余额的代码放入

synchronized(this)语句内，形成了同步代码块。在同一时刻只能有一个线程可以进入同步代码块内运行，只有当线程离开同步代码块后，其他线程才能进入同步代码块内运行。

　　synchronized(this)中的参数"this"，通常称为标志位对象，可以是任意一个对象。如在 run 方法中声明对象"String str=new String();"，则可用 str 作为标志位对象，即"synchronized(str)"。该标志位具有 0，1 两种状态，当有线程执行这块代码时，就把标志位置为 0，执行完后就把标志为置为 1。0 这个标志叫锁旗标。一个用于 synchronized 语句中的对象称为一个监视器，当一个线程获得了"synchronized（object）"语句中的代码块的执行权，意味着锁定了监视器。同步处理后，程序运行速度会减慢，因为系统不停地对同步监视器进行检查。

【案例 4_2_6】同步方法。

```java
package pack4;
public class Exam4_2_6 implements Runnable {
    int money = 100;
    int number1 = 80, number2 = 100;
    Thread t1, t2;
    public Exam4_2_6() {
        t1 = new Thread(this);
        t2 = new Thread(this);
    }
    public static void main(String args[]) {
        Exam4_2_6 ee = new Exam4_2_6();
        ee.t1.start();
        ee.t2.start();
    }
    public synchronized void access(int number) {   //同步方法
        if (Thread.currentThread() == t1) {
            for (int i = 0; i < 3; i++) {
                money = money + number;
                System.out.println("t1存了" + number + "元钱,还剩" + money + "元钱");
                try {
                    Thread.sleep(100);
                } catch (InterruptedException e) {
                }
            }
        } else if (Thread.currentThread() == t2) {
            for (int i = 0; i < 3; i++= {
                if (money >= number) {
                    money = money - number;
                    System.out   .println("t2取了" + number + "元钱,还剩" + money + "元钱");
                    try {
                        Thread.sleep(100);
                    } catch (InterruptedException e) {
                    }
                } else {
                    System.out.println("余额不足, t2不能取钱");
                }
            }
        }
    }
    public void run() {
        if (Thread.currentThread() == t1) {
```

```
        access(number1);
    } else if (Thread.currentThread() == t2) {
        access(number2);
    }
}
}
```

t1 存了 80 元钱,还剩 180 元钱
t1 存了 80 元钱,还剩 260 元钱
t1 存了 80 元钱,还剩 340 元钱
t2 取了 100 元钱,还剩 240 元钱
t2 取了 100 元钱,还剩 140 元钱
t2 取了 100 元钱,还剩 40 元钱

程序运行结果如图 4.2.6 所示。　　　　　　　　　　　　　　图 4.2.6　同步方法

2. 在同步方法中使用 wait()、notify()和 notifyAll()方法

对于案例 4.2.6 的程序，若将线程 t1 和 t2 的启动顺序调换一下，即

```
    ee.t2.start(); ee.t1.start();
```

程序的运行结果将如图 4.2.7 所示。

即在 t1 存钱之前，t2 只有一次取款成功，其余两次由于余额不足，无法取款，那么 t2 能否在余额不足的情况下等待，直到 t1 存款，并且账户余额足够时，再去取款呢？再比如，当一个人在售票窗口排队购买火车票时，如果给售票员的钱不是零钱，而售票员又没有零钱找时，那么他必须等待，并允许后面的人买票，以便售票员获得零钱后找零。如果第二个人仍没有零钱，那么两人必须等待，并允许后面的人买票。

t2 取了 100 元钱,还剩 0 元钱
余额不足, t2 不能取钱
余额不足, t2 不能取钱
t1 存了 80 元钱,还剩 80 元钱
t1 存了 80 元钱,还剩 160 元钱
t1 存了 80 元钱,还剩 240 元钱

图 4.2.7　同步方法

当一个线程使用的同步方法中用到某个变量，而此变量又需要其他线程修改后才能符合本线程的需要，那么可以在同步方法中使用 wait()方法。

（1）wait()：该方法可以中断同步方法的执行，使本线程等待，暂时让出 CPU 的使用权，并允许其他线程使用这个同步方法。

（2）notifyAll()：线程在使用这个同步方法时，如果不需要等待，那么它使用完这个同步方法的同时，应当用 notify()方法通知所有的由于使用这个同步方法而处于等待的线程结束等待，曾中断的线程就会从刚才的中断处继续执行这个同步方法，并遵循"先中断先继续"的原则。

（3）notify()：通知处于等待中的线程的某一个结束等待。

【案例 4_2_7】修改案例 4_2_6，当 t2 取款而余额不足时，t2 等待，直到 t1 存款后，使余额满足要求。

```
package pack4;
public class Exam4_2_7 implements Runnable {
    int money = 100;
    int number1 = 80, number2 = 100;
    Thread t1, t2;
    public Exam4_2_7() {
        t1 = new Thread(this);
        t2 = new Thread(this);
    }
    public static void main(String args[]) {
        Exam4_2_7 ee = new Exam4_2_7();

        ee.t2.start();
        ee.t1.start();
```

```
    }
    public synchronized void access(int number) {  //同步方法
        if (Thread.currentThread() == t1) {
            for (int i = 0; i < 3; i++) {
                money = money + number;
                try {
                    Thread.sleep(100);
                } catch (InterruptedException e) {
                }
                System.out.println("t1存了" + number + "元钱,还剩" + money + "元钱");
                notifyAll();     //通知t2结束等待
            }
        } else if (Thread.currentThread() == t2) {
            for (int i = 0; i < 3; i++) {
                if (money < number) {
                    System.out.println("余额不足，t2等待");
                    try {
                        wait();   //t2等待
                    } catch (InterruptedException e1) {
                        e1.printStackTrace();
                    }
                }
                money = money - number;
                System.out.println("t2取了" + number + "元钱,还剩" + money + "元钱");
                try {
                    Thread.sleep(100);
                } catch (InterruptedException e) {
                }
            }
        }
    }
    public void run() {
        if (Thread.currentThread() == t1) {
            access(number1);
        } else if (Thread.currentThread() == t2) {
            access(number2);
        }
    }
}
```

程序运行结果如图 4.2.8 所示。

三、任务实现

1．服务器端应用程序

下面给出局域网聊天系统中的服务器端程序，可以接收客户的连接请求，并验证用户昵称是否重复，如果不重复，则允许进入聊天系统；客户进入聊天系统后，可以和服务器之间互相发送、接收消息，也可以和其他客户之间发送、接收信息。

```
t2取了 100 元钱,还剩 0 元钱
余额不足，t2等待
t1存了 80 元钱,还剩 80 元钱
t1存了 80 元钱,还剩 160 元钱
t1存了 80 元钱,还剩 240 元钱
t2取了 100 元钱,还剩 140 元钱
t2取了 100 元钱,还剩 40 元钱
```

图 4.2.8 同步方法中使用 wait

```
package pack4.task2;
```

```java
//……  省略，导入相关的类
public class ChatServer extends JFrame implements ActionListener {
    JPanel center;
    JList listComponent = null;
    private JTextArea messagetext;
    private JButton ok;
    private JTextArea inputtext;
    private JComboBox chatlist;
    static int id = 0;
    Hashtable peopleList;
    //构造方法
    public ChatServer() {
        super("服务器");

        init();// 初始化窗口
        ok.addActionListener(this);
        listComponent.addMouseListener(new MouseAdapter() {
            public void mouseClicked(MouseEvent e) {
                if (listComponent.getSelectedIndex() != -1) {
                    if (e.getClickCount() == 2) {
                        String people = (String) listComponent
                                .getSelectedValue();
                        people = people.substring(0, people.indexOf("("));
                        chatlist.removeItem(people);
                        chatlist.addItem(people);
                        chatlist.setSelectedItem(people);
                    }
                }
            }
        });
        setDefaultCloseOperation(JFrame.DO_NOTHING_ON_CLOSE);
        addWindowListener(new WindowAdapter() {
            public void windowClosing(WindowEvent e) {
                close();
            }
        });
        validate();
        start();// 启动服务器
    }
    //窗口初始化方法
    private void init() {
        //……  省略，见“任务一”
    }
    //服务器启动方法
    private void start() {
        ServerSocket server = null;
        Socket socket = null;
        peopleList = new Hashtable();
        try {
            server = new ServerSocket(7899);
            messagetext.append("服务器启动" + " (" + MyUtil.currenttime() + ")\n");
        } catch (IOException e1) {
            messagetext.append("服务器启动失败");
        }
```

```
        while (true) {
            try {
                socket = server.accept();
                if (socket != null) {
                    id++; // 客户 ID
                    Client client = new Client(id, socket);
                    client.start();
                }
            } catch (IOException ee) {
                ee.printStackTrace();
            }
        }
    }
    //窗口关闭方法
    private void close() {
        // ……   省略，见"任务一"
    }
    // 客户信息线程（内部类）
    class Client extends Thread {
        int id;
        Socket socket;
        String name;
        String sex;
        DataInputStream in;
        DataOutputStream out;
        public Client(int id, Socket socket) {
            this.id = id;
            this.socket = socket;
            try {
                in = new DataInputStream(socket.getInputStream());
                out = new DataOutputStream(socket.getOutputStream());
            } catch (IOException e) {
                e.printStackTrace();
            }
        }
        public void run() {
            while (true) {
                String s = null;
                try {
                    s = in.readUTF();
                    if (s.startsWith("姓名: ")) {   //新登录用户
                        name = s.substring(s.indexOf(": ") + 1, s.indexOf("性别"));
                        sex = s.substring(s.lastIndexOf(": ") + 1);
                        // 查找昵称是否存在
                        Enumeration enum0 = peopleList.elements();
                        boolean boo = false;
                        while (enum0.hasMoreElements()) {
                            String name0 = ((Client) enum0.nextElement()).name;
                            if (name.equals(name0)) {
                                boo = true;
                                break;
                            }
                        }
```

```
            if (boo == false) { // 不重名
                this.setName(name); // 线程名字为登录用户名
                peopleList.put(new Integer(id), this); // 客户线程放入列表
                InetAddress address = socket.getInetAddress();
                messagetext.append("用户的昵称: " + name + "  IP: "
                        + address.getHostAddress() + " ("
                        + MyUtil.currenttime() + ")\n");
                out.writeUTF("昵称可用");
                // 更新服务器中的用户列表
                int n = peopleList.size();
                String pp[] = new String[n];
                int i = 0;
                // 更新所有在线用户的用户列表
                Enumeration enum2 = peopleList.elements();
                while (enum2.hasMoreElements()) { // 所有在线用户
                    Client client2 = (Client) enum2.nextElement();
                    pp[i++] = client2.name + "(" + client2.sex
                            + ")";
                    client2.out
                            .writeUTF("聊天者: " + name + "性别" + sex);
                            // 对之前登录的用户, 将刚登录用户列表加入
                    if (this != client2) {
                        out.writeUTF("聊天者: " + client2.name + "性别"
                                + client2.sex); // 对刚登录的用户, 将其他所
                                                // 有用户列表加入
                    }
                }
                listComponent.setListData(pp);
            } else { // 重名
                out.writeUTF("昵称不可用");
                socket.close();
                return;
            }
        } else if (s.startsWith("公共聊天内容: ")) {
            String message = s.substring(s.indexOf(": ") + 1);
            // 在服务器窗口显示公共聊天信息
            messagetext.append(message + "\n");
            // 发送给每个用户
            Enumeration enum1 = peopleList.elements();
            while (enum1.hasMoreElements()) {
                Client toClient = (Client) enum1.nextElement();
                try {
                    toClient.out.writeUTF("公共聊天内容: " + message);
                } catch (IOException e1) {
                    messagetext.append(toClient.name + "已经离线"
                            + " (" + MyUtil.currenttime() + ") \n");
                }
            }
        } else if (s.startsWith("私人聊天内容: ")) {
```

```java
                String message = s.substring(s.indexOf(": ") + 1, s
                        .indexOf("#"));
                String toPeople = s.substring(s.indexOf("#") + 1);
                // 如果是发送给服务器的聊天信息，则在服务器上显示
                if (toPeople.equals("administrator")) {
                    messagetext.append(message + "\n");
                    return;
                }else{
                Enumeration enum0 = peopleList.elements();
                Client toThread = null;
                Thread tt;
                while (enum0.hasMoreElements()) {
                    tt = (Thread) enum0.nextElement();
                    String name0 = tt.getName();
                    if (toPeople.equals(name0)) {
                        toThread = (Client) tt;
                        break;
                    }
                }
                if (toThread != null) {
                    toThread.out.writeUTF("私人聊天内容: " + message);
                } else {
                    message = "administrator说（" + MyUtil.currenttime()
                            + ")\n    " + toPeople + "已经离线";
                    out.writeUTF("私人聊天内容: " + message);
                }
                }
            } else if (s.startsWith("用户离开: ")) {
                peopleList.remove(new Integer(id));
                // 更新服务器中的用户列表
                int n = peopleList.size();
                String pp[] = new String[n];
                int i = 0;
                Enumeration enum1 = peopleList.elements();
                while (enum1.hasMoreElements()) {
                    try {
                        Client th = (Client) enum1.nextElement();
                        pp[i++] = th.name + "(" + th.sex + ")";
                        if (th != this && th.isAlive()) {
                            th.out.writeUTF("用户离线: " + name);
                        }
                    } catch (IOException eee) {
                    }
                }
                listComponent.setListData(pp);
                socket.close();
                messagetext.append(name + "用户离开了" + " (" 
                        + MyUtil.currenttime() + ")\n");
                break;
            }
        } catch (IOException ee) {
            peopleList.remove(new Integer(id));
            chatlist.removeItem(name);
```

```
                    // 更新服务器中的用户列表
                    int n = peopleList.size();
                    String pp[] = new String[n];
                    int i = 0;
                    Enumeration enum1 = peopleList.elements();
                    while (enum1.hasMoreElements()) {
                        try {
                            Client th = (Client) enum1.nextElement();
                            pp[i++] = th.name + "(" + th.sex + ")";
                            if (th != this && th.isAlive()) {
                                th.out.writeUTF("用户离线: " + name);
                            }
                        } catch (IOException eee) {
                        }
                    }
                    listComponent.setListData(pp);
                    try {
                        socket.close();
                    } catch (IOException e) {
                        e.printStackTrace();
                    }
                    messagetext.append(name + "用户离开了（" + MyUtil.currenttime()
                        + "）\n");
                    break;
                }
            }
        }
    }
    // 发送按钮事件代码
    public void actionPerformed(ActionEvent e) {
        if (e.getSource() == ok) {
            String message = "";
            message = inputtext.getText();          // 输入的聊天内容
            inputtext.setText(null);
            String toPeople = (String) chatlist.getSelectedItem();// 聊天对象
            if (message.length() > 0) {
                if (toPeople.equals("大家")) {        // 对所有人说
                    messagetext.append("我对" + toPeople + "说" + "（"
                        + MyUtil.currenttime() + "）\n");
                    messagetext.append("    " + message + "\n");
                    message = "administrator 对大家说" + "（" + MyUtil.currenttime()
                        + "）\n    " + message ;
                    publicchat(message);
                } else { // 对某个人说
                    messagetext
                        .append("我对" + toPeople + "说（"
                            + MyUtil.currenttime() + "）\n    "
                            + message + "\n");
                    message = "administrator 说（" + MyUtil.currenttime()
                        + "）\n    " + message;
                    privatechat(toPeople, message);
```

```
            }
        }
    }
}
// 服务器将信息发送给每个客户
private void publicchat(String message) {
    Enumeration enum1 = peopleList.elements();
    while (enum1.hasMoreElements()) {
        Client toClient = (Client) enum1.nextElement();
        try {
            toClient.out.writeUTF("公共聊天内容：" + message);
        } catch (IOException e1) {
            messagetext.append(toClient.name + "已经离线" + " ("
                    + MyUtil.currenttime() + ") \n");
        }
    }
}
// 服务器将信息发送给某个客户
private void privatechat(String toPeople, String message) {
    Enumeration enum0 = peopleList.elements();
    Client toClient = null;
    Client tt;
    while (enum0.hasMoreElements()) {
        tt = (Client) enum0.nextElement();
        String name0 = tt.name;
        if (toPeople.equals(name0)) {
            toClient = (Client) tt;
            break;
        }
    }
    if (toClient != null) {
        try {
            toClient.out.writeUTF("私人聊天内容：" + message);
        } catch (IOException e1) {
            messagetext.append(toPeople + "已经离线" + " ("
                    + MyUtil.currenttime() + ") \n");
        }
    } else {
        messagetext.append(toPeople + "已经离线" + " (" + MyUtil.currenttime()
                + ") \n");
    }
}
public static void main(String args[]) {
    new ChatServer();
}
}
```

程序运行结果如图 4.2.9 所示。

2. 客户端登录界面

客户要进入聊天系统，首先要输入昵称和服务器的 IP 地址，服务器验证如果昵称重复，则客户需要重新输

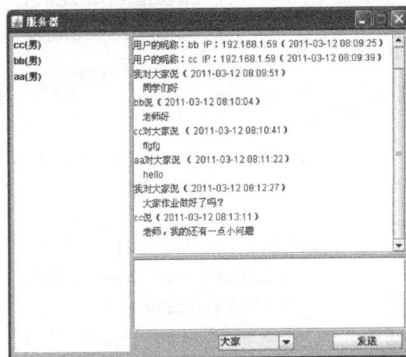

图 4.2.9　服务器端应用程序

入昵称。

```
package pack4.task2;
// ……   省略，导入相关的类
public class Login extends JFrame implements ActionListener, Runnable {
    // ……  组件等成员声明，省略，见"任务一"
    private String chatServer;
    Thread thread = null;
    public Login() {
        // ……   省略，见"任务一"
    }
    public void actionPerformed(ActionEvent e) {
        if (e.getSource() == start) {
            name = loginname.getText();
            if (name.trim().equals("")) {
                loginname.setText("请输入昵称");
                return;
            }
            chatServer = serverip.getText().trim();
            if (name.trim().equals("administrator")) {
                JOptionPane.showMessageDialog(this, "不能用administrator登录! ");
                loginname.setText("");
                return;
            }
            if (male.isSelected())
                sex = "男";
            else
                sex = "女";
            try {
                socket = new Socket(InetAddress.getByName(chatServer), 7899);// 连接服务器
                if (socket != null && name != null) {
                    in = new DataInputStream(socket.getInputStream());
                    out = new DataOutputStream(socket.getOutputStream());
                    out.writeUTF("姓名: " + name + "性别: " + sex);
                    thread = new Thread(this);
                    thread.start(); // 启动客户端线程，以便占有 CPU 接收服务器数据
                } else {
                    JOptionPane.showMessageDialog(this, "连接服务器失败");
                }
            } catch (IOException ee) {
                JOptionPane.showMessageDialog(this, "连接服务器失败");
            }
        }
    }
    public static void main(String a[]) {
        new Login();
    }
    public void run() {
        String message = null;
        while (true) {
            if (in != null) {
                try {
                    message = in.readUTF();
```

```
                } catch (IOException e) {
                    loginname.setText("和服务器断开" + e);
                }
            }
            if (message.startsWith("昵称可用")) {
                this.dispose();
                new ClientChat(socket, name, sex, in, out);
                return;
            } else if (message.startsWith("昵称不可用")) {
                javax.swing.JOptionPane.showMessageDialog(this, "该昵称已被占用");
                loginname.setText("");
                return;
            }
        }
    }
}
```

程序运行结果如图 4.2.10 所示。

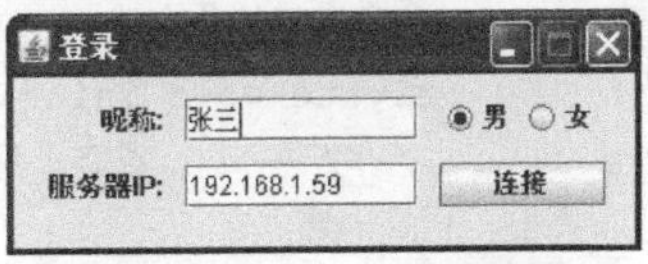

3. 客户端聊天界面

客户进入聊天系统后，可能通过聊天界面向服务器或其他
客户发送消息，也可以接收服务器和其他客户发送来的消息。

图 4.2.10　客户端登录界面

```
package pack4.task2;
// ……　省略，导入相关的类
public class ClientChat extends JFrame implements ActionListener, Runnable {
    // ……　省略，声明组件及成员，见"任务一"
    Thread threadMessage = null;
    // 构造方法
    public ClientChat(Socket socket, String name, String sex,
            DataInputStream in, DataOutputStream out) {
        super("客户: " + name);
        this.socket = socket;
        this.name = name;
        this.sex = sex;
        this.in = in;
        this.out = out;
        // 用户列表初始化
        peopleList = new Hashtable();
        peopleList.put("admin", "administrator(管理员)");
        // 初始化窗口
        init();
        ok.addActionListener(this);
        listComponent.addMouseListener(new MouseAdapter() {
            public void mouseClicked(MouseEvent e) {
                if (listComponent.getSelectedIndex() != -1) {
                    if (e.getClickCount() == 2) {
                        String people = (String) listComponent
                                .getSelectedValue();
                        people = people.substring(0, people.indexOf("("));
                        chatlist.removeItem(people);
                        chatlist.addItem(people);
```

```
                                chatlist.setSelectedItem(people);
                    }
                }
            }
        });
        this.setDefaultCloseOperation(JFrame.DO_NOTHING_ON_CLOSE);
        this.addWindowListener(new WindowAdapter() {
            public void windowClosing(WindowEvent e) {
                close();
            }
        });
        validate();
        threadMessage = new Thread(this);
        try {
            threadMessage.start();
        } catch (Exception e) {
        }
    }
    // 窗口初始化方法
    private void init() {
        // ……  省略, 见 "任务一"
    }
    // 窗口关闭方法
    private void close() {
        // ……  省略, 见 "任务一"
    }
    // 发送按钮事件代码, 处理发送信息
    public void actionPerformed(ActionEvent e) {
        if (e.getSource() == ok) {
            String message = "";
            message = inputtext.getText(); // 输入的聊天内容
            inputtext.setText(null);
            String people = (String) chatlist.getSelectedItem();
            if (message.length() > 0) {
                try {
                    if (people.equals("大家")) { // 发送给所有人
                        messagetext.append("我对" + people + "说" + " (" 
                            + MyUtil.currenttime() + ")\n");
                        messagetext.append("    " + message + "\n");
                        out.writeUTF("公共聊天内容: " + name + "对大家说   (" 
                            + MyUtil.currenttime() + ")\n    " + message);
                    } else {// 发送给某个人
                        messagetext.append("我对" + people + "说  (" 
                            + MyUtil.currenttime() + ")\n    " + message 
                            + "\n");
                        out.writeUTF("私人聊天内容: " + name + "说  (" 
                            + MyUtil.currenttime() + ")\n    " + message 
                            + "#" + people);
                    }
                } catch (IOException event) {
                }
```

```
                }
            }
        }
    public static void main(String a[]) {
        new ClientChat(null, "", "", null, null);
    }
    public void run() {
        while (true) {
            String s = null;
            try {
                s = in.readUTF();
                if (s.startsWith("公共聊天内容: ")) { // 公共聊天信息
                    String content = s.substring(s.indexOf(": ") + 1);
                    String fromName = content.substring(0, content.indexOf('对'));
                    if (!fromName.equals(name)) {
                        messagetext.append(content + "\n");
                    }
                } else if (s.startsWith("私人聊天内容: ")) {// 私人聊天信息
                    String content = s.substring(s.indexOf(": ") + 1);
                    String fromName = content.substring(0, content.indexOf('说'));
                    String content1 = content
                            .substring(content.indexOf("说") + 2);
                    if (!fromName.equals(name)) {
                        messagetext.append(fromName + "对我说 " + content1 + "\n");
                    }
                } else if (s.startsWith("聊天者: ")) {// 更新用户列表
                    String people = s.substring(s.indexOf(": ") + 1, s
                            .indexOf("性别"));
                    String sex = s.substring(s.indexOf("性别") + 2);
                    peopleList.put(people, people + "(" + sex + ")");
                    int n = peopleList.size();
                    String pp[] = new String[n];
                    int i = 0;
                    Enumeration enum1 = peopleList.elements();
                    while (enum1.hasMoreElements()) {
                        pp[i++] = (String) enum1.nextElement();
                    }
                    listComponent.setListData(pp);
                    listComponent.repaint();
                } else if (s.startsWith("用户离线: ")) {
                    String awayPeopleName = s.substring(s.indexOf(": ") + 1);
                    peopleList.remove(awayPeopleName);
                    chatlist.removeItem(awayPeopleName);
                    int n = peopleList.size();
                    String pp[] = new String[n];
                    int i = 0;
                    Enumeration enum1 = peopleList.elements();
                    while (enum1.hasMoreElements()) {
                        pp[i++] = (String) enum1.nextElement();
                    }
                    listComponent.setListData(pp);
                    listComponent.repaint();
```

```
                    messagetext.append(awayPeopleName + "离开了（"
                            + MyUtil.currenttime() + "）\n");
                    peopleList.remove(awayPeopleName);
                }
        } catch (IOException e) {
            listComponent.removeAll();
            listComponent.repaint();
            peopleList.clear();
            System.exit(0);
        }
    }
    }
}
```

程序运行结果如图 4.2.11 所示。

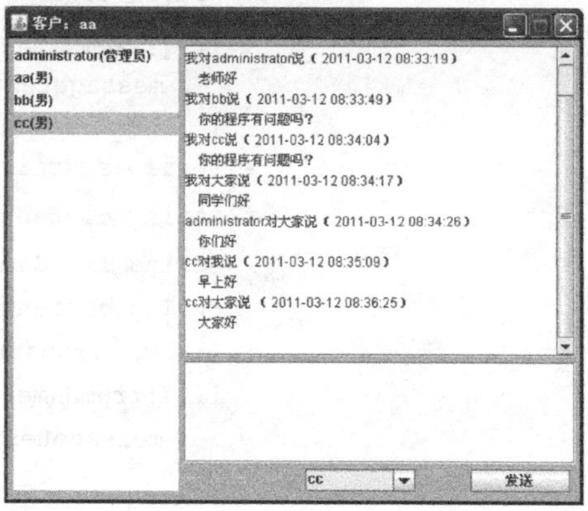

四、任务小结

通过本任务的实现，主要带领读者学习了以下内容。

- 线程的基本概念。
- 线程的生命周期。
- 线程的创建方法：创建 Thread 类的子类、实现 Runnable 接口。
- 线程同步的处理方法。

图 4.2.11　客户端聊天界面

五、实训任务

【实训目的】

1．了解线程的生命周期。

2．掌握线程创建的方法。

3．掌握 Thread 类的常用方法的使用。

4．掌握线程同步的处理方法。

【实训内容】

1．模仿案例用 Thread 类创建线程。

2．模仿案例用 Runnable 接口创建线程。

3．利用多线程实现一个动画效果的程序（开始、暂停、继续、终止），如图 4.2.12 所示。

4．利用多线程实现一个电子时钟程序，如图 4.2.13 所示。

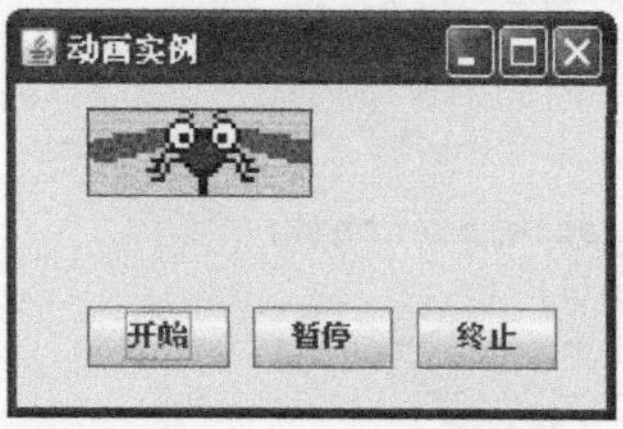

图 4.2.12　实现动画效果程序

图 4.2.13　实现电子时钟程序

习 题

（一）填空题

1. Java 语言实现多线程的方法有两种，它们是（　　）和（　　）。

2. 线程具有 5 种状态。它们是（　　），（　　），（　　），（　　），（　　）。

3. 在 Java 中，线程同步是通过（　　）关键字实现的。

4. 新创建的线程默认的优先级是（　　）。

（二）选择题

1. 以下哪个方法不能使线程进入阻塞状态（　　）。

（A）sleep()　　　　　　（B）wait()　　　　　　（C）suspend()　　　　　　（D）stop()

2. 可以使用（　　）方法设置线程的优先级。

（A）getPriority()　　　（B）setPriority()　　　（C）yield()　　　　　　（D）wait()

3. 线程是 Java 的（　　）机制。

（A）检查　　　　　　　（B）解释执行　　　　　（C）并行　　　　　　　（D）并发

4. 以下方法用于定义线程执行体的是（　　）。

（A）start()　　　　　　（B）init()　　　　　　（C）run()　　　　　　　（D）main()

（三）编程题

1. 分别用继承和接口的方式，生成 5 个线程对象，每个对象循环打印 1000 次，要求从结果中证明线程的无序性。

2. 制作两个线程对象，要求用同步块的方式使第一个线程运行 10 次，然后将自己阻塞起来，唤醒第二个线程，第二个线程再运行 10 次，然后将自己阻塞起来，唤醒第一个线程……两个线程交替执行。

参考文献

1. 耿祥义，张跃平．Java 2 实用教程（第三版）．北京：清华大学出版社，2007．
2. 刘志成．Java 程序设计案例教程．北京：清华大学出版社，2006．
3. 张兴科，王茹香．Java 实用案例教程．北京：北京大学出版社，2010．
4. 叶核亚，陈立．Java 2 程序设计实用教程．北京：电子工业出版社，2005．
5. 孙晨霞，杨兴运．Java 程序设计．北京：中国计划出版社，2007．
6. 张孝祥．Java 就业培训教程．北京：清华大学出版社，2005．